산업안전관리론

■ 도서 A/S 안내

성안당에서 발행하는 모든 도서는 저자와 출판사, 그리고 독자가 함께 만들어 나갑니다.

좋은 책을 펴내기 위해 많은 노력을 기울이고 있으나 혹시라도 내용상의 오류나 오탈자 등이 발견되면 "좋은 책은 나라의 보배"로서 우리 모두가 함께 만들어 간다는 마음으로 연락주시기 바랍니다. 수정 보완하여 더 나은 책이 되도록 최선을 다하겠습니다.

성안당은 늘 독자 여러분들의 소중한 의견을 기다리고 있습니다. 좋은 의견을 보내주시는 분께는 성안당 쇼핑몰의 포인트(3,000포인트)를 적립해 드립니다.

잘못 만들어진 책이나 부록이 파손된 경우에는 교환해 드립니다.

본서 기획자 e-mail : coh@cyber.co.kr(최옥현)

홈페이지 : http://www.cyber.co.kr

전화 : 031) 950-6300

안전관리의 개념과 원리를 쉽게 설명한

산업안전관리론

이준원, 조규선, 문명국 지음

BM (주)도서출판 **성안당**

머리말

우리나라는 1970년대 산업화 이후 눈부신 경제발전의 기적을 이루었지만 불행하게도 사회 전반에서 사망 등 중대재해가 지속적으로 발생하고 있다. 그렇기 때문에 아르곤가스 질식 사망사고, 화력발전소 컨베이어 벨트 끼임사고, 물류창고 건설현장 화재사고와 같은 중대산업재해로 인한 사망사고와 함께 가습기 살균제 사건, 열수송관 파열 및 세월호 사건과 같은 중대시민재해로 인한 사망사고 발생 등이 사회적 문제로 지적되고 있다. 이와 같은 크고 작은 사고들은 더이상 남의 얘기가 아닌 우리 주변에 항상 존재하는 일이며, 위험으로부터 나와 가족, 그리고 동료와 조직을 지키기 위해 보다 더 많은 관심과 사고예방 노력이 필요한 시점이다.

2021년 1월에 제정된 중대재해 처벌에 관한 법률로 산업현장은 물론 공공기관 등 사회 전반에서 중대재해를 예방하기 위해 안전보건관리에 더 많은 투자와 노력을 해야 한다는 목소리가 높아지고 있다. 이와 더불어 많은 사업장과 조직에서 안전보건관리를 체계적이고 조직적으로 실천해 나가기 위해 안전보건관리에 대한 기본 이론을 배우고 위험성평가를 바탕으로 안전보건경영시스템을 구축해 나가려는 움직임이 활발해 지고 있다. 사망사고가 없는 안전하고 건강한 나라를 만들어 나가야 한다는 사회 전반의 의지와 결의가 그 어느 때보다도 높은 시기인 것이다.

저자들은 대학교에서 산업안전과 관련한 교과목을 가르치고 있는데, 그동안 산업안전관리론에 관한 이론지침서가 미비하여 이를 가르치는 교수는 물론이고, 공부하려는 학생들도 많은 어려움을 겪었다.

본 책자는 산업안전의 개요와 산업안전교육, 안전관리 및 손실방지, 산업안전관계법규 등 안전관리론 분야와 신뢰성공학, 시스템안전공학, 인간공학 등 안전관리 이론에 필요한 내용들을 수록하여 안전관리의 개념과 원리를 이해하는 데 도움을 주고자 집필하였다. 본 책자의 목차와 내용은 대학에서 배워야 하는 안전관리론은 물론이고 산업안전지도사 및 산업보건지도사 자격시험을 준비하는 수험서의 역할을 충실히 할 수 있도록 구성하였다. 부디 본 책자가 많은 학생과 수험생, 사업장과 조직에서 안전관리 이론을 학습하고 실행해 나가는 데 도움이 되기를 바란다.

본 책자를 출간해 주신 성안당 이종춘 회장님과 최옥현 전무님 등 편집부 직원 여러분께도 진심 어린 감사의 뜻을 전한다.

저자 이준원, 조규선, 문명국

이 책의 차례

제7장 | 산업재해조사 및 원인분석

제8장 | 산업안전보건 관계법규

산업안전관리론

제1장
산업안전 개요

1. 안전의 정의와 산업안전
2. 안전관리 제이론

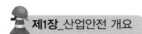

01 안전의 정의와 산업안전

1 안전의 정의

(1) 용어의 정의

① 위험요인(Hazard)

인적 재해, 물적 손실 및 환경피해를 일으키는 요인 또는 이들 요인이 혼재된 잠재적 유해·위험요인 및 상황, 즉 위험성(Risk)의 원천이 되는 것을 말한다. 실제 사고(손실)로 전환되기 위해서는 자극이 필요하며, 이러한 자극으로는 기계적 고장, 작업자의 실수 등 물리적, 화학적, 생물학적, 심리적, 행동적 원인이 있다.

② 위험(Danger)

위험요인(Hazard)에 상대적으로 노출된 상태를 말하며, 물질 또는 환경에 의한 부상 등의 물리적 피해가 발생할 수 있는 가능성을 위험이라고 한다. 위험요인 중, 물질 또는 환경에 의한 질병의 발생이 필연적으로 나타나는 경우를 유해라고 한다.

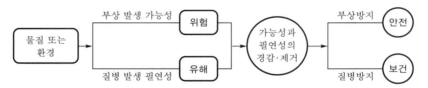

③ 위험성(Risk)

특정 위험요인이 위험한 상태로 노출되어 특정한 사건으로 이어질 수 있는 사고의 빈도(가능성)와 사고의 강도(중대성)의 조합으로 위험의 크기 또는 정도에 대한 표시를 말한다. .

④ 위험요인 파악(Hazard identification)

시스템에서 인적·물적 손실 및 환경피해를 야기할 수 있는 잠재적 위험도를 가진 물리적, 화학적 요인을 파악하는 행위를 말한다.

⑤ 위험성평가(Risk assessment)

잠재위험요인이 사고로 발전할 빈도(가능성)와 손실크기(중대성)를 평가하고 위험성이 허용될 수 있는 범위인지 여부를 평가하는 체계적인 방법으로 파악된 위험요인을 대상으로 사전에 설정된 방법과 기준에 따라 위험요인의 수준을 정량화하는 과정을 말한다.

⑥ 허용 가능한 위험(Acceptable risk)

위험성평가에서 위험요인의 위험성이 법적 및 시스템의 안전요구사항에 의하여 사전에 결정된 허용위험수준 이하의 위험 또는 개선에 의하여 허용위험수준 이하로 감소된 위험을 말한다.

⑦ 위험성관리(Risk management)

사업장에 완전한 위험성이 없는 환경은 있을 수 없다는 인식에서 출발하여 위험성의 크기를 평가하고 정책적 배려도 고려하면서 위험성을 제거하거나 감소시키는 과정을 말한다. 위험성관리(Risk management)의 기초는 위험성평가(Risk assessment)이며, 위험성평가의 결과를 실행하여 가는 것이 위험성관리이다.

⑧ 사건(Incident) 또는 사상(Event)

위험요인이 사고로 발전되었거나 사고로 이어질 뻔했던 원치 않는 사상(Event)으로 인적·물적 손실인 상해·질병 및 재산적 손실뿐만 아니라 인적·물적 손실이 발생되지 않는 아차사고를 포함한다.

⑨ 사고(Accident)

위험요인(Hazard)을 근원적으로 제거하지 못하고 위험(Danger)에 노출되어 발생되는 결과를 초래하는 것으로 사망을 포함한 상해·질병 및 기타 경제적 손실을 야기하는 예상치 못한 사상(Event)과 현상을 말한다.

⑩ 아차사고(Near Accident)

사고로 이어지지 않은 인적 실수를 의미하며, 인적·물적 피해가 발생하지 않는 사고를 말한다.

⑪ 안전(Safety)

위험요인이 없는 상태로 정의할 수 있지만 현실적으로 산업현장 또는 시스템에서는 달성 불가능하므로 현실적인 안전의 정의는 잠재위험요인의 위험성을 허용 가능한 위험수준으로 관리하는 상태를 말한다.

광의의 안전	사회적 안전을 의미하며, 공중시설이나 공중의 시설물을 이용하는 국민이 사고로 인한 인명피해 및 재산상의 손실을 예방하고 이들의 위험으로부터 벗어나 국민을 안전한 상태로 유지하려는 사회적 공감과 국민적 안전의식을 포함한다.
협의의 안전	산업안전을 말할 수 있으며, 근로자가 생산활동을 하는 산업현장에서 구체적으로 위험이나 잠재적 위험성이 없는 상태와 생산현장의 재료, 설비 및 제품의 손상이 없는 상태이다.

⑫ 산업사고(Industrial accident)

㉠ 산업현장에서 불안전한 행동과 불안전한 상태가 선행되어 직간접적으로 인명이나 재산상의 손실을 가져올 수 있는 사건을 말한다.

㉡ 산업사고의 본질적 4가지 특성
- 사고의 시간성 : 사고의 본질은 공간적인 것이 아니라 시간적이다.
- 우연성 중의 법칙성 : 모든 사고는 우연처럼 보이지만 엄연한 법칙에 따라 발생되기도 하고 미연에 방지되기도 한다.

- 필연성 중의 우연성 : 인간시스템은 복잡하고 행동의 자유성이 있기 때문에 오히려 인간이 착오를 일으켜 사고의 기회를 조성한다고 보며, 외적 조건 의지를 가진 사람의 경우에 우연성은 복합형태가 되어 사고 발생 가능성이 더 많아진다.
- 사고의 재현 불가능성 : 사고는 인간의 추이 속에서 돌연히 인간의 의지에 반하여 발생되는 사건이라고 할 수 있으며, 지나가 버린 시간을 되돌려 상황을 원상태로 재현할 수는 없다.

⑬ 재해(Disaster)

사고의 결과로 일어난 인명과 재산의 손실을 말하며, 자연재해와 산업재해 등을 포괄하여 말한다. 자연재해는 자연계의 어떤 이상 원인으로 일어나는 결과로 인간생활에 큰 피해를 주는 지진, 화산, 가뭄, 태풍 등이 이에 해당된다.

산업재해는 유해·위험한 작업 환경 또는 행동 등 작업과정에서 업무상의 일로 인하여 입는 근로자의 신체적, 정신적 피해를 말한다.

⑭ 안전관리(Safety management)

재해를 예방하고 인적·물적 손실을 최소화하여 생산성을 향상시키기 위해 행해지는 것으로 자연재해 및 산업재해로부터 인간의 생명과 재산을 보호하기 위한 계획적이고 체계적인 활동을 말한다.

㉠ 사전적 정의에서는 "안전은 상해, 손실, 위해 또는 위험에 노출되는 것으로부터의 자유"라고 설명되어 있으며, "안전은 그와 같은 자유를 위한 보관, 보호 또는 가드(Guard)와 안전보호장치(Safety device) 등 사고와 질병의 예방에 필요한 기술 또는 지식"이라고 기술되어 있다.

㉡ 생산성의 향상과 재해로부터의 손실을 최소화하기 위하여 행하는 것으로 재해의 원인 및 경과의 규명과 재해방지에 필요한 과학과 기술에 관한 계통적인 지식체계의 관리나 비능률적 요소인 재해가 발생하지 않는 상태를 유지하기 위한 활동을 말한다.

㉢ 재해로부터 인간의 생명과 재산을 보호하기 위한 계획적이고 체계적인 제반 활동을 말한다.

(2) 산업안전의 정의

자기 자신의 생명과 건강을 안전하게 유지하기 위하여 자신을 방어하는 것은 인간의 기본적인 욕구에 기초하는데 광의의 산업안전 의의로는 인간생활의 복지 향상을 위하여 산업활동을 통해 직접 또는 간접적으로 어떤 형태의 생존권 침해도 받지 않는 상태를 말하며, 적극적 안전이라고 볼 수 있다. 또 협의의 산업안전으로는 산업활동을 통한 사고로부터의 보호를 말한다.

① 안전의 사전적 정의

㉠ 안전이란 위험하지 않은 것을 말한다.

ⓒ 마음이 편안하고 몸이 온전한 상태를 말한다.

② 하버드 대학의 로렌스 교수

ⓐ 안전이란 허용한도를 초과하지 않는 것으로 판단된 위험성을 말한다.

ⓒ 위험이란 허용한도를 초과한다고 판단된 것에 의한 사고 발생을 말한다.

③ 네브라스카 대학의 스미스 교수

안전이란 그 사람의 마음 상태를 말한다.

2 산업안전관리

(1) 산업안전관리 이해

기업의 지속 가능한 경영과 생산성 향상을 위하여 재해로부터의 손실(Loss)을 최소화하기 위한 활동으로 사고(Accident)를 사전에 예방하기 위한 예방대책의 추진, 재해의 원인규명 및 재발방지대책 수립 등 근로자의 생명과 건강을 보호하기 위한 계획적이고 체계적인 행위를 말하며, 기업은 안전관리를 통하여 손실의 최소화를 통한 이윤 극대화를 추구하고자 하는 것이다. 또한 기업은 제품의 불량 최소화를 위한 품질관리, 생산성 향상과 원가절감을 위한 생산관리를 동시에 실시한다.

경영이란 경영의 3요소인 자본(Money), 기술(Engineering), 인간(Human)으로 구성되어 생산을 둘러싼 위험(Risk)을 제거하고 이익을 확보하는 기술이다. 따라서 경영자는 '안전을 생산에 우선시켜야 한다.'라는 안전관리의 기본 이념에 대한 확고한 인식이 있어야 한다. 안전 우선이라는 것은 동시에 생산성 향상과 연결되며, 품질개선에도 바람직한 영향을 미치게 하는 것이다.

경영의 3요소가 합리적으로 운용되기 위해서는 안전의 3요소인 교육(Education), 기술(Engineering), 강제·규제(Enforcement)의 요소가 뒷받침되어야 한다. 또한 원하는 안전경영이 이루어지려면 교육을 통해서 시정방법을 선정하고 기술적인 요소로 기계, 장비 및 시설을 철저하고 안전하게 관리해야 한다. 안전과 경영의 조화는 함께 공존하는 것이며, 상호보완 관계의 균형이 유지될 때 경영적 부가가치는 보장되고 증대되는 것이다.

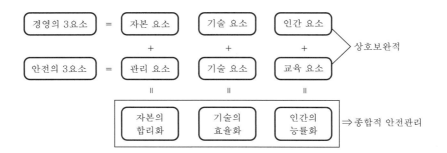

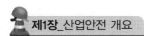

① 산업안전

사업장에서 산업재해가 일어날 가능성이 있는 건설물, 기계, 장치, 재료 등의 손상과 파괴에 기인하는 재해 발생의 위험성을 배제하여 안전성을 확보하도록 하는 것으로, 그 목적은 사업장의 안전을 도모하고 근로자를 재해로부터 안전하도록 지키며, 재해로 인한 기업의 손실을 방지하기 위한 것이다.

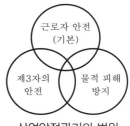

산업안전관리의 범위

② 안전의 가치

인간존중의 이념을 바탕으로 사고를 예방함으로써 근로자의 근로의욕에 큰 영향을 미치게 되며, 생산능력의 향상을 가져오게 된다. 이는 안전한 작업방법을 시행함으로써 근로자를 보호함은 물론 기업을 효율적으로 운영하여 이윤을 극대화시키고 기업발전과 동시에 무재해 산업사회의 기틀을 마련할 수 있는 최고의 가치이다.

㉠ 인간존중(안전제일 이념)

㉡ 바람직한 노사관계 형성에 기여

㉢ 재해로 인한 손실 및 상해예방

㉣ 생산성 및 품질 향상(안전태도 개선과 안전동기 부여)

㉤ 기업의 이미지 제고 및 사회 인식의 변화

㉥ 기업의 경제적 손실예방(재해로 인한 재산 및 인적 손실예방)

③ 안전제일의 유래

1906년 미국 철강회사(U.S Steel)의 게리(E.H. Gary) 회장이 주도한 안전운동(안전제일은 품질과 생산에 직결되는 적극적인 의미를 포함)이다.

초 기 방 침	개 선 방 침
생 산(제 1)	안 전(제 1)
품 질(제 2)	품 질(제 2)
안 전(제 3)	생 산(제 3)

④ 녹십자의 기원

안전운동의 상징적 표시로 안전운동의 근본이다.

미국은 청색바탕에 백십자를 사용하며, 우리나라는 흰색바탕에 녹십자를 사용한다.

02 안전관리 제이론

1 안전관리의 정의

(1) 안전관리의 정의

① 웹스터(Webster) 사전에 의한 안전

안전은 상해, 손실, 손해 또는 위험으로부터 자유로운 상태를 말하며, 그와 같은 자유를 위한 보관, 보호 또는 방호 및 잠금장치, 질병의 방지에 필요한 지식 및 기술을 의미한다.

② 하인리히(H.W. Heinrich)의 정의

안전은 사고방지를 의미하고 사고방지는 물리적 환경과 기계의 관계를 통제하는 과학인 동시에 기술이라고 주장하였으며 과학과 기술의 체계를 안전에 적용한다.

③ 하베이(J.H. Harvey)의 안전관리 이론

사고를 예방하기 위해서는 3E(Engineering, Education, Enforcement)의 조치가 균형을 이루어 안전관리에 적용되어야 한다고 주장하였다.

3E/4E		3S/4S	
• 교육(Education) • 기술(Engineering) • 강제·규제(Enforcement)/ 강제, 관리, 규제, 감독 필요	3E	• 단순화(Simplification) • 표준화(Standardization) • 전문화(Specification)	3S
환경(Environment)	4E	총합화(Synthesization)	4S

2 재해 발생 및 예방 이론

(1) 재해 발생에 관한 이론

① 하인리히의 법칙(1:29:300의 법칙)

㉠ 미국의 안전기사 하인리히(H.W. Heinrich)가 발표한 이론으로 한 사람의 중상자가 발생하면 동일한 원인으로 29명의 경상자가 생기고 부상을 입지 않은 무상해 사고가 300번 발생한다는 것으로, 이론의 핵심은 사고 발생 자체(무상해 사고)를 근원적으로 예방해야 한다는 원리를 강조한 것이다.

㉡ 이 비율은 50,000여건의 사고를 분석한 결과를 통해 얻은 통계이다.

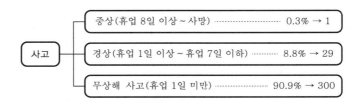

즉, 330번의 사고가 발생된다면 그 중에 중상이 1건, 경상이 29건, 무상해 사고가 300건 발생한다고 주장한 이론(I.L.O 통계분석은 1:20:200의 법칙)이다.

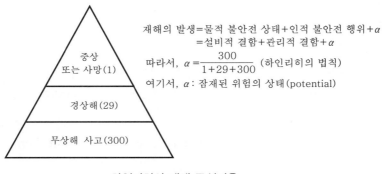

하인리히의 재해 구성비율

② 버드의 법칙

버드(Bird)는 600건의 아차사고가 발생된다면 그 중에 중상이 1건, 경상(물적, 인적 상해)이 10건, 무상해 사고(물적 손실)가 30건이 발생한다고 주장한 이론이다.

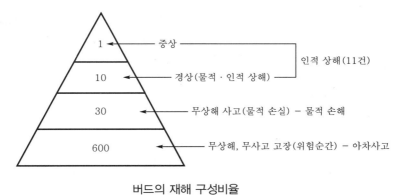

버드의 재해 구성비율

③ 하인리히(H.W. Heinrich)의 도미노이론(사고연쇄성)

도미노이론의 핵심은 직접원인인 불안전한 행동과 불안전한 상태를 제거하여 사고와 재해에 영향을 못 미치도록 하게 하는 것이다.

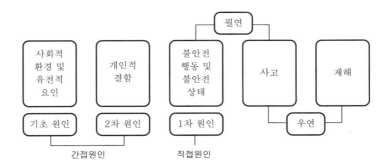

④ 버드(Bird)의 도미노이론

　㉠ 이론의 핵심은 기본원인의 제거(직접원인을 제거하는 것만으로는 재해가 발생함)가 중요하다는 것이다.

　㉡ 직접원인을 해결하는 것보다 그 근원이 되는 근본원인을 찾아서 유효하게 제어하는 것이 중요하다고 강조하였다.

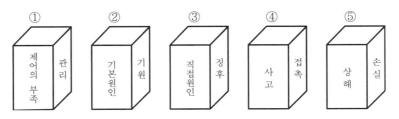

재해 연쇄 이론(Frank E. Bird)

(2) 재해예방에 관한 이론

① 하인리히의 재해예방의 4원칙

손실우연의 원칙	사고에 의해서 생기는 상해의 종류 및 정도는 우연적이라는 원칙
예방가능의 원칙	재해는 원칙적으로 예방이 가능하다는 원칙
원인계기의 원칙	재해의 발생은 직접원인으로만 일어나는 것이 아니라 간접원인이 연계되어 일어난다는 원칙
대책선정의 원칙	원인의 정확한 분석에 의해 가장 타당한 재해예방대책이 선정되어야 한다는 원칙(3E 적용단계)

　㉠ 재해예방의 핵심은 우연적인 손실의 방지보다 사고의 발생방지가 우선한다.

　㉡ 모든 재해는 반드시 필연적인 원인에 의해서 발생한다.

　㉢ 직접원인에는 그것이 존재하는 이유가 있으며 이것을 간접원인 또는 2차 원인이라 한다.

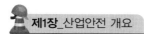

② 하인리히의 재해예방 5단계(사고예방의 기본원리)

제1단계	안전관리조직	경영자의 안전목표 설정, 안전관리자 등의 선임, 안전의 라인 및 스텝 조직, 조직을 통한 안전활동 전개, 안전활동 방침 및 계획 수립
제2단계	사실의 발견	사고 및 활동 기록의 검토, 작업분석 및 불안전요소 발견, 안전점검 및 사고조사, 관찰 및 보고서의 연구, 안전토의 및 회의, 근로자의 건의 및 여론조사
제3단계	평가 및 분석	불안전요소의 분석, 현장조사 결과의 분석, 사고보고서 분석, 인적·물적·환경조건의 분석, 작업공정의 분석, 교육 및 훈련의 분석, 안전수칙 및 안전기준의 분석
제4단계	시정책의 선정	인사 및 배치 조정, 기술적인 개선, 교육 및 훈련의 개선, 안전행정의 개선, 규정 및 수칙의 개선, 이행 독려의 체제 강화
제5단계	시정책의 적용	교육적 대책 실시, 기술적 대책 실시, 규제적 대책 실시, 목표설정 실시, 결과의 재평가 및 개선

산업안전관리론

제2장
산업안전교육

01 교육의 목적 및 필요성

1 교육의 목적

(1) 교육의 목적

인간의 성장 발달을 효과적으로 도와줌으로써 이상적인 인간이 되도록 하는 것이 교육의 궁극적인 목적이며, 이를 위해 학습자, 교수, 학습방법, 교재 및 기타 환경 등의 요소들을 조작하고 통제하여 인간행동을 계획적이고 의도적으로 변화시키려는 것이 교육이다.

(2) 교육과정의 5단계

(3) 안전교육의 목표 및 필요성

목표	안전교육의 목표는 모든 재해를 예방하는 능력을 기르는 데 있다. 이를 위해 구체적인 지식과 기술이 필요하며, 이러한 지식과 기술을 정확하게 이해하고 필요한 상황에서 적절한 방법으로 대응할 수 있도록 하는 안전행동의 습관화가 궁극적인 목표이다.
필요성	• 재해 발생의 메커니즘은 물질과 사람의 이상접촉에 의해 일어나므로 이상접촉의 원인과 예방대책에 관하여 근로자가 알아둘 필요가 있다. • 안전은 과거의 사고나 재해의 경험으로 알게 된 지식을 활용하므로 유지될 수 있다. • 생산기술의 발달과 생산공정 및 작업방법의 변화추세에 맞추어 안전에 관한 새로운 정책이나 계획이 필요하다. • 작업현장의 위험성이나 유해성에 관한 지식, 기능, 태도는 안전하게 습관화될 때까지 반복하여 교육할 필요가 있다.

① 급변하는 산업사회에서 각종 기계설비의 대형화와 생산공정의 복잡화 등으로 생산현장에서는 경험하지 못한 새로운 위험성이 늘어나고 이로 인한 각종 재해가 근로자들을 위협하고 있다.

② 불안전한 행동과 상태가 사고의 직접원인이며, 이것은 98% 예방이 가능하다고 볼 때 안전교육을 통한 불안전한 행동과 상태의 점검 및 예방은 꼭 필요한 사항이다.

● 교수와 학습의 차이점 ●
• 교수는 일정한 목표가 있으나 학습에는 목표가 없을 수도 있다.
• 교수는 독립변수, 학습은 종속변수이다.
• 교수는 일의적이나 학습은 다의적일 수 있다(교수행동은 수정, 조정이 가능하나 학습행동은 직접조정이 불가).
• 교수는 처방적 행동이나 학습은 기술적이다.

2 교육의 개념

(1) 안전교육의 지도원칙(8원칙)

① 피교육자 중심 교육(상대방의 입장에서)

② 동기부여를 중요하게

③ 쉬운 부분에서 어려운 부분으로 진행

④ 반복에 의한 습관화 진행

⑤ 인상의 강화(사실적·구체적인 진행)

⑥ 오관(감각기관)의 활용

오 관 의 효 과 치		이 해 도	
• 시각효과 : 60%	• 청각효과 : 20%	• 귀 : 20%	• 눈 : 40%
• 촉각효과 : 15%	• 미각효과 : 3%	• 귀눈 : 60%	• 입 : 80%
• 후각효과 : 2%		• 머리, 손, 발 : 90%	

⑦ 기능적 이해(Functional understanding)

㉠ 「왜 이렇게 하지 않으면 안 되는가」에 대한 충분한 이해가 필요(암기식, 주입식 탈피)

㉡ 기능적 이해의 효과

• 기억의 흔적이 강하게 남아 오랫동안 기억한다.

• 경솔하게 판단하거나 자기방식으로 일을 처리하지 않게 된다.

• 손을 빼거나 기피하는 일이 없다.

• 독선적인 자기만족이 억제된다.

• 이상 발생 시 긴급조치 및 응용동작을 취할 수 있다.

⑧ 한 번에 한 가지씩 교육(교육의 성과는 양보다 질을 중시)

(2) 기 억

① 경험에 의해 얻은 내용을 저장, 보존하는 현상으로 과거에 형성된 행동이 어느 정도 보유되었다가 다음의 경험에 영향을 미치게 하는 활동작용을 말한다.

㉠ 학습과정 : 특정 행위의 습득에 관한 과정

㉡ 기억과정 : 특정 정보를 오랫동안 보관하는 과정과 필요시 정보를 다시 끄집어내어 사용하는 과정

② 기억의 3가지 구성요소(3가지 저장고 모형)

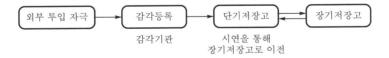

③ 정보처리과정

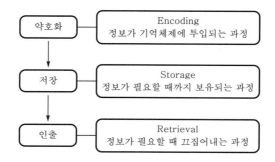

(3) 망 각

① 정 의

약호화된 정보를 인출할 능력이 상실된 것을 말한다.

② 망각이론

㉠ 쇠퇴이론

㉡ 간섭이론

㉢ 단서-의존 망각이론(Cue-dependent forgetting)

㉣ 동기화된 망각이론

③ 망각의 원인

㉠ 자연쇠퇴설 : 학습한 시간이 경과되어 기억흔적이 쇠퇴하여 자연히 일어난다.

㉡ 간섭설 : 전후 학습자료 간에 상호간섭에 의해 일어난다.

　• 순행간섭(Proactive inhibition) : 먼저 한 학습 때문에 뒤에 한 학습에 혼란

　• 역행간섭(Retroactive inhibition) : 뒤에 한 학습 때문에 먼저 한 학습에 혼란(학습 순서에 따른 자료의 배열이 중요, 비슷한 과제를 계속 학습하지 않는 것이 효과적)

④ 에빙하우스(H. Ebbinghaus)의 망각곡선

㉠ 기억률 공식

$$기억률 = \frac{최초\ 기억에\ 소요된\ 시간 - 그\ 후에\ 기억에\ 소요된\ 시간}{최초\ 기억에\ 소요된\ 시간} \times 100$$

㉡ 기억한 내용은 급속하게 잊어버리게 되지만 시간의 경과와 함께 잊어버리는 비율은 완만해진다(오래되지 않은 기억은 잊어버리기 쉽고 오래된 기억은 잊어버리기 어려움).

3 학습지도이론

(1) 학습지도의 정의

교사가 학습과제를 가지고 학습현장에서 관련된 자극을 주어서 학습자의 바람직한 행동 변화를 유도해 가는 과정이다.

(2) 학습지도의 원리

자발성의 원리	• 학습자의 내적동기가 유발된 학습을 해야 한다는 원리 • 문제해결 학습, 프로그램 학습 등
개별화의 원리	• 학습자의 요구 및 능력 등의 개인차에 맞도록 지도해야 한다는 원리 • 특별 학급 편성, 학력별 반편성 등
사회화의 원리	• 함께하는 학습을 통하여 공동체의 사회화를 도와주는 원리 • 지역사회학교, 분단학습 등
통합의 원리	• 전인교육을 위해 학습자의 모든 능력을 조화적으로 발달시키는 원리 • 교재의 통합 • 생활지도의 통합 등

※ 기타 : 직관의 원리, 목적의 원리, 생활화의 원리, 과학성의 원리, 자연화의 원리 등

02 교육심리학

1 교육심리학의 정의

(1) 정 의

교육은 교사와 학습자의 인간관계 속에서 이루어지는데 인간관계에 대한 이해와 연구는 필수적이며, 이러한 인간관계에 관한 이해를 폭넓게 연구할 수 있도록 도와주는 학문이 교육심리학이다.

(2) 교육심리학의 성격

① 교육심리학적 지식은 교육의 준비과정에 기여한다.
② 교육심리학은 심리학의 기초원리를 적용하여 학습기능을 극대화한다.
③ 교육심리학은 교육자로서 부딪칠 수 있는 많은 문제점에 대한 해결책을 제공한다.
④ 교육심리학의 여러 가지 이론이나 원리들이 교육현장에 효율적으로 활용한다.

2 교육심리학의 연구방법

(1) 관찰법

① 종 류

㉠ 자연적 관찰법 : 현재 있는 상태에서 변화요인을 조작하지 아니하고 관찰하는 방법

㉡ 실험적 관찰법 : 사전에 미리 대상, 목적, 방법 등을 계획하고, 변화요인을 조작하여 관찰하는 방법

② 관찰법의 장단점

장 점	• 행동이 발생함과 동시에 파악하고 기록 • 관찰자의 연령에 무관하게 관찰 가능
단 점	• 관찰의 결과는 관찰자의 관찰 능력에 의해서 좌우 • 행동의 변화가 나타나기를 기다려야 하고 관찰하지 못할 수도 있음. • 행동의 변화를 장기간 지속적으로 관찰 불가능 • 행동으로 표현된 의미가 내적인 상황과 일치하지 않을 수 있음. • 관찰자의 주관적인 견해가 나타날 수 있음.

(2) 실험법

① 관찰하려는 대상을 교육목적에 맞도록 인위적으로 조작하여 나타나는 현상을 관찰하는 방법

② 실험법의 절차

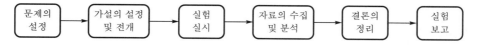

문제의 설정 → 가설의 설정 및 전개 → 실험 실시 → 자료의 수집 및 분석 → 결론의 정리 → 실험 보고

(3) 질문법

① 연구하고자 하는 내용이나 대상을 문항으로 작성한 설문지를 통해 알아보는 방법

② 질문지법의 장단점

장 점	• 비용이 절감되는 경제적인 방법 • 연구자가 연구대상에게 미칠 수 있는 영향이 최소화 • 장기간에 걸친 관찰법으로 연구가 불가능한 대상에 대해 유효한 방법
단 점	• 문자해독이 가능해야 하며, 표현력이 부족한 대상은 불가능 • 질문지에 기록된 결과 이외의 사항에 대한 파악 불가능

(4) 면접법

① 연구자와 연구대상자가 직접 만나서 내적인 감정, 사고, 가치관, 심리상태 등을 파악하는 방법

② 면접법의 장단점

장 점	• 불확실한 응답에 대한 확인이 가능 • 연구대상자의 심리상태까지 조사가 가능 • 문자해독이 불가능한 대상자에게 적용 가능 • 질문항목 이외의 폭넓은 범위까지 조사가능
단 점	• 비용과 시간의 소모가 과다 • 단시간에 많은 정보를 얻기가 곤란 • 대상자의 응답에 대한 신뢰성이 저하될 가능성 • 상황에 따라 반응의 정도가 달라질 가능성

(5) 평정법

① 대상자의 행동 특성에 대한 결과를 조직적이고 객관적으로 수집하는 방법

② 종류 : 평정척도법, 서열법

(6) 투사법

① 다양한 종류의 상황을 가정하거나 상상하여 대상자의 성격을 측정하는 방법

② 종류 : 잉크반점검사, 연상검사, 문장완성검사

(7) 사례연구법

대상자에 관한 여러 가지 종류의 사례를 조사하여 문제의 원인을 진단하고 적절한 해결책을 모색하는 방법

3 성장과 발달

(1) 성장과 발달의 의의

① 성 장

양적 증대를 의미하는 것으로 외부의 자극 없이도 자연적으로 발생하는 현상이다.

② 발 달

외부 환경의 영향으로 정서적, 사회적, 지적인 변화가 발생하는 현상이다.

③ 이러한 성장과 발달은 교육에 있어서 준비도(Readiness)에 관련되는 중요한 문제이다.

(2) 성장과 발달의 원리

① 운동 발달의 순서와 방향

㉠ 머리에서 하부로

㉡ 중심부에서 말초부로

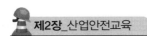

    © 전체 운동에서 특수 운동으로

  ② 개체와 환경과의 상호작용

    ⊙ 유전적 영향과 환경적 영향의 상호작용이다.

    © 레빈(K. Lewin)의 행동은 개체와 환경과의 상호작용이다.

  ③ 성장과 발달의 개인차

    육체적 또는 정신적인 면에서 볼 때 성장과 발달은 개인 간의 차이가 발생한다.

  ④ 분화와 통합의 과정

    ⊙전체적, 일반적 과정에서 부분적, 특수적인 기능으로 분화한다.

    ©분화된 부분은 일정한 원칙에 의해 조합되고 통합된다.

  ⑤ 계속적인 과정이지만 속도의 차별화

    신체적·정신적으로 성장하고 발달하는 시기와 속도가 차별화 된다.

  ⑥ 성장과 발달은 학습의 요인에 의존한다.

  ⑦ 성장과 발달의 가장 중요한 시기는 최초단계이다.

(3) 발달과업

  ① 성장과 발달의 과정에서 일정한 시기에 획득하여야 할 행동형태이다.

  ② 발달과업의 획득여부에 따라 적응 또는 부적응 형태가 나타나며 행동 발달에도 영향요
    인으로 작용한다.

4 학습이론

이론	종류	내용	실험	학습의 원리 및 법칙
S-R 이론	조건반사 (반응)설 (Pavlov)	행동의 성립을 조건화에 의해 설명. 즉, 일정한 훈련을 통하여 반응이나 새로운 행동의 변화를 가져올 수 있음.	개의 소화작용에 대한 타액반응 실험 • 음식→타액 • 종→타액 • 음식→타액 • 종→타액	• 일관성의 원리 • 강도의 원리 • 시간의 원리 • 계속성의 원리
	시행 착오설 (Thorndike)	학습이란 시행착오의 과정을 통하여 선택되고 결합되는 것(성공한 행동은 각인되고, 실패한 행동은 배제)	상자 속에 고양이를 가두고 밖에 생선을 두어 탈출하게 함(반복될수록 무작위 동작이나 소요시간 감소).	• 효과의 법칙 • 연습의 법칙 • 준비성의 법칙
	조작적 조건 형성이론 (Skinner)	어떤 반응에 대해 체계적이고 선택적으로 강화를 주어 그 반응이 반복해서 일어날 확률을 증가시키는 것	스키너 상자 속에 쥐를 넣어 쥐의 행동에 따라 음식물이 떨어지게 함.	• 강화의 원리 • 소거의 원리 • 조형의 원리 • 자발적 회복의 원리 • 변별의 원리

이론	종류	내용	실험	학습의 원리 및 법칙
인지 이론 (형태 이론)	통찰설 (Köhler)	문제해결의 목적과 수단의 관계에서 통찰이 성립되어 일어나는 것	• 우회로 실험(병아리) • 도구사용 및 도구조합의 실험(원숭이와 바나나)	• 문제해결은 갑자기 일어나며 완전함. • 통찰에 의한 수행은 원활하고 오류가 없음. • 통찰에 의한 원리는 쉽게 다른 문제에 적용됨.
	장이론 (Lewin)	학습에 해당하는 인지구조의 성립 및 변화는 심리적 생활공간(환경영역, 내적·개인적 영역, 내적 욕구, 동기 등)에 의함.	–	장이란 역동적인 상호 관련 체제(형태 자체를 장이라 할 수 있고 인지된 환경을 장으로 생각할 수도 있음)
	기호– 형태설 (Tolman)	어떤 구체적인 자극(기호)은 유기체의 측면에서 볼 때 일정한 형태의 행동 결과로서의 자극대상(의미체)을 도출함.	–	형태주의이론과 행동주의 이론의 혼합

5 학습조건

(1) 학습의 유형 3가지

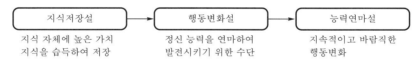

지식 자체에 높은 가치
지식을 습득하여 저장

정신 능력을 연마하여
발전시키기 위한 수단

지속적이고 바람직한
행동변화

(2) 학습의 성립과정

① 5단계론

② 3단계론

(3) 전이현상

① 의의 및 종류

학습 결과가 다른 학습에 도움이 될 수도 있고 방해가 될 수도 있는 현상을 말한다.

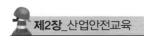

긍정적 전이(적극적, Positive transfer)	부정적 전이(소극적, Negative transfer)
이전 학습(선행)의 결과가 이후 학습(후행)에 촉진적 역할(수평적, 수직적 전이로 구분)	선행 학습 결과가 후행 학습에 방해 역할

② 학습전이의 조건(영향요소)
　㉠ 과거의 경험
　㉡ 학습방법
　㉢ 학습의 정도
　㉣ 학습태도
　㉤ 학습자료의 유사성
　㉥ 학습자료의 제시방법
　㉦ 학습자의 지능요인
　㉧ 시간적 간격의 요인 등

6 적응기제

(1) 기본유형

공격적 행동	치환, 책임전가, 자살 등
도피적 행동	환상, 동일화, 퇴행, 억압, 반동형성, 고립 등
절충적 행동	승화, 보상, 합리화, 투사 등

● 갈등상황의 3가지 기본형(레빈, K.Lewin) ●
• 접근−접근형 갈등 : 둘 이상의 목표가 모두 다 긍정적 결과를 가져다 줄 경우 선택상의 갈등
• 접근−회피형 갈등 : 어떤 목표가 긍정적인 면과 부정적인 면을 동시에 가지고 있을 때 발생하는 갈등
• 회피−회피형 갈등 : 둘 이상의 목표가 모두 다 부정적인 결과를 주지만 선택해야만 하는 갈등

(2) 대표적인 적응기제
① 억 압
현실적으로 받아들이기 곤란한 충동이나 욕망 등(사회적으로 승인되지 않는 성적 욕구나 공격적인 욕구 등)을 무의식적으로 억누르는 기제(예 : 근친상간)→자신의 생각을 의식적으로 억누르는 억제와는 다른 개념이다.
② 반동형성
㉠ 억압된 욕구나 충동에 대처하기 위해 정반대의 행동을 하는 기제이다(귀한 자식 매 한 대 더 때리고, 미운 자식 떡 하나 더 준다.)

③ 공 격

    ㉠ 욕구를 저지하거나 방해하는 장애물에 대하여 공격하는 것이다(욕구, 비난, 야유 등).

    ㉡ 공격을 하여 벌을 받거나 더 큰 욕구저지의 가능성이 있을 경우, 공격대상이 달라질

      수 있다.

④ 동일시

    무의식적으로 다른 사람을 닮아가는 현상으로, 특히 자신에게 위협적인 대상이나 자신

    의 이상향과 자신을 동일시함으로써 열등감을 이겨내고 만족감을 느낀다.

⑤ 합리화

    자신이 무의식적으로 저지른 일관성 있는 행동에 대해 그럴듯한 이유를 붙여 설명하는 일

    종의 자기변명으로 자신의 행동을 정당화하여 자신이 받을 수 있는 상처를 완화시킨다.

    ㉠ 신 포도형 : 목표달성 실패 시에 자기는 처음부터 원하지 않은 일이라 변명하는 것(이

      솝우화 : 포도를 먹을 수 없게 되자 "저 포도는 시어서 따지 않았다."고 변명)

    ㉡ 달콤한 레몬형 : 현재의 상태 과시, "이것이야말로 내가 원하는 것이다."라고 변명하는

      것

⑥ 퇴 행

    처리하기 곤란한 문제 발생 시 어릴 때 좋았던 방식으로 되돌아가 해결하고자 하는 것

    으로, 현재의 심리적 갈등을 피하기 위해 발달 이전 단계로 후퇴하는 방어의 기제이다.

⑦ 투 사

    받아들일 수 없는 충동이나 욕망 또는 실패 등을 타인의 탓으로 돌리는 행위이다.

⑧ 도 피

    ㉠ 육체적 도피 : 무조건 결근을 하여 조직이나 직장으로부터 도피

    ㉡ 구실상의 도피 : 두통이나 복통 등을 구실로 삼아 작업현장에서 도피

    ㉢ 공상적 도피 : 억압된 욕구를 상상의 비현실적 세계에서 충족시키는 경우(백일몽)

⑨ 보 상

    자신의 결함으로 욕구충족에 방해를 받을 때 그 결함을 다른 것으로 대치하여 욕구를

    충족하고 자신의 열등감에서 벗어나려는 행위이다(공부 못하는 학생이 운동을 열심히

    함).

⑩ 승 화

    ㉠ 욕구가 좌절되었을 때 욕구충족을 위해 보다 가치 있는 방향으로 전환하는 것이다

      (성적욕구 등이 예술, 스포츠 등으로 전환되는 좋은 예).

⑪ 백일몽

    ㉠ 현실적으로 충족시킬 수 없는 욕구를 공상의 세계에서 충족시키려는 도피의 한 형

      태이다(복권에 당첨되어 사업을 번창시키는 계획을 수립한다거나 공부를 못하는 학

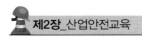
생이 유명대학에 수석합격하여 소감을 발표하는 상황을 생각하는 것 등).

⑫ 망상형

지나친 합리화의 한 형태로 축구선수가 꿈인 학생이 감독선생님이 실력을 인정해 주지 않는 것을 자신이 훌륭한 선수가 되는 것을 지금의 감독선생님이 두려워하여 자신을 인정하지 않는다고 생각하는 것이다.

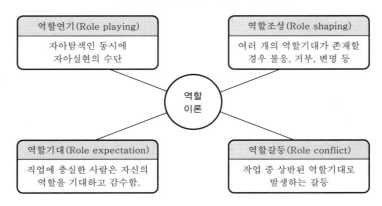

● 슈퍼(Super.D.E)의 적응과 역할이론 ●

03 안전교육계획 수립 및 실시

1 안전교육의 기본방향

(1) 안전교육의 3가지 기본방향

① 사고사례 중심의 안전교육

ㄱ 이미 발생한 사고사례를 중심으로 동일한 재해 및 유사재해의 재발방지

ㄴ 근로자들의 관심과 능동적인 참여를 위해 교육대상·시기·방법 등에 주의가 필요

② 표준작업을 위한 안전교육

ㄱ 표준동작이나 표준작업을 위한 안전교육의 기본으로 체계적이고 조직적인 교육 실시가 필요

ㄴ 이론적인 교육보다 실습이나 현장교육에 중점을 두어 효율성 있는 교육이 될 수 있도록 관심 필요

③ 안전의식 향상을 위한 안전교육

ㄱ 교육이 교육으로만 끝나지 않도록 세밀한 추후지도로 교육의 지속성 유지

ㄴ 안전교육의 필요성 인식은 안전의식 향상의 지름길이므로 자발적이고 능동적인 참여 유도

(2) 안전교육의 목적

① 인간정신의 안전화　　② 행동의 안전화

③ 환경의 안전화　　　　④ 설비와 물자의 안전화

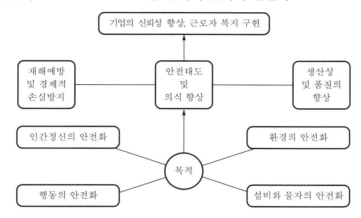

2 안전교육의 단계별 교육과정

지식교육 (제1단계)	특 징	• 강의, 시청각교육 등 지식의 전달과 이해
		• 다수인원에 대한 교육 가능　　• 광범위한 지식의 전달 가능
		• 안전의식의 제고 용이　　• 피교육자의 이해도 측정 곤란
		• 교사의 학습방법에 따라 차이 발생
	지식교육의 단계	도입(준비) → 제시(설명) → 적용(응용) → 확인(종합, 총괄)
기능교육 (제2단계)	특 징	• 시범, 견학, 현장실습을 통한 경험체득과 이해(표준작업방법 사용)
		• 작업능력 및 기술능력 부여　　• 작업동작의 표준화
		• 교육기간의 장기화　　• 다수인원 교육 곤란
	기능교육의 단계	학습준비 → 작업설명 → 실습 → 결과시찰
	기능교육의 3원칙	• 준비　　• 위험작업의 규제 • 안전작업의 표준화
태도교육 (제3단계)	특 징	• 생활지도, 작업동작지도, 안전의 습관화 • 자아실현욕구의 충족기회 제공 • 상사와 부하의 목표설정을 위한 대화 • 작업자의 능력을 약간 초월하는 구체적이고 정량적인 목표설정 • 신규 채용 시에도 태도교육에 중점
	기본과정 (순서)	청취 → 이해 납득 → 모범 → 평가(권장) → 장려 및 처벌
추후지도	특 징	·지식−기능−태도 교육을 반복　　·정기적인 OJT 실시

※ 의사전달의 4대 기본매개체 : ①말 ②글 ③몸짓 ④표정

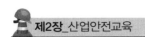

3 안전교육계획

(1) 계획 수립

① 계획 수립 시 고려사항

　　㉠ 교육목표　　　　　　　　㉡ 교육종류 및 교육대상

　　㉢ 교육과목 및 교육내용　　㉣ 교육장소 및 교육방법

　　㉤ 교육기간 및 시간　　　　㉥ 교육 담당자 및 강사

② 계획에 포함되어야 할 사항

준비계획	실시계획
•교육목표 결정 •교육대상자의 범위 결정 •교육과정·과목 및 내용의 결정 •교육시기·시간 및 장소 결정 •교육방법 결정 •강사선정 및 담당자 결정 •소요예산 산정	•그룹편성 및 강사, 지도요원 등 소요인원 파악 •보조재료 등 교육기자재 •교육환경 및 장소 선정 •시범 및 실습계획 •현장답사 및 견학계획 •협조해야 할 기관 및 부서 •그룹 및 부서별 토의 진행계획 •교육평가계획 •필요한 소요예산 책정 •일정표 작성

(2) 교육준비

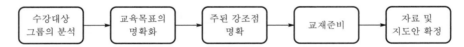

수강대상 그룹의 분석 → 교육목표의 명확화 → 주된 강조점 명확 → 교재준비 → 자료 및 지도안 확정

① 지도안 작성

　　교육의 진행방법과 요점을 교육사항마다 구체적으로 표시한다(지도단계에 따라 작성).

구 분	도 입	제 시	적 용	확 인
강의식	5분	40분	10분	5분
토의식	5분	10분	40분	5분

② 교재준비

　　㉠ 관련 자료를 수집하여 자체 교재 제작

　　㉡ 교육의 효과를 높이기 위한 시청각교육기법 적극 활용

　　㉢ 안전보건공단 및 안전보건협회 등의 자료 활용

③ 강 사

　　강사의 자질 및 강의기법에 따라 교육효과가 크게 다를 수 있으므로 자격을 갖춘 유능
　　한 강사의 확보가 중요하다.

(3) 교육계획의 실시(강의계획의 4단계)

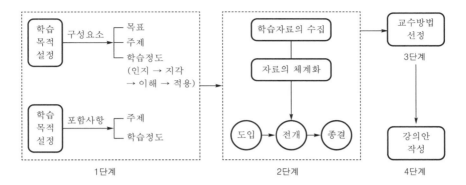

04 교육의 종류 및 내용

1 근로자 정기안전보건 교육내용

(1) 교육의 종류 및 대상별 교육시간

① 근로자 안전보건교육

교육과정	교육대상		교육시간
가. 정기교육	사무직 종사 근로자		매반기 6시간 이상
	그 밖의 근로자	판매업무에 직접 종사하는 근로자	매반기 6시간 이상
		판매업무에 직접 종사하는 근로자 외의 근로자	매반기 12시간 이상
나. 채용 시 교육	일용근로자 및 근로계약기간이 1주일 이하인 기간제근로자		1시간 이상
	근로계약기간이 1주일 초과 1개월 이하인 기간제근로자		4시간 이상
	그 밖의 근로자		8시간 이상
다. 작업내용 변경 시 교육	일용근로자 및 근로계약기간이 1주일 이하인 기간제근로자		1시간 이상
	그 밖의 근로자		2시간 이상
라. 특별교육	특별교육 대상(타워크레인 작업 시 신호업무를 하는 작업 제외)에 해당하는 작업에 종사하는 일용근로자 및 근로계약기간이 1주일 이하인 기간제근로자		2시간 이상
	특별교육 대상 중 타워크레인 작업 시 신호업무를 하는 작업에 종사하는 일용근로자 및 근로계약기간이 1주일 이하인 기간제근로자		8시간 이상

라. 특별교육	특별교육 대상에 해당하는 작업에 종사하는 일용근로자 및 근로계약 기간이 1주일 이하인 기간제근로자를 제외한 근로자	•16시간 이상(최초 작업에 종사하기 전 4시간 이상 실시하고, 12시간은 3개월 이내에서 분할하여 실시 가능) •단기간 작업 또는 간헐적 작업인 경우에는 2시간 이상
마. 건설업 기초 안전·보건교육	건설 일용근로자	4시간 이상

② 관리감독자에 대한 안전보건교육

교육과정	교육시간
가. 정기교육	연간 16시간 이상
나. 채용 시 교육	8시간 이상
다. 작업내용 변경 시 교육	2시간 이상
라. 특별교육	•16시간 이상(최초 작업에 종사하기 전 4시간 이상 실시하고, 12시간은 3개월 이내에서 분할하여 실시 가능) •단기간 작업 또는 간헐적 작업인 경우에는 2시간 이상

③ 안전보건관리책임자 등에 대한 교육

교육대상	교육시간	
	신규교육	보수교육
가. 안전보건관리책임자	6시간 이상	6시간 이상
나. 안전관리자, 안전관리전문기관의 종사자	34시간 이상	24시간 이상
다. 보건관리자, 보건관리전문기관의 종사자	34시간 이상	24시간 이상
라. 건설재해예방전문지도기관의 종사자	34시간 이상	24시간 이상
마. 석면조사기관의 종사자	34시간 이상	24시간 이상
바. 안전보건관리담당자	-	8시간 이상
사. 안전검사기관, 자율안전검사기관의 종사자	34시간 이상	24시간 이상

④ 특수형태근로종사자에 대한 안전보건교육

가. 최초 노무 제공 시 교육	2시간 이상(단기간 작업 또는 간헐적 작업에 노무를 제공하는 경우에는 1시간 이상 실시, 특별교육을 실시한 경우는 면제)
나. 특별교육	•16시간 이상(최초 작업에 종사하기 전 4시간 이상 실시하고, 12시간은 3개월 이내에서 분할하여 실시 가능) •단기간 작업 또는 간헐적 작업인 경우에는 2시간 이상

⑤ 검사원 성능검사 교육

교육과정	교육대상	교육시간
성능검사 교육	-	28시간 이상

(2) 근로자 정기교육 내용

교육내용	
• 산업안전 및 사고 예방에 관한 사항 • 산업보건 및 직업병 예방에 관한 사항 • 위험성 평가에 관한 사항 • 건강증진 및 질병 예방에 관한 사항 • 유해·위험 작업환경 관리에 관한 사항	• 산업안전보건법령 및 산업재해보상보험 제도에 관한 사항 • 직무스트레스 예방 및 관리에 관한 사항 • 직장 내 괴롭힘, 고객의 폭언 등으로 인한 건강장해 예방 및 관리에 관한 사항

(3) 관리책임자에 대한 교육(직무교육)

① 대상

㉠ 안전보건관리책임자·안전관리자·보건관리자

㉡ 안전관리전문기관·보건관리전문기관의 종사자

㉢ 건설재해예방전문지도기관의 종사자

㉣ 석면조사기관의 종사자

㉤ 안전보건관리담당자

㉥ 안전검사기관, 자율안전검사기관의 종사자

㉦ 기타 고용노동부령이 정하는 사업의 사업주 및 관리감독자

② 교육의 종류

㉠ 신규교육 : 선임된 후 3월(보건관리자가 의사인 경우는 1년) 이내에 직무를 수행하는 데 필요한 교육

㉡ 보수교육 : 신규교육 이수 후 매 2년 되는 날을 기준으로 전후 3월 사이에 보수교육

2 관리감독자 정기교육 내용

교육내용	
• 산업안전 및 사고 예방에 관한 사항 • 산업보건 및 직업병 예방에 관한 사항 • 위험성 평가에 관한 사항 • 유해·위험 작업환경 관리에 관한 사항 • 산업안전보건법령 및 산업재해보상보험 제도에 관한 사항 • 직무스트레스 예방 및 관리에 관한 사항 • 직장 내 괴롭힘, 고객의 폭언 등으로 인한 건강장해 예방 및 관리에 관한 사항	• 작업공정의 유해·위험과 재해 예방대책에 관한 사항 • 사업장 내 안전보건관리체제 및 안전·보건조치 현황에 관한 사항 • 표준안전 작업방법 결정 및 지도·감독 요령에 관한 사항 • 현장근로자와의 의사소통능력 및 강의능력 등 안전보건교육 능력 배양에 관한 사항 • 비상시 또는 재해 발생 시 긴급조치에 관한 사항 • 그 밖의 관리감독자의 직무에 관한 사항

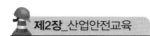

3 신규 채용 시와 작업내용 변경 시 교육내용

교육내용
• 산업안전 및 사고 예방에 관한 사항 • 산업보건 및 직업병 예방에 관한 사항 • 위험성 평가에 관한 사항 • 산업안전보건법령 및 산업재해보상보험 제도에 관한 사항 • 직무스트레스 예방 및 관리에 관한 사항 • 직장 내 괴롭힘, 고객의 폭언 등으로 인한 건강장해 예방 및 관리에 관한 사항   • 기계·기구의 위험성과 작업의 순서 및 동선에 관한 사항 • 작업 개시 전 점검에 관한 사항 • 정리정돈 및 청소에 관한 사항 • 사고 발생 시 긴급조치에 관한 사항 • 물질안전보건자료에 관한 사항

4 특별안전보건 교육내용

작업명	교육내용
〈공통내용〉 제1호부터 제39호까지의 작업	신규 채용 시의 교육 및 작업내용 변경 시의 교육과 같은 내용
〈개별내용〉 1. 고압실 내 작업(잠함공법이나 그 밖의 압기공법으로 대기압을 넘는 기압인 작업실 또는 수갱 내부에서 하는 작업만 해당)	•고기압 장해의 인체에 미치는 영향에 관한 사항 •작업의 시간·작업방법 및 절차에 관한 사항 •압기공법에 관한 기초지식 및 보호구 착용에 관한 사항 •이상 발생 시 응급조치에 관한 사항 •그 밖에 안전보건관리에 필요한 사항
2. 아세틸렌 용접장치 또는 가스집합 용접장치를 사용하는 금속의 용접·용단 또는 가열작업(발생기·도관 등에 의하여 구성되는 용접장치만 해당)	•용접흄, 분진 및 유해광선 등의 유해성에 관한 사항 •가스용기, 압력조정기, 호스 및 취관두 등의 기기점검에 관한 사항 •작업방법·순서 및 응급처치에 관한 사항 •안전기 및 보호구 취급에 관한 사항 •화재예방 및 초기대응에 관한 사항 •그 밖에 안전보건관리에 필요한 사항
3. 밀폐된 장소(탱크 내 또는 환기가 극히 불량한 좁은 장소를 말함)에서 하는 용접작업 또는 습한 장소에서 하는 전기용접 작업	•작업순서, 안전작업방법 및 수칙에 관한 사항 •환기설비에 관한 사항 •전격방지 및 보호구 착용에 관한 사항 •질식 시 응급조치에 관한 사항 •작업환경점검에 관한 사항 •그 밖에 안전보건관리에 필요한 사항
4. 폭발성·물반응성·자기반응성·자기발열성 물질, 자연발화성 액체·고체 및 인화성 액체의 제조 또는 취급작업(시험연구를 위한 취급작업은 제외)	•폭발성·물반응성·자기반응성·자기발열성 물질, 자연발화성 액체·고체 및 인화성 액체의 성질이나 상태에 관한 사항 •폭발 한계점, 발화점 및 인화점 등에 관한 사항 •취급방법 및 안전수칙에 관한 사항 •이상발견 시 응급처치 및 대피요령에 관한 사항 •화기·정전기·충격 및 자연발화 등의 위험방지에 관한 사항 •작업순서, 취급주의사항 및 방호거리 등에 관한 사항 •그 밖에 안전보건관리에 필요한 사항

작업명	교육내용
5. 액화석유가스·수소가스 등 인화성 가스 또는 폭발성 물질 중 가스의 발생장치 취급 작업	• 취급가스의 상태 및 성질에 관한 사항 • 발생장치 등의 위험방지에 관한 사항 • 고압가스 저장설비 및 안전취급방법에 관한 사항 • 설비 및 기구의 점검요령 • 그 밖에 안전보건관리에 필요한 사항
〈일부 생략 : 산업안전보건법 시행규칙 별표 5 참고〉	
13. 운반용 등 하역기계를 5대 이상 보유한 사업장에서의 해당 기계로 하는 작업	• 운반하역기계 및 부속설비의 점검에 관한 사항 • 작업순서와 방법에 관한 사항 • 안전운전방법에 관한 사항 • 화물의 취급 및 작업신호에 관한 사항 • 그 밖에 안전보건관리에 필요한 사항
14. 1톤 이상의 크레인을 사용하는 작업 또는 1톤 미만의 크레인 또는 호이스트를 5대 이상 보유한 사업장에서 해당 기계로 하는 작업(타워크레인을 사용하는 작업 시 신호업무를 하는 작업은 제외)	• 방호장치의 종류, 기능 및 취급에 관한 사항 • 걸고리·와이어로프 및 비상정지장치 등의 기계·기구 점검에 관한 사항 • 화물의 취급 및 작업방법에 관한 사항 • 신호방법 및 공동작업에 관한 사항 • 인양물건의 위험성 및 낙하·비래(飛來)·충돌 재해예방에 관한 사항 • 인양물이 적재될 지반의 조건, 인양하중, 풍압 등이 인양물과 타워크레인에 미치는 영향 • 그 밖에 안전보건관리에 필요한 사항
15. 건설용 리프트·곤돌라를 이용한 작업	• 방호장치의 기능 및 사용에 관한 사항 • 기계·기구, 달기체인 및 와이어 등의 점검에 관한 사항 • 화물의 권상·권하 작업방법 및 안전작업지도에 관한 사항 • 기계·기구의 특성 및 동작원리에 관한 사항 • 신호방법 및 공동작업에 관한 사항 • 그 밖에 안전·보건관리에 필요한 사항
16. 주물 및 단조작업	• 고열물의 재료 및 작업환경에 관한 사항 • 출탕·주조 및 고열물의 취급과 안전작업방법에 관한 사항 • 고열작업의 유해·위험 및 보호구 착용에 관한 사항 • 안전기준 및 중량물 취급에 관한 사항 • 그 밖에 안전보건관리에 필요한 사항
17. 전압이 75V 이상인 정전 및 활선작업	• 전기의 위험성 및 전격방지에 관한 사항 • 해당 설비의 보수 및 점검에 관한 사항 • 정전작업·활선작업 시의 안전작업방법 및 순서에 관한 사항 • 절연용 보호구 및 활선작업용 기구 등의 사용에 관한 사항 • 그 밖에 안전보건관리에 필요한 사항
18. 콘크리트 파쇄기를 사용하여 하는 파쇄작업(2m 이상인 구축물의 파쇄작업만 해당)	• 콘크리트 해체요령과 방호거리에 관한 사항 • 작업안전조치 및 안전기준에 관한 사항 • 파쇄기의 조작 및 공통 작업신호에 관한 사항 • 보호구 및 방호장비 등에 관한 사항 • 그 밖에 안전보건관리에 필요한 사항

작업명	교육내용
19. 굴착면의 높이가 2m 이상이 되는 지반굴착(터널 및 수직갱 외의 갱굴착은 제외)작업	• 지반의 형태·구조 및 굴착요령에 관한 사항 • 지반의 붕괴재해예방에 관한 사항 • 붕괴방지용 구조물 설치 및 작업방법에 관한 사항 • 보호구의 종류 및 사용에 관한 사항 • 그 밖에 안전보건관리에 필요한 사항
20. 흙막이 지보공의 보강 또는 동바리를 설치하거나 해체하는 작업	• 작업안전점검 요령과 방법에 관한 사항 • 동바리의 운반·취급 및 설치 시 안전작업에 관한 사항 • 해체작업 순서와 안전기준에 관한 사항 • 보호구 취급 및 사용에 관한 사항 • 그 밖에 안전보건관리에 필요한 사항
21. 터널 안에서의 굴착작업(굴착용 기계를 사용하여 하는 굴착작업 중 근로자가 칼날 밑에 접근하지 않고 하는 작업은 제외) 또는 같은 작업에서의 터널 거푸집 지보공의 조립 또는 콘크리트 작업	• 작업환경의 점검 요령과 방법에 관한 사항 • 붕괴방지용 구조물설치 및 안전작업방법에 관한 사항 • 재료의 운반 및 취급·설치의 안전기준에 관한 사항 • 보호구의 종류 및 사용에 관한 사항 • 소화설비의 설치장소 및 사용방법에 관한 사항 • 그 밖에 안전보건관리에 필요한 사항
22. 굴착면의 높이가 2m 이상이 되는 암석의 굴착 작업	• 폭발물 취급요령과 대피요령에 관한 사항 • 안전거리 및 안전기준에 관한 사항 • 방호물의 설치 및 기준에 관한 사항 • 보호구 및 신호방법 등에 관한 사항 • 그 밖에 안전보건관리에 필요한 사항
23. 높이가 2m 이상인 물건을 쌓거나 무너뜨리는 작업(하역기계로만 하는 작업은 제외)	• 원부재료의 취급 방법 및 요령에 관한 사항 • 물건의 위험성·낙하 및 붕괴재해예방에 관한 사항 • 적재방법 및 전도방지에 관한 사항 • 보호구 착용에 관한 사항 • 그 밖에 안전보건관리에 필요한 사항
24. 선박에 짐을 쌓거나 부리거나 이동시키는 작업	• 하역 기계·기구의 운전방법에 관한 사항 • 운반·이송 경로의 안전작업방법 및 기준에 관한 사항 • 중량물 취급요령과 신호요령에 관한 사항 • 작업안전점검과 보호구 취급에 관한 사항 • 그 밖에 안전보건관리에 필요한 사항
25. 거푸집 동바리의 조립 또는 해체작업	• 동바리의 조립방법 및 작업절차에 관한 사항 • 조립재료의 취급방법 및 설치기준에 관한 사항 • 조립해체 시의 사고예방에 관한 사항 • 보호구 착용 및 점검에 관한 사항 • 그 밖에 안전보건관리에 필요한 사항
26. 비계의 조립·해체 또는 변경작업	• 비계의 조립순서 및 방법에 관한 사항 • 비계작업의 재료취급 및 설치에 관한 사항 • 추락재해방지에 관한 사항 • 보호구 착용에 관한 사항 • 비계상부 작업 시 최대 적재하중에 관한 사항 • 그 밖에 안전보건관리에 필요한 사항

작업명	교육내용
27. 건축물의 골조, 다리의 상부구조 또는 탑의 금속제의 부재로 구성되는 것(5m 이상인 것만 해당)의 조립·해체 또는 변경작업	• 건립 및 버팀대의 설치순서에 관한 사항 • 조립해체 시의 추락재해 및 위험요인에 관한 사항 • 건립용 기계의 조작 및 작업신호방법에 관한 사항 • 안전장비착용 및 해체순서에 관한 사항 • 그 밖에 안전보건관리에 필요한 사항
28. 처마 높이가 5m 이상인 목조 건축물의 구조부재의 조립이나 건축물의 지붕 또는 외벽 밑에서의 설치작업	• 붕괴·추락 및 재해방지에 관한 사항 • 부재의 강도·재질 및 특성에 관한 사항 • 조립·설치순서 및 안전작업방법에 관한 사항 • 보호구 착용 및 작업점검에 관한 사항 • 그 밖에 안전보건관리에 필요한 사항
29. 콘크리트 인공구조물(그 높이가 2m 이상인 것만 해당)의 해체 또는 파괴작업	• 콘크리트 해체기계의 점검에 관한 사항 • 파괴 시의 안전거리 및 대피요령에 관한 사항 • 작업방법·순서 및 신호방법 등에 관한 사항 • 해체·파괴 시의 작업안전기준 및 보호구에 관한 사항 • 그 밖에 안전보건관리에 필요한 사항
30. 타워크레인을 설치(상승작업을 포함)·해체하는 작업	• 붕괴·추락 및 재해방지에 관한 사항 • 설치·해체순서 및 안전작업방법에 관한 사항 • 부재의 구조·재질 및 특성에 관한 사항 • 신호방법 및 요령에 관한 사항 • 이상 발생 시 응급조치에 관한 사항 • 그 밖에 안전보건관리에 필요한 사항
31. 보일러(소형보일러 및 다음 각목에서 정하는 보일러는 제외한다)의 설치 및 취급작업 　가. 몸통 반지름이 750mm 이하이고 그 길이가 1,300mm 이하인 증기보일러 　나. 전열면적이 3m² 이하인 증기보일러 　다. 전열면적이 14m² 이하인 온수보일러 　라. 전열면적이 30m² 이하인 관류보일러	• 기계 및 기기 점화장치 계측기의 점검에 관한 사항 • 열관리 및 방호장치에 관한 사항 • 작업순서 및 방법에 관한 사항 • 그 밖에 안전보건관리에 필요한 사항
32. 게이지 압력을 1kg/cm² 이상으로 사용하는 압력용기의 설치 및 취급작업	• 안전시설 및 안전기준에 관한 사항 • 압력용기의 위험성에 관한 사항 • 용기 취급 및 설치기준에 관한 사항 • 작업안전점검 방법 및 요령에 관한 사항 • 그 밖에 안전보건관리에 필요한 사항
33. 방사선 업무에 관계되는 작업(의료 및 실험용 제외)	• 방사선의 유해·위험 및 인체에 미치는 영향 • 방사선 측정기기 기능의 점검에 관한 사항 • 방호거리·방호벽 및 방사선물질의 취급요령에 관한 사항 • 응급처치 및 보호구 착용에 관한 사항 • 그 밖에 안전보건관리에 필요한 사항

작업명	교육내용
34. 밀폐공간에서의 작업	• 산소농도 측정 및 작업환경에 관한 사항 • 사고 시의 응급처치 및 비상시 구출에 관한 사항 • 보호구 착용 및 사용방법에 관한 사항 • 작업내용·안전작업방법 및 절차에 관한 사항 • 장비·설비 및 시설 등의 안전점검에 관한 사항 • 그 밖에 안전보건관리에 필요한 사항
35. 허가 및 관리 대상 유해물질의 제조 또는 취급작업	• 취급물질의 성질 및 상태에 관한 사항 • 유해물질이 인체에 미치는 영향 • 국소배기장치 및 안전설비에 관한 사항 • 안전작업방법 및 보호구 사용에 관한 사항 • 그 밖에 안전보건관리에 필요한 사항
36. 로봇작업	• 로봇의 기본 원리·구조 및 작업방법에 관한 사항 • 이상 발생 시 응급조치에 관한 사항 • 안전시설 및 안전기준에 관한 사항 • 조작방법 및 작업순서에 관한 사항
37. 석면 해체·제거 작업	• 석면의 특성과 위험성 • 석면 해체·제거의 작업방법에 관한 사항 • 장비 및 보호구 사용에 관한 사항 • 그 밖에 안전보건관리에 필요한 사항
38. 가연물이 있는 장소에서 하는 화재위험작업	• 작업준비 및 작업절차에 관한 사항 • 작업장 내 위험물, 가연물의 사용·보관·설치 현황에 관한 사항 • 화재위험작업에 따른 인근 인화성 액체에 대한 방호조치에 관한 사항 • 화재위험작업으로 인한 불꽃, 불티 등의 비산(飛散)방지조치에 관한 사항 • 인화성 액체의 증기가 남아 있지 않도록 환기 등의 조치에 관한 사항 • 화재감시자의 직무 및 피난교육 등 비상조치에 관한 사항 • 그 밖에 안전보건관리에 필요한 사항
39. 타워크레인을 사용하는 작업 시 신호업무를 하는 작업	• 타워크레인의 기계적 특성 및 방호장치 등에 관한 사항 • 화물의 취급 및 안전작업방법에 관한 사항 • 신호방법 및 요령에 관한 사항 • 인양 물건의 위험성 및 낙하·비래·충돌 재해예방에 관한 사항 • 인양물이 적재될 지반의 조건, 인양하중, 풍압 등이 인양물과 타워크레인에 미치는 영향 • 그 밖에 안전보건관리에 필요한 사항

05 교육의 방법

1 교육훈련 기법

강의법	안전지식의 전달방법으로, 특히 초보적인 단계에서는 효과가 큰 방법
시 범	기능이나 작업과정을 학습시키기 위해 필요로 하는 분명한 동작을 제시하는 방법
반복법	이미 학습한 내용이나 기능을 반복해서 말하거나 실연토록 하는 방법
토의법	10~20인 정도의 초보가 아닌 안전지식과 관리에 대한 유경험자에게 적합한 방법
실연법	이미 설명을 듣고 시범을 보아서 알게 된 지식이나 기능을 교사의 지도 아래 직접 연습을 통해 적용해 보는 방법
프로그램 학습법	학습자가 프로그램 자료를 가지고 단독으로 학습하도록 하는 방법
모의법	실제의 장면이나 상황을 인위적으로 비슷하게 만들어 두고 학습하게 하는 방법
구안법 (Project method)	참가자 스스로가 계획을 수립하고 행동하는 실천적인 학습활동

과제에 대한 목표결정 → 계획수립 → 활동시킨다. → 행동 → 평가

2 안전교육방법

(1) 하버드학파의 5단계 교수법

1단계	2단계	3단계	4단계	5단계
준비시킨다. Preparation	교시한다. Presentation	연합한다. Association	총괄시킨다. Generalization	응용시킨다. Application

(2) 교시법의 4단계

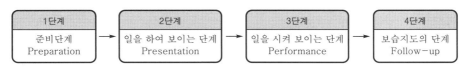

1단계	2단계	3단계	4단계
준비단계 Preparation	일을 하여 보이는 단계 Presentation	일을 시켜 보이는 단계 Performance	보습지도의 단계 Follow-up

(3) 수업단계별 최적의 수업방법

도 입 단 계	강의법, 시범법
전개, 정리단계	반복법, 토의법, 실연법
정리단계	자율학습법
도입, 전개, 정리단계	프로그램학습법, 학생상호학습법, 모의학습법

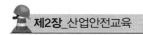

3 관리감독자 교육훈련(TWI)

(1) TWI(Training within industry, 기업·산업 내 훈련)

① 교육대상자 : 관리감독자

② 교육시간 : 10시간(1일 2시간씩 5일분), 한 그룹에 10명 내외

③ 진행방법 : 토의식과 실연법 중심으로 진행한다.

④ 교육과정

　㉠ Job Method Training(J.M.T) : 작업방법훈련

　㉡ Job Instruction Training(J.I.T) : 작업지도훈련

　㉢ Job Relations Training(J.R.T) : 인간관계훈련

　㉣ Job Safety Training(J.S.T) : 작업안전훈련

⑤ 교육내용

　㉠ 직무와 관련된 지식

　㉡ 책임과 관련된 지식

　㉢ 작업을 가르치는 능력

　㉣ 작업의 방법을 개선하는 기능

　㉤ 사람을 다스리는 역량

(2) MTP(Management Training Program)·FEAF(Far Eastern Air Force)

① 교육대상자 : TWI보다 약간 높은 관리자(관리문제에 치중)

② 교육시간 : 40시간(2시간씩 20회), 한 그룹에 10~15명

③ 교육내용

　㉠ 관리의 기능　　　㉡ 조직의 원칙

　㉢ 조직의 운영　　　㉣ 시간관리

　㉤ 학습의 원칙

(3) ATT(American Telephone & Telegram Co.)

① 교육대상자

　대상계층이 한정되어 있지 않다(훈련을 먼저 받은 자는 직급에 관계없이 훈련을 받지 않은 자에 대해 지도원이 될 수 있다).

② 교육내용

　㉠ 계획적인 감독

　㉡ 인원배치 및 작업의 계획

　㉢ 작업의 감독

　　　　ⓡ 공구와 자료의 보고 및 기록

　　　　ⓜ 개인 작업의 개선

　　　　ⓗ 인사관계

　　　　ⓢ 종업원의 기술 향상

　　　　ⓞ 훈련

　　　　ⓩ 안전 등

　　③ 교육시간

　　　　㉠ 1차 과정 : 1일 8시간씩 2주간

　　　　㉡ 2차 과정 : 문제가 발생할 때마다

　　④ 진행방법

　　　　토의식(지도자가 의견을 제시하여 결론을 이끌어 내는 방식)

(4) ATP(Administration Training Program)·CCS(Civil Communication Section)

　　① 교육대상자

　　　　초기에는 일부회사의 최고경영자에 대해서 시행하던 것이 널리 보급된 것이다.

　　② 교육시간 : 매주 4일, 4시간씩 8주간(총 128시간)

　　③ 진행방법 : 강의식에 토의식 가미

　　④ 교육내용

　　　　㉠ 정책의 수립

　　　　㉡ 조직(조직형태, 경영 부분, 구조 등)

　　　　㉢ 통제(품질관리, 조직통제적용, 원가통제적용 등) 및 운영(운영조직, 협조에 의한 회사
　　　　　운영)

4 사내 교육훈련(O.J.T)

(1) 교육의 형태 및 방법

O.J.T(On the Job Training, 현장개인지도)	현장에서의 개인에 대한 직속상사의 개별교육 및 지도
Off.J.T(Off the Job Training, 집합교육)	계층별 또는 직능별(공통대상) 집합교육
교육지원활동	자아개발 또는 상호개발의 방법

(2) 정 의

현장이나 직장에서 직속상사가 업무에 관련된 지식, 기능, 태도 등에 관하여 교육시키는 실무 훈련과정으로 개별교육에 적합한 교육형태이다.

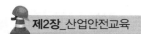

(3) 특 징

① 직장의 현장실정에 맞는 구체적이고 실질적인 교육이 가능하다.

② 교육의 효과가 업무에 신속하게 반영된다.

③ 교육의 이해도가 빠르고 동기부여가 쉽다.

④ 개인의 능력과 적성에 알맞은 맞춤교육이 가능하다.

⑤ 교육으로 인해 업무가 중단되는 업무손실이 적다.

⑥ 교육경비의 절감효과가 있다.

⑦ 상사와의 의사소통 및 신뢰도 향상에 도움이 된다.

5 Off.J.T(Off the Job Training)

(1) 정 의

계층별 또는 직능별로 공통된 교육목적을 가진 근로자를 현장 이외의 일정한 장소에 집결시켜 실시하는 집체교육으로 집단교육에 적합한 교육형태를 말한다.

(2) 특 징

① 한 번에 다수의 대상자를 일괄적, 조직적으로 교육할 수 있다.

② 전문 분야의 우수한 강사진을 초빙할 수 있다.

③ 교육기자재 및 특별교재 또는 시설을 유효하게 활용할 수 있다.

④ 다른 분야 및 타 직장의 사람들과 지식이나 경험의 교환이 가능하다.

⑤ 업무와 분리되어 면학에 전념하는 것이 가능하다.

⑥ 교육목표를 위하여 집단적으로 협조와 협력이 가능하다.

⑦ 법규, 원리, 원칙, 개념, 이론 등의 교육에 적합하다.

6 학습목적의 3요소

(1) 학습의 목적과 성과

학습 목적	구성 3요소	•목표(학습목적의 핵심, 달성하려는 지표) •주제(목표달성을 위한 테마) •학습정도(주제를 학습시킬 범위와 내용의 정도)
	학습정도의 4단계	인지→지각→이해→적용
학습 성과	개 념	학습목적을 세분화하여 구체적으로 결정하는 것으로, 구체화된 학습목적을 의미함.
	유의할 사항	•주제와 학습정도가 반드시 포함 •학습목적에 적합하고 타당할 것 •구체적으로 서술하고 수강자의 입장에서 기술할 것

(2) 학습방법의 종류

① 집중법과 분산법

구 분	집중연습법(Massed method)	분산연습법(Distributed method)
개 념	학습내용을 쉬지 않고 계속해서 반복하는 학습방법(초보자에게 유리)	충분한 휴식시간을 사이에 두어 몇 회로 나누어서 학습하는 방법
필요한 경우	• 학습과제가 유의성이 있으며 통찰학습이 가능한 경우 • 학습하기 전에 준비운동 등이 필요한 경우 • 학습하는 자료가 의미 있고 생산적인 경우 • 과거 학습효과로 인해 적극적인 전이가 용이한 경우 • 잘 알려진 지식과 기능을 숙달하기 위한 필요성이 있을 경우	• 학습하는 내용이 매우 복잡하고 학습자의 수준에 어려운 경우 • 학습의 초기단계일 경우 • 학습하는 과제가 유익성이 없는 경우 • 학습자의 준비가 없고 많은 노력이 필요한 경우 • 학습해야 할 과제나 작업량이 많을 경우

② 전습법과 분습법

구 분	전습법(Whole method)	분습법(Part method)
개 념	학습해야 할 과제를 하나로 묶어 반복하여 일괄 학습하는 방법	학습과제를 여러 부분으로 분할하여 따로 학습한 후 종합하는 방법
유리한 경우	• 경험이 많은 학습자 • 지적으로 우수한 학습자 • 한 과정의 학습이 어느 정도 경과한 경우 • 분산학습이 필요한 경우 • 학습내용이 의미 있는 내용일 경우(종합적인 학습내용으로 통일성이 있는 경우)	• 경험이 적은 학습자 • 지적으로 부진한 학습자 • 학습의 초기단계일 경우 • 집중학습이 필요한 경우 • 학습내용이 무의미한 내용일 경우(상호 관련성이 적은 내용)
효 과	• 반복이 적고 망각이 적어서 노력과 시간이 적게 듦. • 연합이 잘 이루어짐.	• 학습의 질을 높일 수 있음. • 학습의 범위가 적으며 복잡하고 긴 학습을 능률적으로 할 수 있음.

7 교육방법의 4단계

(1) 교육방법의 4단계(기본모델)

단 계	구 분	내 용
제1단계	도 입	학습자에 동기부여 및 마음의 안정
제2단계	제 시	강의순서대로 진행하며 설명, 교재를 통해 듣고 말하는 단계(확실한 이해)
제3단계	적 용	자율학습을 통해 배운 것 학습, 상호학습 및 토의 등으로 이해력 향상
제4단계	확 인	잘못된 이해를 수정하고 요점을 정리하여 복습

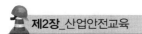

(2) 기능교육의 4단계

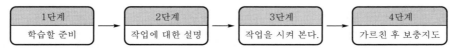

(3) 교육의 3요소

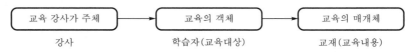

교육의 주체	• 형식적인 교육에 있어서의 주체는 강사, 비형식적으로는 부모, 선배, 사회지식인 등 • 수강자가 자율적으로 학습할 수 있도록 자극과 협조 • 강사로서의 전문적인 자질과 능력을 구비
교육의 객체	• 형식적인 교육에 있어서 수강자가 객체이나 비형식적으로는 미성숙자 및 모든 학습 대상자 • 수강자의 잠재능력을 개발하기 위한 차별화된 교육이 필요
교육의 매개체	• 매개체인 교육내용은 교육의 수단으로, 역사적인 기록 및 경험적 요소를 포함 • 비형식적인 교육에서는 교육환경, 인간관계 등

(4) 교육의 구분

① 교육은 하고자 하는 의도에 따라 다음과 같이 구분한다.

ㄱ 형식적 교육−비형식적 교육

ㄴ 의도적 교육−비의도적 교육

ㄷ 협의의 교육−광의의 교육

② 형식적 교육과 비형식적 교육(J. Dewey 구분)

구 분	형식적 교육	비형식적 교육
기 초	의도적 교육	비의도적 교육
개 념	계획적이고 의도적인 계획하에서 교육기관에 의해 이루어지는 교육	교육기관에 의하지 않고 자연·사회·인간관계 등에 의해서 자연발생적으로 이뤄지는 교육
유사개념	협의의 교육	광의의 교육
특 징	교육의 3요소	교사·교재 없이도 가능(환경을 통해서)
	조직성·일관성·방향성·계획성·계속성·목적성·체계성	희박
	(예): 학교, 강습소, 양성소 등에서의 교육	(예): 가정교육, 사회교육, 자연교육 등

*강사(교육의 주체), 학습자(교육의 객체, 교육대상), 교재(교육의 매개체, 교육내용)

③ 현대는 형식적 교육에 치우쳐 있기 때문에 비형식적 교육을 강화시켜야 한다.

8 교육·훈련의 평가방법

(1) 학습평가

① 평가의 기능

ㄱ 학습 촉진 및 지도방법의 개선기능

ㄴ 학습 결과의 진단 및 치료를 위한 기능

ㄷ 생활지도 및 상담을 위한 기능

ㄹ 학습자의 이해정도와 자기계발을 위한 기능

② 교육평가의 절차

단 계	평가절차	구체적인 내용
I	교육목표의 확인 및 분석	평가목적이 분명해야 하며 평가방법의 타당도를 높여주고 교육목적과 실제 검사를 연결시켜 주는 이원분류표를 작성하여 사용하면 편리하다.
II	평가장면의 선정	평가의 자료 혹은 증거를 찾는 문제이며 행동증거가 나타날 수 있는 장면을 설정한다.
III	측정도구의 제작 또는 선정	평가목표에 가장 적절한 것을 선택해야 하며 타당성, 신뢰성을 겸비하고 객관도와 실용도를 고려한다.
IV	평가 실시 및 결과 처리	교육목적과 관련된 것으로 실시의 시기, 회수, 방법, 대상 및 실시 후 결과 처리문제도 고려한다.
V	평가 결과의 해석 및 활용	결과해석에 유의할 점은 사실에 부합된 해석을 내리는 것이 중요하며 활용에 있어서도 교육 향상과 개인 발달에 도움이 되도록 활용한다.

③ 평가의 유형

목적에 따라	• 목표지향평가(절대평가) : 행동기준에 어느 정도 도달했는가? • 규준지향평가(상대평가) : 개인 간의 상대적 서열 결정
실제장면	• 진단평가 : 수업시간 전, 수업을 위한 정보수집 및 정보파악 • 형성평가 : 수업진행 중, 수업효과의 극대화 및 궤도수정 • 총괄평가 : 수업종료 후, 학업성취에 대한 목적달성여부 파악

④ 교육·훈련·평가의 4단계

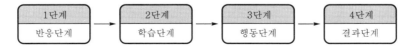

1단계	2단계	3단계	4단계
반응단계	학습단계	행동단계	결과단계

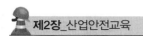

(2) 구체적인 안전교육 평가방법의 종류

종 류	지식교육	기능교육	태도교육
관 찰	보 통	보 통	우 수
면 접	보 통	불 량	우 수
노 트	불 량	우 수	불 량
질 문	보 통	불 량	보 통
시 험	우 수	불 량	보 통
테스트	우 수	우 수	불 량

(3) 학습평가 도구의 기준

① 타당도

② 신뢰도

③ 객관도

④ 실용도

06 교육실시기법

1 강의법

(1) 강의식(Lecture method)의 장단점

장 점	• 가장 오래된 전통 교수방법으로, 안전지식의 전달방법으로 유용 • 집단적 지도법으로 많은 인원(최적인원 40~50명)을 단시간에 교육할 수 있으며, 교육내용이 많을 경우에 효율적인 방법 • 교육준비가 간단하며 언제, 어디서나 가능 • 적절한 학습기자재의 활용은 동기유발 및 교과과정의 이해력을 높일 수 있음 • 수업의 도입이나 초기단계에 적용하는 것이 효과적 • 새로운 지식에 대한 체계적인 교육과 개념정리에 유리
단 점	• 교육대상자가 어느 정도 지식을 갖고 있는 경우 효과를 기대하기 힘듦 • 교사 중심으로 진행되어 수강자는 완전히 수동적인 입장이며 참여가 제약 • 수강자의 학습 진척 상황이나 성취정도를 점검하기 곤란 • 교재 위주의 교육으로 현실과 무관한 지식의 암기에 그치기 쉬움

(2) 문답식(일문일답식)

① 장 점

㉠ 수강자의 적극적인 참여로 응용력이나 표현력의 향상을 기대할 수 있다.

ⓒ 교육내용이 명확하고 강의식에 의한 학습효과 테스트에 유용하다.

② 단 점

㉠ 전혀 알지 못하는 새로운 범위에 적용하는 것은 불가능하다.

ⓒ 학습할 수 있는 범위가 좁고 한정되어 있다.

(3) 문제제시식(Problem presentation method)

① 주어진 과제에 대처시키는 문제해결적인 방법이다.

② 재생시키기 위한 방법이다(Tape, Recorder, Slide, Video 등을 사용).

2 토의법

(1) 특 징

① 쌍방적 의사전달방식으로 최적의 인원은 10~20명 수준이다.

② 기본적인 지식과 경험을 가진 자에 대한 교육이다(관리감독자 등).

③ 실제적인 활동과 직접 경험의 기회를 제공하여 자발적으로 학습의욕을 높이는 방식이다.

④ 태도와 행동의 변화가 쉽고 용이하다.

(2) 장단점

장 점	• 수강자의 학습참여도가 높고 적극성과 협조성을 부여하는 데 효과적이다. • 타인의 의견을 존중하는 태도를 가지고 자신의 의견을 변화시킬 수 있다. • 스스로 사고하는 능력과 표현력 및 자발적으로 학습의욕을 향상시킬 수 있다. • 결정된 사항은 받아들이거나 실행시키기 쉽다.
단 점	• 토의에 임하기 전, 토의내용에 대한 충분한 사전준비가 필요하다. • 결정의 과정이 신속하지 않아 진행시간이 길어지고 인원이 제한적이다. • 구성원들의 관심이 부족할 경우 형식적인 토의가 되기 쉽다.

(3) 토의법의 유형

① 자유토의법

정해진 기준이 있는 것이 아니라 참가자가 주어진 주제에 대하여 자유로운 발표와 토의를 통하여 서로의 의견을 교환하고 상호이해력을 높이며 의견을 절충해 나가는 방식이다.

② 패널토의(Panel discussion)

과제에 관한 결론의 도출보다 참가자의 다양한 의견이나 사고방식을 이해하고 그것들을 과제에 적용하여 보다 구체적이고 체계적인 결론을 유도해 내기 위한 방법이다.

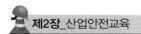

| 한 두 명의 발제자가 주제에 대한 발표 | → | 4~5명의 전문가(패널)가 참석자 앞에서 자유로운 논의 | → | 사회자에 의해 참가자의 의견을 들으면서 상호토의 |

③ 심포지엄(Symposium)

발제자 없이 몇 사람의 전문가가 과제에 대한 견해를 발표한 뒤 참석자들로부터 질문이나 의견을 제시토록 하는 방법이다.

④ 포럼(Forum)

㉠ 사회자의 진행으로 몇 사람이 주제에 대하여 발표한 후, 참석자가 질문을 하고 토론해 나가는 방법이다.

㉡ 새로운 자료나 주제를 내보이거나 발표한 후, 참석자로 하여금 문제나 의견을 제시하게 하고 다시 깊이 있게 토론해 나가는 방법이다.

⑤ 버즈세션(Buzz session)

6-6회의라고도 하며, 다수의 참가자를 전원 토의에 참여시키기 위한 방법이다.

| 사회자와 기록계 지정 | → | 6명씩 소집단 구성 | → | 소집단별 사회자 선정 | → | 6분간 토론 후 의견정리 | → | 소집단 사회자 전원에게 결론 보고 | → | 전체 집단의 사회자에 의해 소집단의 보고 내용을 근거로 전원이 토론 |

(4) 회의방식응용

구 분	역할연기법(Role playing)	사례연구법(Case study)
특 징	참석자가 정해진 역할을 직접 연기해 본 후 함께 토론해 보는 방법(흥미유발, 태도변화에 도움)	사례해결에 직접 참여하여 해결해 나가는 과정에서 판단력을 개발하고 관련 사실의 분석방법이나 종합적인 상황판단 및 대책입안 등에 효과적인 방법
장 점	• 통찰능력과 감수성이 향상 • 각자의 단점과 장점을 쉽게 파악 • 사고력 및 표현력이 향상 • 흥미를 갖고 적극적으로 참가	• 흥미가 있어 학습 동기유발 • 사물에 대한 관찰력 및 분석력 향상 • 판단력과 응용력 향상
단 점	• 다른 방법과 병행하지 않으면 효율성 저하 • 높은 수준의 의사결정에는 효과 미비 • 목적이 불명확하고 철저한 계획이 없으면 학습에 연계 불가능	• 발표를 할 때나 발표하지 않을 때 원칙과 규칙의 체계적인 습득 필요 • 적극적인 참여와 의견의 교환을 위한 리더의 역할 필요 • 적절한 사례의 확보곤란 및 진행방법에 대한 철저한 연구 필요

3 실연법

(1) 정 의

이미 설명을 듣고 시범을 보아서 습득하게 된 지식이나 기능을 교사의 지도 아래 직접 연습을 통해 적용해 보는 방법이다.

(2) 적용단계

① 수업의 중간이나 마지막 단계에 효과적이다.
② 학교수업이나 직업훈련 시 유사환경에서 연습이 필요한 경우에 적용한다.

(3) 주의해야 할 점

① 충분한 시설이나 철저한 자료의 준비가 필요하다.
② 교육 전 현장에 대한 확실한 안전확보가 필요하다.
③ 단순한 상황에서 복잡한 상황으로 진행될 수 있도록 수업계획을 수립한다.
④ 교사 대 수강자의 비율이 높아지는 것에 대한 대비한다.

4 프로그램학습법

(1) 정 의

수강자의 학습진행 정도에 맞도록 프로그램 자료를 작성하여 스스로 학습하도록 하는 방법이다.

(2) 적용단계

① 수업의 모든 단계에서 적용가능하다.
② 수강자의 개인차가 최대한 조절되어야 할 경우에 적합하다.
③ 기본개념학이나 논리적인 학습이 필요할 때 효과적이다.

(3) 주의해야 할 점

① 프로그램학습은 자신의 조건에 맞추어 스스로 하는 학습임을 주지한다.
② 학습과정의 철저한 점검이 필요하다.
③ 수강자의 사회성이 결여되기 쉬운 점에 대해 대책을 강구해야 한다.
④ 새로운 프로그램의 개발에 노력한다.

5 모의법

(1) 정 의

실제의 장면이나 상황을 인위적으로 구성하여 학습하게 하는 방법이다.

(2) 적용단계

① 수업의 모든 단계에서 적용가능하다.

② 실제상황에서 수업이 곤란하거나 위험한 경우에 적용한다.

(3) 주의해야 할 점

① 사전에 수업상황에 대한 충분한 설명 후 수업을 진행한다.

② 쉬운 것에서부터 단계적으로 실제상황에 적응하도록 진행한다.

③ 높은 교사 대 수강자의 비, 시설유지비, 교육비 등에 대한 대책을 강구해야 한다.

6 시청각교육법

(1) 정 의

시청각교재(TV, VTR, 슬라이드, 사진, 그림, 모형 등)를 최대한 활용하여 교육효과를 향상시키기 위한 방법이다.

(2) 필요성

① 교수의 효율성을 향상시킬 수 있다.

② 교수의 개인차로 인한 평준화 유지가 가능하다.

③ 현실적인 지각경험이 있을 경우 높은 이해력 향상에 도움이 된다.

④ 사물에 대한 정확한 이해는 사고력 향상 및 올바른 태도 형성에 도움이 된다.

⑤ 대규모 인원에 대한 대량 수업체제 확립이 가능하다.

(3) 특 징

① 흥미가 있어 학습의 동기유발에 유리하다.

② 인상을 강화시킬 수 있어 학습효과가 우수하다.

③ 작성에 경비 및 시간이 소요되며 교재확보 및 이동에 불편하다.

7 시범(Demonstration method)

(1) 시 범

① 어떠한 기능이나 작업과정을 학습시키기 위해 필요로 하는 분명한 동작을 제시하는 교육방법으로, 표본적인 동작수행을 요하는 경우 등에 적용한다.

② 고압가스를 취급하는 책임자들에게 기능이나 작업과정에 관한 학습이 필요할 경우 적당한 교육방법이다.

산업안전관리론

제3장
안전관리 및 손실방지

01 안전관리 및 손실방지 목적

1 생산성 향상과 경제적 안전

　기업은 생산성의 향상과 손실의 최소화를 위하여 안전관리를 시행함으로써 기업운영의 비능률적인 요인인 사고가 발생하지 않는 상태를 유지할 수 있는데, 이러한 안전관리활동은 근로자의 사기 진작, 생산성 향상, 사회적 신뢰성 유지 및 확보, 비용절감(손실감소), 이윤증대에 긍정적인 측면으로 작용하고 있다.

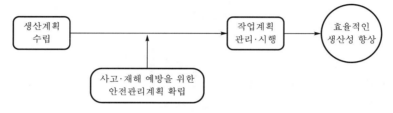

02 무재해운동 등 안전활동기법

1 무재해의 정의

　근로자가 업무에 기인하여 사망 또는 4일 이상의 휴업을 요하는 부상 또는 질병에 이환되지 않는 것을 말하며, 조금 더 엄격한 의미에서 무재해란 다치는 일이 없는 상태, 즉 상해를 입을 수 있는 위험요소가 없는 상태를 진정한 무재해라고 할 수 있다.

(1) 무재해의 경우
　① 작업시간 중 천재지변 또는 돌발적인 사고로 인한 구조행위 또는 긴급피난 중 발생한 사고
　② 작업시간 외에 천재지변 또는 돌발적인 사고 우려가 많은 장소에서 사회통념상 인정되는 업무 수행 중 발생한 사고
　③ 출퇴근 도중에 발생한 재해
　④ 운동경기 등 각종 행사 중 발생한 사고
　⑤ 제3자의 행위에 의한 업무상 재해
　⑥ 업무상 재해 인정기준 중 뇌혈관질환 또는 심장질환에 의한 재해
　⑦ 업무시간 외에 발생한 재해. 다만, 사업주가 제공한 사업장 내의 시설물에서 발생한 재해 또는 작업 개시 전의 작업준비 및 작업종료 후의 정리정돈 과정에서 발생한 재해는 제외

2 무재해운동 목적 및 개요

(1) 목 적

사업장 내의 모든 잠재적 위험요인을 사전에 발견·파악하고 근원적으로 산업재해를 예방하여 일체의 산업재해를 허용하지 않는 것을 목적으로 한다.

(2) 무재해운동의 시간(기간) 산정방식

① 무재해 시간 산출공식

> 총 시간=무재해운동 개시일로부터 재해 발생 전일까지의 실제 근무자 수×실제 근로시간수

② 무재해 1배수 목표시간 산정절차

업종 규모별 그룹화 → 5년 평균 재해율 산출 → 재해율 기반 목표시간 계산 → 통계적 오차정보 (규모별) → 적용상의 조정 → 목표시간 산정

③ 무재해 1배수 목표시간의 계산방법

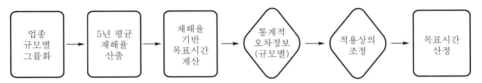

$$\text{무재해 목표시간(1배수)} = \frac{\text{연간 총근로시간}}{\text{연간 총재해자 수}} = \frac{\text{연평균 근로자 수×1인당 연평균 근로시간}}{\text{연간 총재해자 수}}$$

$$= \frac{\text{1인당 연평균 근로시간×100}}{\text{재해율}}$$

※ 연평균 근로시간은 고용노동부 사업체 임금근로시간 조사자료를, 재해율은 최근 5년간 평균 재해율을 적용

④ 사무직 근로자 등 실제 근로시간의 산정이 곤란한 근로자의 경우

  ㉠ 사무직 및 제조업은 통상적으로 1일 8시간 기준

  ㉡ 건설업 근로자는 실제 근로시간 산정이 어려울 경우 1일 10시간 근로한 것으로 산정

(3) 무재해기간

① 무재해운동 개시일로부터 재해 발생 전날까지의 기간이다.

② 공휴일 등에 그 사업장 소속 근로자가 1명이라도 근로한 사실이 있을 경우 무재해기간에 산정한다.

③ 적용 제외

  ㉠ 사무직에 종사하는 근로자만으로 구성된 사업장

  ㉡ 해외 사업장의 경우

[예제] 근로자 수가 2,500명인 사업장에서 매일 8시간씩 근무하고, 500명이 해외 사업장에서 근무 중이며, 국내 사업장의 근로자 중 30명이 2시간씩 잔업을 하였다면 하루 동안의 무재해 시간을 산정하시오.

해설 (2,500명×8시간)+잔업시간(30명×2)=20,000시간+60시간=20,060시간

※ 해외 근로자 500명은 시간산정에서 제외하며, 누적된 시간이 목표시간에 도달하면 무재해 달성을 인정한다.

답 20,060시간

(4) 무재해운동의 적용범위(적용사업장)

① 상시근로자 수가 50명 이상인 사업장(안전관리자를 선임해야 하는 사업장)

② 건설공사의 경우 도급금액 10억원 이상인 건설사업장

③ 해외건설공사의 경우 상시근로자 수가 500명 이상이거나 도급금액 1억불 이상인 건설현장

(5) 무재해운동의 추진절차

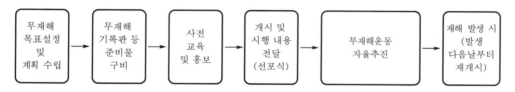

(6) 무재해운동 재개시 시점

① 재해가 발생한 다음 날부터 재개시한다.

② 직업병 확정 판정을 받는 경우 유소견자 발생 사실을 통보받은 다음 날부터 재개시한다.

③ 근골격계질환 판정을 받은 경우 요양확정 판정일 다음 날부터 재개시한다.

3 무재해운동의 이론

(1) 이념 및 3요소(기둥)

무재해운동의 3기둥(3요소)

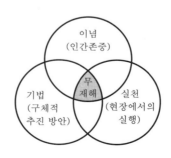

삼위일체

(2) 무재해운동의 3원칙

무의 원칙	잠재위험요인을 사전에 발견, 파악, 제거함으로써 근원적으로 산업재해를 없애는 것(사망, 휴업재해만 없으면 된다는 소극적 사고가 아니라 불휴재해는 물론 인체의 잠재위험요인이 없어야 한다는 적극적인 자세)
선취(해결)의 원칙	궁극적인 목표인 무재해·무질병을 실현하기 위해 모든 잠재위험요인을 행동하기 전에 발견, 파악, 제거함으로써 재해의 발생을 사전에 예방하거나 방지하는 것
(전원)참가의 원칙	잠재적 위험요인을 제거하기 위해 노사 전원이 참가하여 각자의 입장에서 적극적으로 스스로의 책무를 수행함과 동시에 문제해결운동을 실천하는 것

4 무재해 소집단 활동

(1) 브레인스토밍(Brainstorming, 1939년 A.F.Osborn)

① 정의 및 의미

자유분방하게 진행하는 토의식 아이디어 창출법으로 편안한 분위기에서 연상되는 사고를 대량으로 발표해 나가는 방식으로 주제나 대책 결정에 있어 다양한 아이디어 창출을 유도할 수 있다. 질적으로 우수한 아이디어가 당연히 필요하지만 양적으로 많은 것을 추구하다 보면 그 가운데 소중한 아이디어를 찾아낼 수가 있고, 쉽고 편안한 가운데 연상되는 내용의 연쇄반응을 통하여 생각지 못한 아이디어를 창출해 내는 것이 브레인스토밍의 의도이다.

② 브레인스토밍의 기본전제

㉠ 창의력은 개인마다 정도의 차이는 있으나 누구에게나 있다.

㉡ 비창의적인 사회적·문화적 풍토는 창의적인 아이디어 개발을 저해하고 있다.

㉢ 자유를 허용하고 부정적인 태도를 바꾸게 하여 보다 나은 창의성을 개발할 수 있다.

③ 브레인스토밍 4원칙

비판금지	「좋다」 또는 「나쁘다」 라고 비판하지 않는다.
자유분방	자유로운 분위기에서 편안한 마음으로 발표한다.
대량발언	내용의 질적인 수준보다 양적으로 많이 발언한다.
수정발언	타인의 발표내용을 수정하거나 개조하여 관련된 내용을 추가 발표하여도 좋다.

(2) 1인 위험예지훈련

위험요인에 대한 감수성을 향상시키기 위해 원 포인트 및 삼각위험예지훈련을 통합한 활용기법으로 한 사람 한 사람이 같은 도해로 4라운드까지 1인 위험예지훈련을 실시한 후, 리더의 사회로 결과에 대하여 서로 발표 및 토론하여 위험요소를 발견·파악한 후 해결능력을 향상시키는 훈련을 말한다.

준비단계	팀 구성 및 리더 선정
도입단계	리더의 인사와 진행 선언
1라운드	현상파악 〈어떠한 위험이 잠재하고 있는가?〉 (삼각위험예지훈련 기법 적용)
2라운드	본질추구(의견합의) 〈이것이 위험의 포인트!〉 (이하 원 포인트 위험예지훈련 기법 적용)
3라운드	대책 수립 〈당신이라면 어떻게 하겠는가?〉
4라운드	목표설정(의견합의) 〈우리들은 이렇게 하자!〉 원 포인트 지적 확인
발표와 토론	1인 위험예지훈련의 결과 보고
확인 및 정리	팀별 반성과 결론 도출

(3) 터치 앤 콜(Touch and call)

스킨십(Skinship)을 통한 팀 구성원 간의 일체감 및 연대감을 조성하고 위험요소에 대한 강한 인식과 더불어 사고예방에 도움이 되며 서로 피부를 맞대고 구호를 제창함으로써 진한 동료애를 느끼고 안전에 동참하는 참여정신을 높일 수 있다.

① 터치 앤 콜의 형태

고리형	왼손 엄지를 서로 맞잡고 원을 만들어 목표나 구호를 제창(5~6명 정도가 적당)
포개기형	왼손 엄지로 원을 만들 수 없는 소수 인원일 경우 왼손을 서로 포개어 구호제창 (2~3명 정도가 적당)
어깨동무형	왼손을 상대의 왼쪽어깨에 얹어 감싸고 서로의 발을 맞대어 둥글게 원을 만들어(무재해의 제로(0)를 의미) 오른손으로 지적하며 구호를 제창(5~6명 정도가 적당)

② 기대효과

특별한 준비 없이 쉽게 실시할 수 있으며, 피부의 접촉을 통하여 기대 이상의 친밀감과 일체감을 통하여 서로 하나됨을 느낄 수 있어 사고예방 및 인간관계 형성에도 큰 도움을 얻을 수 있다.

터치 앤 콜의 모양

(4) 지적확인

작업공정이나 상황 가운데 위험요인이나 작업의 중요 포인트에 대해 자신의 행동은 「…좋아!」라고 큰 소리로 제창하여 확인하는 방법으로 인간의 감각기관을 최대한 활용함으로써 위험요소에 대한 긴장을 유발하고 불안전 행동이나 상태를 사전에 방지하는 효과가 있다. 작업자 상호 간의 연락이나 신호를 위한 동작과 지적도 지적확인이라고 한다.

① 과거 일본 국철의 플랫폼에서 전차의 진입과 발차 시에 안전을 위해 실시한 안전활동 기법으로 인간의 부주의, 착각, 방심 등으로 인한 오조작이나 판단미스로 인한 사고를 예방하기 위해 실시하는 방법이다.

② 인간의 의식을 강화하고 오류를 감소하며 신속·정확한 판단과 대책을 수립할 수 있다.

③ 지적확인은 대뇌활동에도 영향을 미쳐 작업의 정확도를 향상시킨다는 일본 연구소의 실험 결과가 있다.

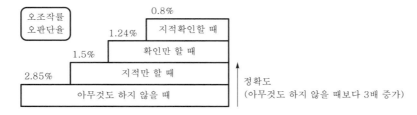

(5) T.B.M.(Tool Box Meeting) 위험예지훈련

현장에서 그때그때 주어진 상황에 적용하여 실시하는 위험예지활동으로 단시간 미팅 즉시 적응훈련이다.

① 진행방법

ㄱ 시기 : 조회, 오전, 정오, 오후, 작업 교체 및 종료 시에 시행한다.

ㄴ 10분 정도의 시간으로 10명 이하의 소수인원으로 편성한다(5~7인 최적인원).

ㄷ 주제를 정해두고 자료를 준비하는 등 리더는 사전 진행과정에 대해 연구한다.

ㄹ 도입→의견도출→종합의 3단계로 진행한다.

② 실시요령

ㄱ 재해사례·아차사고 사례 등을 도해화하거나 모형 또는 현장의 현물을 이용하여 현실감 있는 위험예지가 될 수 있도록 한다.

ㄴ 역할연기나 관찰방식 등을 병행한 리더양성교육을 통하여 T.B.M. 위험예지가 직장에 정착되도록 한다.

ㄷ 작업종료 시, 실시 결과에 대한 검토가 이루어져 미비점을 보완하고 다음 작업에 대한 대비책을 수립해 둔다.

③ T.B.M. 5단계 진행요령(작업 시작 전 실시의 예)

1단계	도 입	직장체조, 상호인사, 목표제창
2단계	점검·정비	건강, 복장, 공구, 보호구, 안전장치, 사용기기 등 점검·정비
3단계	작업지시	당일 작업에 대한 설명 및 지시를 받고 복창하여 확인
4단계	위험예측	당일 작업의 위험을 예측하고 대책 토의, 원 포인트 위험예지훈련
5단계	확 인	대책을 수립하고 팀의 목표 확인, 원 포인트 지적 확인, 터치 앤 콜

(6) STOP 기법(Safety Training Observation Program)

미국의 듀폰(Dupont)회사에서 개발한 것으로 현장의 관리자 및 감독자에게 효율적인 안전관찰을 실시할 수 있도록 훈련하는 과정이다(안전관찰 훈련과정).

① 효 과
  ㉠ 감독자의 안전책임 의식 향상
  ㉡ 분야별 안전활동 촉진
  ㉢ 근로자의 안전태도 및 안전의식 향상

② STOP 기법 진행방법

결심(decide) → 정지(stop) → 관찰(observe) → 조치(act) → 보고(report)

(7) 안전확인 5지 운동

작업 전 손가락을 하나하나 꼽으면서 안전을 확인하고 마지막으로 주먹을 힘차게 쥐고 「무재해로 나가자」라고 구호제창 후 작업을 시작하는 방법이다.

① 진행방법

무지	마음의 준비	하나, 부상을 당하거나 당하게 하지 말자!
인지	복장의 정비	둘, 복장을 단정히 하여 위험을 예방하자!
중지	규정과 기준	셋, 안전수칙을 철저히 준수하자!
약지	점검 및 정비	넷, 철저한 점검·정비로 사고예방!
소지	안전확인	다섯, 확인하고 또 확인하자!

(8) 기타 실천기법의 종류

원 포인트 위험예지	위험예지훈련 4라운드 중에서 1R를 제외한 2R, 3R, 4R를 원 포인트로 요약하여 실시하는 기법으로, 2~3분 내에 실시하는 현장 활동용
삼각위험예지	쓰는 것이나 말하는 것이 미숙한 작업자를 대상으로 실시하는 기법으로, 현상파악과 위험의 포인트를 △형으로 표시하여 팀의 합의를 이끌어 내는 기법
자문자답 카드기법 E.C.R.(Error Cause Removal)	카드에 있는 체크리스트를 큰 소리로 자문자답하면서 위험요인을 발견하고 파악하여 행동목표를 정하는 기법 ① 아이디어 제안 ② 조장이 접수 ③ 무재해 추진위원회에 조치 ④ 제안자 표창
아차사고 사례발굴훈련	은폐하거나 무심코 지나치기 쉬운 아차사고의 체험을 BS 방식으로 제출케 하여 위험예지 4R 진행법에 의해 문제를 해결해 나가는 기법
TBM역할 연기훈련	한 팀이 TBM 위험예지활동을 역할연기하고 다른 팀이 관찰한 후 함께 토론하여 잠재위험요인을 찾아내어 해결해 나가는 방법으로, 팀별로 교대하면서 역할연기를 함
BGM위험 예지훈련	방송시설을 이용하여 작업 시작 전에 음악을 들려줌으로써 마음을 안정시키고 작업표준과 안전수칙 등에 관한 사항을 정리할 수 있는 시간적 여유를 제공해 주는 훈련
5C 운동	① 복장단정(Correctness) ② 정리정돈(Clearance) ③ 청소청결(Cleaning) ④ 점검확인(Checking) ⑤ 전심전력(Concentration)
5S 운동	기본적인 안전의식을 높이고 실천행동을 습관화, 생활화하는데 효과적인 운동 ① 정리 ② 정돈 ③ 청소 ④ 청결(4S) ⑤ 수칙준수

(9) 안전보건 11대 기본수칙

1	작업 전 안전점검, 작업 중 정리정돈
2	개인보호구 지급, 착용
3	용접 시 인화성·폭발성 물질 격리
4	프레스·전단기·압력용기·둥근톱에 방호장치 설치
5	기계·설비 정비 시 잠금장치 및 표지판 부착
6	밀폐공간 작업 전 산소농도 측정
7	고소작업 시 안전난간·개구부 덮개 설치
8	추락방지용 안전방망 설치
9	유해·위험 화학물질 경고표지 부착
10	전기활선 작업 중 절연용 방호기구 사용
11	작업장 안전통로 확보

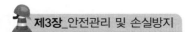

5 위험예지훈련 및 진행방법

(1) 위험예지훈련(전원참가의 기법)

① 위험에 대한 개별훈련인 동시에 팀워크(Teamwork)훈련(안전을 전원이 빨리, 올바르게 선취하는 훈련)

② 위험예지의 3훈련

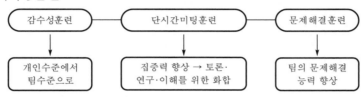

③ 위험예지훈련의 방법

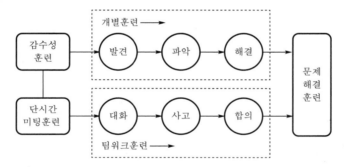

④ 위험예지훈련의 진행

직장이나 작업상황 속의 잠재위험요인을→상황을 묘사한 도해나 현물을 이용→직접 재현해 봄으로써→직장 소집단별로 생각하고 토론하여 합의한 뒤→위험포인트나 주된 실시항목을 지적, 확인하여→행동하기 전에 위험요인을 제거하고 해결하는 훈련→이것을 습관화하기 위해 매일 실시한다.

⑤ 미팅의 대화방법

㉠ 본심으로 왁자지껄 대화(편안한 분위기)

㉡ 본심으로 자꾸자꾸 대화(현장의 생생한 정보)

㉢ 본심으로 끊임없이 대화(단시간)

㉣ '과연 이것이 핵심(포인트)이다'라고 합의(납득해서 합의)

(2) 4라운드 진행방법

(소요시간) 1R, 2R(15분)/3R, 4R(5분) 전체적으로 30분 이내

준 비	인원이 많은 경우 서브팀 구성	서브팀 인원 4~6명 역할 분담(리더선정, 서기, 발표자 등), 필요한 도구 배포
도 입	전원 기립, 리더 인사 및 개시 선언	정렬, 분위기 조성, 개인건강 확인 등 도해배포
1라운드	현상파악 〈어떤 위험이 잠재하고 있는가?〉	잠재위험요인과 현상 발견(브레인스토밍 실시) (5~7항목으로 정리) (~해서, 때문에 ~다)
2라운드	본질추구 〈이것이 위험의 포인트이다!〉	가장 중요한 위험의 포인트 합의 결정(1~2항목), 지적·확인 및 제창(~해서 ~다. 좋아!)
3라운드	대책 수립 〈당신이라면 어떻게 하겠는가?〉	본질추구에서 선정된 항목의 구체적인 대책 수립(항목 당 3~4가지 정도)(브레인스토밍 실시)
4라운드	목표설정 〈우리들은 이렇게 하자!〉	• 대책 수립의 항목 중 1~2가지 등 중점 실시항목으로 합의 결정 • 팀의 행동목표→지적·확인 및 제창(~을 ~하여 ~하자 좋아!)
확인	리더의 사회로 결과에 대한 정리	• 원 포인트 지적·확인(~~~좋아!) • 터치 앤 콜(Touch and call) (무재해로 나가자 좋아!)
발표 및 강평	팀별로 실시	• 1~4R 순서대로 읽는다. • 상대팀 발표 듣고 강평(Comment)

03 안전보건관리 체제 및 운용

1 안전보건관리조직

(1) 안전관리조직의 목적 및 기능

기업 내에서 안전관리조직을 구성하는 목적은 근로자의 안전과 설비의 안전을 확보하여 생산합리화를 기하는데 그 목적이 있으며, 안전관리조직의 3대 기능은 다음과 같다.

① 위험제거기능

② 생산관리기능

③ 손실방지기능

(2) 안전관리조직의 기본방향

① 조직의 구성원을 모두 참여시킬 것

② 각 계층 간에 종적, 횡적, 기능적으로 유대관계를 이룰 것

③ 조직의 기능을 충분히 발휘할 수 있을 것

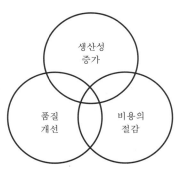

경영에서의 조직의 목적

(3) 재해예방을 위한 안전관리조직

조직의 목적		• 모든 위험요소의 제거 • 위험요소 제거의 기술수준 향상 • 재해예방대책의 향상 • 단위당 예방비용의 저감
조직의 구비조건		• 회사의 특성과 규모에 부합되게 조직화할 것 • 조직의 기능이 충분히 발휘될 수 있는 제도적 체계를 갖출 것 • 조직을 구성하는 관리자의 책임과 권한을 분명히 할 것 • 생산라인과 밀착된 조직이 될 것
조직의 기능요소	**기본적인 기능요소**	• 안전상의 제안조치를 강구할 수 있는 기능 • 안전보건에 관한 교육과 지도·감독 기능 • 경영적 차원에서의 안전조치 기능 • 재해사고 시 조사와 피해 억제 및 긴급조치 기능
	기능상의 여러 문제	• 조직은 있으나 기능이 주어지지 않는 인원이 배치되는 경우 • 조직도 없이 기능만을 부여하고 배치된 인원이 자주 인사이동되는 경우 • 조직도 기능도 없이 인원이 배치되는 경우

(4) 안전관리조직 형태

　① 안전관리조직의 형태

　　㉠ 직계식(Line형) 조직

　　㉡ 참모식(Staff형) 조직

　　㉢ 직계-참모식(Line-staff형) 조직

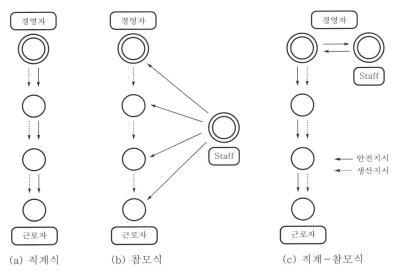

관리조직 구성도

㉮ 직계식(Line형)

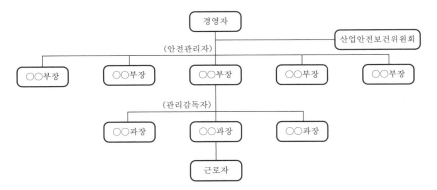

㉮ 참모식(Staff형)

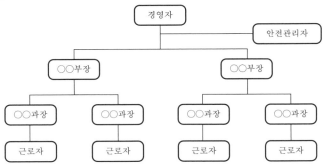

예 직계-참모식(Line-staff형)

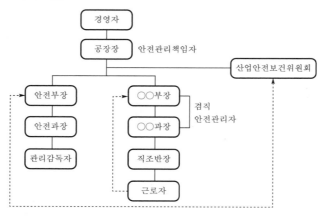

② 안전관리기본조직

구 분	직계식(Line형) 조직	참모식(Staff형) 조직	직계-참모식(Line-staff형) 조직
장 점	• 안전보건관리와 생산을 동시에 수행 • 명령과 보고가 상하관계뿐이므로 간단명료(모든 권한을 포괄적이고 직선적으로 행사) • 명령이나 지시가 신속·정확하게 전달되어 개선조치가 빠르게 진행 • 별도의 안전관리요원을 두지 않아 예산절약의 효과	• 안전전담부서(Staff)의 참모인 안전관리자가 안전관리의 계획에서 시행까지 업무 추진(고도의 안전활동 진행) • 안전기법 등에 대한 교육·훈련을 통해 조직적으로 안전관리 추진(안전에 관한 업무의 표준화, 정착화) • 경영자의 조언과 자문 역할(안전보건업무에 대하여 조언자 역할) • 안전에 관한 지식, 기술 축적 및 정보수집이 용이하고 신속 • 사업장 특성에 맞는 안전보건대책 수립 용이	• 라인에서 안전보건업무가 수행되어 안전보건에 관한 지시·명령 조치가 신속·정확하게 전달, 수행 • 안전보건의 전문지식이나 기술 축적 용이(해당 사업장에 적합한 대책 수립 가능) • 스탭에서 안전에 관한 기획, 조사, 검토 및 연구를 수행
단 점	• 안전보건에 관한 전문지식이나 기술이 결여되어 안전보건관리가 원만하게 이루어지지 못함(고도의 안전관리 기대 불가) • 생산라인의 업무에 중점을 두어 안전보건관리가 소홀해질 수 있음 • 안전에 관한 전문지식이나 정보 불충분	• 생산계통의 기능과 상반된 견해 차이 등으로 안전활동을 위한 협력이 부족 • 안전지시의 이원화로 명령계통의 혼란 초래(응급조치 곤란, 통제수단 복잡) • 안전에 대한 이해가 부족할 경우 안전대책의 현장 침투 불가 • 안전과 생산을 별개로 취급(생산 부분은 안전에 대한 책임과 권한 없음)	• 라인과 스탭 간에 협조가 안될 경우 업무의 원활한 추진 불가 • 스탭의 기능이 너무 강하면 권한의 남용으로 라인에 간섭→라인의 권한 약화→라인의 유명무실 • 명령계통과 조언, 권고적 참여가 혼돈될 가능성

구 분	직계식(Line형) 조직	참모식(Staff형) 조직	직계-참모식(Line-staff형) 조직
활성화 대책	라인형 조직에 맞는 체계적인 안전보건교육의 지속적인 실시가 필요함	스탭의 안전에 관한 업무 수행에 필요한 각종 권한 부여 (인적·물적 사항 포함)	라인과 스탭 간의 확고한 공조체제 구축
기 타 (특 징)	• 전문적인 기술을 필요로 하지 않는 100인 미만의 소규모 사업장에 적합 • 안전보건관리 업무(PDCA사이클 등)를 생산라인(Production line)을 통하여 이루어지도록 편성된 조직 • 생산라인에 모든 안전보건관리기능을 부여(업무가 생산 위주라 안전에 대한 전문지식이나 기술 습득시간 부족)	• 근로자 100~1,000명 정도의 중규모 사업장에 적합 • 안전에 관한 계획안의 작성, 조사, 점검 결과에 의한 조언, 보고의 역할(스스로 생산라인의 안전업무를 행할 수 없음) • 테일러(F.W.Taylor)의 기능형(Functional)조직에서 발전→분업의 원칙을 고도로 이용→책임과 권한이 직능적으로 분담	• 근로자 1,000명 이상의 대규모 사업장에 적합 • 라인형과 스탭형의 장점을 절충한 이상적인 조직 • 안전보건업무를 전담하는 스탭을 두고 생산라인 부서의 장으로 하여금 안전보건 담당(안전보건대책:스탭에서 수립→라인을 통하여 실천) • 라인에는 생산과 안전에 관한 책임과 권한을 동시에 부여(안전보건업무와 생산업무의 균형 유지) • 우리나라 산업안전보건법상의 조직형태 • 안전과 생산이 유리될 우려가 없어 운용이 적절하면 이상적인 조직

③ 이상적인 안전관리조직의 구비조건

  ㉠ 조직을 구성하는 관리자의 책임과 권한이 분명해야 한다.

  ㉡ 생산라인과 직결된 조직이어야 한다.

2 산업안전보건위원회(노사협의회) 등의 법적체제

(1) 산업안전보건위원회 설치·운영

① 사업주는 산업안전보건에 관한 중요사항을 심의·의결하기 위하여 근로자와 사용자가 같은 수로 구성되는 산업안전보건위원회를 설치·운영하여야 한다.

② 산업안전보건위원회의 심의·의결사항

  ㉠ 산업재해 예방계획의 수립에 관한 사항

  ㉡ 안전보건관리규정의 작성 및 변경에 관한 사항

  ㉢ 근로자의 안전보건교육에 관한 사항

  ㉣ 작업환경측정 등 작업환경의 점검 및 개선에 관한 사항

  ㉤ 근로자의 건강진단 등 건강관리에 관한 사항

  ㉥ 산업재해에 관한 통계의 기록 및 유지에 관한 사항

      ⓐ 중대재해의 원인조사 및 재발방지대책 수립에 관한 사항

      ◎ 유해하거나 위험한 기계·기구·설비를 도입한 경우 안전 및 보건 관련 조치에 관한 사항

      ⓩ 그 밖에 해당 사업장 근로자의 안전과 보건을 유지·증진시키기 위하여 필요한 사항

③ 산업안전보건위원회의 회의는 정기회의(매분기), 임시회의를 개최하고 그 결과를 회의록으로 작성하여 보존하여야 한다.

④ 사업주와 근로자는 산업안전보건위원회가 심의·의결 또는 결정한 사항을 성실하게 이행하여야 한다.

⑤ 산업안전보건위원회의 심의·의결 또는 결정은 산업안전보건법과 법에 따른 명령, 단체협약, 취업규칙 및 안전보건관리규정에 위반되지 않아야 한다.

⑥ 사업주는 산업안전보건위원회의 위원으로서 정당한 활동을 한 것을 이유로 그 위원에게 불이익을 주어서는 아니 된다.

(2) 산업안전보건위원회를 설치·운영해야 할 사업의 종류 및 규모

  ① 상시근로자 50명 이상

    ㉠ 토사석 광업

    ㉡ 목재 및 나무제품 제조업 : 가구 제외

    ㉢ 화학물질 및 화학제품 제조업 : 의약품 제외(세제, 화장품 및 광택제 제조업과 화학섬유 제조업은 제외)

    ㉣ 비금속 광물제품 제조업

    ㉤ 1차 금속 제조업

    ㉥ 금속가공제품 제조업 : 기계 및 가구 제외

    ㉦ 자동차 및 트레일러 제조업

    ㉧ 기타 기계 및 장비 제조업(사무용 기계 및 장비 제조업은 제외)

    ㉨ 기타 운송장비 제조업(전투용 차량 제조업은 제외)

  ② 상시근로자 300명 이상

    ㉠ 농업

    ㉡ 어업

    ㉢ 소프트웨어 개발 및 공급업

    ㉣ 컴퓨터 프로그래밍, 시스템 통합 및 관리업

    ㉤ 정보 서비스업

    ㉥ 금융 및 보험업

      ⓢ 임대업:부동산 제외

      ⓞ 전문, 과학 및 기술 서비스업(연구 개발업은 제외)

      ⓩ 사업지원 서비스업

      ⓩ 사회복지 서비스업

③ 공사금액 120억원 이상 건설업(「건설산업기본법 시행령」 별표 1에 따른 토목공사업에 해당하는 공사의 경우에는 150억원 이상)

④ 상시근로자 100명 이상

    ①, ②, ③을 제외한 사업

(3) 산업안전보건위원회 구성 및 운영

① 산업안전보건위원회의 근로자위원

    ㉠ 근로자대표(근로자의 과반수로 조직된 노동조합이 있는 경우에는 그 노동조합의 대표자를 말하고, 근로자의 과반수로 조직된 노동조합이 없는 경우에는 근로자의 과반수를 대표하는 사람을 말하되, 해당 사업장에 단위 노동조합의 산하 노동단체가 그 사업장 근로자의 과반수로 조직되어 있는 경우에는 지부·분회 등 명칭 여하에 관계없이 해당 노동단체의 대표자를 말함)

    ㉡ 명예산업안전감독관이 위촉되어 있는 사업장의 경우 근로자대표가 지명하는 1명 이상의 명예산업안전감독관

    ㉢ 근로자대표가 지명하는 9명 이내의 해당 사업장의 근로자(명예산업안전감독관이 근로자위원으로 지명되어 있는 경우에는 그 수를 제외한 수의 근로자를 말함)

② 사용자위원

    ㉠ 해당 사업의 대표자(같은 사업으로서 다른 지역에 사업장이 있는 경우에는 그 사업장의 최고책임자를 말함)

    ㉡ 안전관리자(안전관리자를 두어야 하는 사업장으로 한정하되, 안전관리자의 업무를 안전관리전문기관에 위탁한 사업장의 경우에는 그 전문기관의 해당 사업장 담당자를 말함) 1명

    ㉢ 보건관리자(보건관리자를 두어야 하는 사업장으로 한정하되, 보건관리자의 업무를 보건관리전문기관에 위탁한 경우에는 그 전문기관의 해당 사업장 담당자를 말함) 1명

    ㉣ 산업보건의(해당 사업장에 선임되어 있는 경우로 한정함)

    ㉤ 해당 사업의 대표자가 지명하는 9명 이내의 해당 사업장 부서의 장

③ 건설업의 사업주가 사업의 일부를 도급으로 하는 경우로서 안전·보건에 관한 협의체를 구성한 경우에는 해당 협의체에 다음과 같은 사람을 포함한 산업안전보건위원회를 구

성할 수 있다.

    ㉠ 사용자위원인 안전관리자

    ㉡ 근로자위원으로서 도급 또는 하도급 사업을 포함한 전체 사업의 근로자대표, 명예
    산업안전감독관 및 근로자대표가 지명하는 해당 사업장의 근로자

④ 위원장

산업안전보건위원화의 위원장은 위원 중에서 호선하되 이 경우 근로자위원과 사용자위원 중 각 1명을 공동위원장으로 선출할 수 있다.

⑤ 회의

    ㉠ 산업안전보건위원회의 회의는 정기회의와 임시회의로 구분하되, 정기회의는 분기마다 위원장이 소집하며, 임시회의는 위원장이 필요하다고 인정할 때에 소집한다.

    ㉡ 회의는 근로자위원 및 사용자위원 각 과반수의 출석으로 시작하고 출석위원 과반수의 찬성으로 의결한다.

    ㉢ 근로자대표, 명예산업안전감독관, 해당 사업의 대표자, 안전관리자 또는 보건관리자는 회의에 출석하지 못할 경우에는 해당 사업에 종사하는 사람 중에서 1명을 지정하여 위원으로서의 직무를 대리하게 할 수 있다.

    ㉣ 산업안전보건위원회 회의록 작성

      • 개최 일시 및 장소

      • 출석위원

      • 심의내용 및 의결·결정사항

      • 그 밖의 토의사항

⑥ 회의 결과 등의 주지

산업안전보건위원회의 위원장은 산업안전보건위원회에서 심의·의결된 내용 등의 회의 결과와 중재 결정된 내용 등을 사내방송이나 사내보, 게시 또는 자체 정례조회, 그 밖의 적절한 방법으로 근로자에게 신속히 알려야 한다.

3 운용방법

(1) 사업장 안전보건관리체계

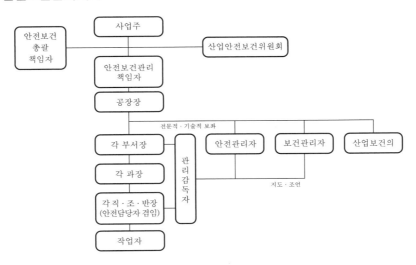

(2) 안전보건총괄책임자

① 안전보건총괄책임자 선임

㉠ 같은 장소에서 행하여지는 사업으로서 다음과 같은 사업의 사업주는 그 사업의 관리책임자를 안전보건총괄책임자로 지정하여 자신이 사용하는 근로자와 수급인(하수급인을 포함)이 사용하는 근로자가 같은 장소에서 작업을 할 때에 생기는 산업재해를 예방하기 위한 업무를 총괄 관리하도록 하여야 하는데, 이 경우 관리책임자를 두지 아니하여도 되는 사업에서는 그 사업장에서 사업을 총괄 관리하는 자를 안전보건총괄책임자로 지정하여야 한다.

- 사업의 일부를 분리하여 도급을 주어 하는 사업
- 사업이 전문 분야의 공사로 이루어져 시행되는 경우 각 전문 분야에 대한 공사의 전부를 도급을 주어 하는 사업

㉡ 안전보건총괄책임자를 지정한 경우에는 「건설기술진흥법」에 따른 안전총괄책임자를 둔 것으로 본다.

② 안전보건총괄책임자 지정 대상사업

관계수급인에게 고용된 근로자를 포함한 상시근로자가 100명(선박 및 보트 건조업, 1차 금속 제조업 및 토사석 광업의 경우에는 50명) 이상인 사업 및 관계수급인의 공사금액을 포함한 해당 공사의 총 공사금액이 20억원 이상인 건설업

③ 안전보건총괄책임자의 직무

㉠ 위험성평가의 실시에 관한 사항

    ⓛ 작업의 중지

    ⓒ 도급 시 산업재해 예방조치

    ⓔ 산업안전보건관리비의 관계수급인 간의 협의·조정 및 그 집행의 감독

    ⓜ 안전인증대상 기계·기구 등과 자율안전확인대상 기계·기구 등의 사용여부 확인

(3) 안전보건관리책임자

  ① 안전보건관리책임자의 직무

    ㉠ 사업장의 산업재해 예방계획의 수립에 관한 사항

    ㉡ 안전보건관리규정의 작성 및 변경에 관한 사항

    ㉢ 근로자의 안전·보건 교육에 관한 사항

    ㉣ 작업환경측정 등 작업환경의 점검 및 개선에 관한 사항

    ㉤ 근로자의 건강진단 등 건강관리에 관한 사항

    ㉥ 산업재해의 원인조사 및 재발방지대책 수립에 관한 사항

    ㉦ 산업재해에 관한 통계의 기록 및 유지에 관한 사항

    ㉧ 안전장치 및 보호구 구입 시 적격품 여부 확인에 관한 사항

    ㉨ 그 밖에 근로자의 유해·위험 방지조치에 관한 사항으로서 위험성평가의 실시에 관한 사항과 안전보건규칙에서 정하는 근로자의 위험 또는 건강장해의 방지에 관한 사항

  ② 안전보건관리책임자는 안전관리자와 보건관리자를 지휘·감독한다.

  ③ 안전보건관리책임자를 두어야 할 사업의 종류 및 규모

    ㉠ 상시근로자 50명 이상

      • 토사석 광업

      • 식료품 제조업, 음료 제조업

      • 목재 및 나무제품 제조업 : 가구 제외

      • 펄프, 종이 및 종이제품 제조업

      • 코크스, 연탄 및 석유정제품 제조업

      • 화학물질 및 화학제품 제조업 : 의약품 제외

      • 의료용 물질 및 의약품 제조업

      • 고무 및 플라스틱제품 제조업

      • 비금속 광물제품 제조업

      • 1차 금속 제조업

      • 금속가공제품 제조업 : 기계 및 가구 제외

      • 전자부품, 컴퓨터, 영상, 음향 및 통신장비 제조업

- 의료, 정밀, 광학기기 및 시계 제조업
- 전기장비 제조업
- 기타 기계 및 장비 제조업
- 자동차 및 트레일러 제조업
- 기타 운송장비 제조업
- 가구 제조업
- 기타 제품 제조업
- 서적, 잡지 및 기타 인쇄물 출판업
- 해체, 선별 및 원료 재생업
- 자동차 종합 수리업, 자동차 전문 수리업

ⓛ 상시근로자 300명 이상
- 농업
- 어업
- 소프트웨어 개발 및 공급업
- 컴퓨터 프로그래밍, 시스템 통합 및 관리업
- 정보 서비스업
- 금융 및 보험업
- 임대업:부동산 제외
- 전문, 과학 및 기술 서비스업(연구 개발업은 제외)
- 사업지원 서비스업
- 사회복지 서비스업

ⓒ 공사금액 20억원 이상:건설업

ⓡ 상시근로자 100명 이상:ⓐ~ⓒ의 사업을 제외한 사업

(4) 관리감독자

① 관리감독자 선임

ⓐ 사업주는 사업장의 관리감독자(사업장의 생산과 관련되는 업무와 그 소속 직원을 직접 지휘·감독하는 직위에 있는 사람을 말함)로 하여금 직무와 관련된 안전·보건에 관한 업무로서 안전·보건 점검 등의 업무를 수행하도록 하여야 한다.

ⓛ 관리감독자가 있는 경우에는 「건설기술진흥법」에 따른 안전관리책임자 및 안전관리담당자를 각각 둔 것으로 본다.

② 관리감독자의 업무내용

ⓐ 사업장 내 관리감독자가 지휘·감독하는 작업과 관련된 기계·기구 또는 설비의 안

전·보건 점검 및 이상 유무의 확인

ⓛ 관리감독자에게 소속된 근로자의 작업복·보호구 및 방호장치의 점검과 그 착용·사용에 관한 교육·지도

ⓒ 해당 작업에서 발생한 산업재해에 관한 보고 및 이에 대한 응급조치

ⓔ 해당 작업의 작업장 정리·정돈 및 통로 확보에 대한 확인·감독

ⓜ 해당 사업장의 산업보건의, 안전관리자(안전관리자의 업무를 안전관리전문기관에 위탁한 사업장의 경우에는 그 전문기관의 해당 사업장 담당자), 보건관리자(보건관리자의 업무를 보건관리전문기관에 위탁한 사업장의 경우에는 그 전문기관의 해당 사업장 담당자) 및 안전보건관리담당자(안전보건관리담당자의 업무를 안전관리전문기관 또는 보건관리전문기관에 위탁한 사업장의 경우에는 그 안전관리전문기관 또는 보건관리전문기관의 해당 사업장 담당자)의 지도·조언에 대한 협조

ⓗ 위험성평가를 위한 유해·위험요인의 파악에 대한 참여 및 그 결과에 따른 개선조치의 시행에 대한 참여

ⓢ 그 밖에 해당 작업의 안전보건에 관한 사항으로서 고용노동부령으로 정하는 사항

(5) 안전관리자

① 안전관리자 선임

ⓐ 사업주는 사업장에 안전관리자를 두어 안전에 관한 기술적인 사항에 관하여 사업주 또는 관리책임자를 보좌하고 관리감독자에게 조언·지도하는 업무를 수행하게 하여야 한다.

ⓛ 고용노동부장관은 산업재해예방을 위하여 필요한 사유에 해당하는 경우에는 안전관리자를 정수 이상으로 늘리거나 교체할 것을 명할 수 있다.

- 해당 사업장의 연간 재해율이 같은 업종의 평균 재해율의 2배 이상인 경우
- 중대재해가 연간 2건 이상 발생한 경우. 다만, 해당 사업장의 전년도 사망만인율이 같은 업종의 평균 사망만인율 이하인 경우는 제외함
- 관리자가 질병이나 그 밖의 사유로 3개월 이상 직무를 수행할 수 없게 된 경우
- 화학적 인자로 인한 직업성 질병자가 연간 3명 이상 발생한 경우. 이 경우 직업성 질병자의 발생일은 요양급여의 결정일로 함

ⓒ 일정한 종류 및 규모에 해당하는 사업의 사업주는 고용노동부장관이 지정하는 안전관리 업무를 전문적으로 수행하는 기관에 안전관리자의 업무를 위탁할 수 있다.

② 안전관리자의 업무

ⓐ 산업안전보건위원회 또는 안전·보건에 관한 노사협의체에서 심의·의결한 업무와 해당 사업장의 안전보건관리규정 및 취업규칙에서 정한 업무

      ⓵ 위험성평가에 관한 보좌 및 지도·조언

      ⓒ 안전인증대상 기계·기구 등과 자율안전확인대상 기계·기구 등 구입 시 적격품의 선정에 관한 보좌 및 지도·조언

      ⓔ 해당 사업장 안전교육계획의 수립 및 안전교육 실시에 관한 보좌 및 지도·조언

      ⓜ 사업장 순회점검, 지도 및 조치의 건의

      ⓗ 산업재해 발생의 원인조사·분석 및 재발방지를 위한 기술적 보좌 및 지도·조언

      ⓢ 산업재해에 관한 통계의 유지·관리·분석을 위한 보좌 및 지도·조언

      ⓞ 법 또는 법에 따른 명령으로 정한 안전에 관한 사항의 이행에 관한 보좌 및 지도·조언

      ⓩ 업무 수행 내용의 기록·유지

      ⓩ 그 밖에 안전에 관한 사항으로서 고용노동부장관이 정하는 사항

  ③ 사업주가 안전관리자를 배치할 때에는 연장근로·야간근로 또는 휴일근로 등 해당 사업장의 작업형태를 고려하여야 한다.

  ④ 사업주는 안전관리 업무의 원활한 수행을 위하여 외부전문가의 평가·지도를 받을 수 있다.

  ⑤ 안전관리자는 보건관리자와 협력해야 한다.

(6) 보건관리자

  ① 보건관리자 선임

    사업주는 사업장에 보건관리자를 두어 보건에 관한 기술적인 사항에 관하여 사업주 또는 안전보건관리책임자를 보좌하고 관리감독자에게 지도·조언하는 업무를 수행하게 하여야 한다.

  ② 보건관리자 선임절차

    사업장에는 해당 사업장에서 규정된 업무만을 전담하는 보건관리자를 두어야 한다. 다만, 상시근로자 300명 미만을 사용하는 사업장에서는 보건관리자가 보건관리 업무에 지장이 없는 범위에서 다른 업무를 겸할 수 있다.

  ③ 보건관리자의 업무

      ⓵ 산업안전보건위원회 또는 노사협의체에서 심의·의결한 업무와 안전보건관리규정 및 취업규칙에서 정한 업무

      ⓛ 안전인증대상 기계·기구 등과 자율안전확인대상 기계 등 중에서 보건과 관련된 보호구 구입 시 적격품 선정에 관한 보좌 및 지도·조언

      ⓒ 물질안전보건자료의 게시 또는 비치에 관한 보좌 및 지도·조언

      ⓔ 위험성평가에 관한 보좌 및 지도·조언

ⓜ 산업보건의의 직무(보건관리자가 의사인 경우로 한정함)

ⓑ 해당 사업장 보건교육계획의 수립 및 보건교육 실시에 관한 보좌 및 지도·조언

ⓢ 해당 사업장의 근로자를 보호하기 위한 다음과 같은 의료행위

- 자주 발생하는 가벼운 부상에 대한 치료
- 응급처치가 필요한 사람에 대한 처치
- 부상·질병의 악화를 방지하기 위한 처치
- 건강진단 결과 발견된 질병자의 요양 지도 및 관리
- 위의 4가지 경우에 대한 의료행위에 따르는 의약품의 투여

ⓞ 작업장 내에서 사용되는 전체환기장치 및 국소배기장치 등에 관한 설비의 점검과 작업방법의 공학적 개선에 관한 보좌 및 지도·조언

ⓩ 사업장 순회점검·지도 및 조치의 건의

ⓒ 산업재해 발생의 원인조사·분석 및 재발방지를 위한 기술적 보좌 및 지도·조언

ⓚ 산업재해에 관한 통계의 유지·관리·분석을 위한 보좌 및 지도·조언

ⓣ 산업안전보건법에 따른 명령으로 정한 보건에 관한 사항의 이행에 관한 보좌 및 지도·조언

ⓟ 업무 수행 내용의 기록·유지

ⓗ 그 밖에 보건과 관련된 작업관리 및 작업환경관리에 관한 사항

④ 보건관리자는 업무를 수행할 때에는 안전관리자와 협력해야 한다.

(7) 산업보건의

① 산업보건의 선임

사업주는 근로자의 건강관리나 그 밖의 보건관리자의 업무를 지도하기 위하여 사업장에 산업보건의를 두어야 하는데 의사를 보건관리자로 둔 경우에는 그러하지 아니한다.

② 산업보건의 선임절차

㉠ 산업보건의를 두어야 할 사업의 종류 및 규모는 상시근로자 50명 이상을 사용하는 사업으로서 의사가 아닌 보건관리자를 두는 사업장으로 하는데 보건관리전문기관에 보건관리자의 업무를 위탁한 경우에는 산업보건의를 두지 않을 수 있다.

㉡ 산업보건의는 외부에서 위촉할 수 있으며, 이 경우 위촉된 산업보건의는 산업보건의의 직무를 수행하여야 한다.

㉢ 사업주는 산업보건의를 선임하였을 때에는 선임한 날부터 14일 이내에 고용노동부장관에게 그 사실을 증명할 수 있는 서류를 제출하여야 한다.

③ 산업보건의의 자격

산업보건의의 자격은 「의료법」에 따른 의사로서 직업환경의학과 전문의, 예방의학 전문

의 또는 산업보건에 관한 학식과 경험이 있는 사람으로 한다.

④ 산업보건의의 직무

　㉠ 건강진단 결과의 검토 및 그 결과에 따른 작업 배치, 작업 전환 또는 근로시간의 단축 등 근로자의 건강보호조치

　㉡ 근로자의 건강장해의 원인조사와 재발방지를 위한 의학적 조치

　㉢ 그 밖에 근로자의 건강 유지 및 증진을 위하여 필요한 의학적 조치에 관한 사항

⑤ 사업주는 산업보건의에게 직무를 수행하는 데 필요한 권한을 주어야 한다.

(8) 안전보건관리담당자

① 안전보건관리담당자

　㉠ 사업주는 사업장에 안전보건관리담당자(안전관리자 및 보건관리자를 두어야 하는 사업주는 제외)를 두어 안전·보건에 관하여 사업주를 보좌하고 관리감독자에게 지도·조언하는 업무를 수행하게 하여야 한다.

　㉡ 안전보건관리담당자를 두어야 하는 사업의 종류와 사업장의 상시근로자의 수, 안전보건관리담당자의 수·자격·업무·권한·선임방법, 그 밖에 필요한 사항은 대통령령으로 정한다.

　㉢ 고용노동부장관은 산업재해예방을 위하여 필요한 경우 안전보건관리담당자를 증원하게 하거나 교체할 것을 명할수 있다(사유는 안전관리자 증원 등 사유와 동일함).

② 안전보건관리담당자의 선임

　㉠ 다음의 어느 하나에 해당하는 사업의 사업주는 상시근로자 20명 이상 50명 미만인 사업장에 안전보건관리담당자를 1명 이상 선임하여야 한다.

　　1. 제조업

　　2. 임업

　　3. 하수, 폐수 및 분뇨 처리업

　　4. 폐기물 수집, 운반, 처리 및 원료 재생업

　　5. 환경 정화 및 복원업

　㉡ 안전보건관리담당자는 해당 사업장 소속 근로자로서 다음의 어느 하나에 해당하는 요건을 갖추어야 한다.

　　1. 안전관리자의 자격을 갖출 것

　　2. 보건관리자의 자격을 갖출 것

　　3. 고용노동부 장관이 인정하는 안전보건교육을 이수하였을 것

　㉢ 안전보건관리담당자는 안전보건관리 업무에 지장이 없는 범위에서 다른 업무를 겸할 수 있다.

  ㉣ 사업주가 안전보건관리담당자를 선임한 경우에는 그 선임 사실 및 업무를 수행하였음을 증명할 수 있는 서류를 갖추어 두어야 한다.

  ㉤ 안전보건관리담당자 인정 안전보건교육의 시간·내용 및 방법 등에 관하여 필요한 사항은 고용노동부장관이 정하여 고시한다.

 ③ 안전보건관리담당자의 업무

  ㉠ 안전·보건교육 실시에 관한 보좌 및 지도·조언

  ㉡ 위험성평가에 관한 보좌 및 지도·조언

  ㉢ 작업환경측정 및 개선에 관한 보좌 및 지도·조언

  ㉣ 건강진단에 관한 보좌 및 지도·조언

  ㉤ 산업재해 발생의 원인조사, 산업재해 통계의 기록 및 유지를 위한 보좌 및 지도·조언

  ㉥ 산업안전·보건과 관련된 안전장치 및 보호구 구입 시 적격품 선정에 관한 보좌 및 지도·조언

04 안전관리 제도

1 안전보건관리규정

사업장의 안전보건을 유지하기 위하여 사업장에서 작성하는 안전보건 관련 규정을 말한다.

(1) 포함내용

 ① 안전보건관리조직과 그 직무에 관한 사항

 ② 안전보건교육에 관한 사항

 ③ 작업장 안전관리에 관한 사항

 ④ 작업장 보건관리에 관한 사항

 ⑤ 사고조사 및 대책 수립에 관한 사항

 ⑥ 그 밖에 안전 및 보건에 관한 사항

(2) 안전보건관리규정의 작성

 ① 대상사업장 : 상시근로자 100인 이상을 사용하는 사업장

 ② 작성사유 발생 30일 이내에 산업안전보건위원회의 심의의결 후 안전보건관리규정 작성, 산업안전보건위원회 미설치 사업장은 근로자대표의 동의를 받아야 한다.

③ 안전보건관리규정의 내용
  ㉠ 총칙
  ㉡ 안전보건관리조직과 그 직무
  ㉢ 안전보건교육
  ㉣ 작업장 안전관리
  ㉤ 작업장 보건관리
  ㉥ 사고조사 및 대책 수립
  ㉦ 보칙, 그 밖에 안전보건에 관한 사항

2 안전보건계획

(1) 계획의 작성

① 다음과 같은 일정 규모 이상 사업장의 대표이사는 안전 및 보건에 관한 계획을 매년 수립하여 이사회에 보고하고 승인을 받아야 한다.
  ㉠ 상시근로자 500명 이상인 회사
  ㉡ 건설산업기본법에 따라 평가하여 공시된 시공능력 순위 상위 1천위 이내의 건설회사
② 대표이사는 안전보건계획을 성실하게 이행하여야 한다.
③ 안전보건계획에는 다음과 같은 안전 및 보건에 관한 비용, 시설, 인원 등을 포함하여야 한다.

(2) 계획의 의의

① 재해 감소(좁은 의미, 문제지향적)
② 근로의욕 증진, 생산성 제고(근본적 안전화, 목표지향적)

(3) 계획의 기본방향

① 현재 기준의 범위 내에서 안전유지 방향
② 기준의 재설정 방향
③ 문제 해결의 방향

(4) 계획의 구비조건

① 안전 및 보건에 관한 경영방침
② 안전보건관리조직의 구성, 인원 및 역할
③ 안전보건 관련 예산 및 시설 현황
④ 안전 및 보건에 관한 전년도 활동실적 및 다음 연도 활동계획

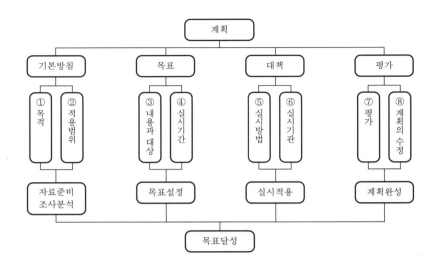

(5) 계획의 작성문제

① 계획의 작성형태

㉠ 경영자로부터 목표를 부여받아 작성한다.

㉡ 이사회, 산업안전보건위원회 결정에 의해 경영자의 결심을 얻어 작성한다.

㉢ 참모진의 자율발의로 경영자의 결심을 얻어 작성한다.

② 계획의 작성절차

㉠ 제1단계 : 준비단계   ㉡ 제2단계 : 자료분석단계

㉢ 제3단계 : 기본방침과 목표의 설정   ㉣ 제4단계 : 종합평가의 실시

㉤ 제5단계 : 경영수뇌부의 최종 결정

(6) 계획 수립 시 유의사항

① 사업장의 실태에 맞도록 독자적인 방법으로 수립하되, 실현 가능성이 있도록 한다.

② 직장 단위로 구체적인 내용으로 작성한다.

③ 계획의 목표는 점진적으로 높은 수준이 되도록 한다.

(7) 대책 수립

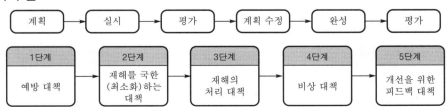

3 안전보건개선계획

산업재해예방을 위하여 종합적인 안전보건개선조치를 할 필요가 있을 때 작성하도록 하는 안전보건에 관한 개선계획서를 말한다.

(1) 수립대상 사업장
① 산업재해율이 같은 업종의 평균 재해율보다 높은 사업장
② 사업주가 필요한 안전조치 또는 보건조치를 이행하지 아니하여 중대재해가 발생한 사업장
③ 직업성 질병자가 연간 2명 이상 발생한 사업장
④ 유해인자의 노출기준을 초과한 사업장

(2) 개선계획에 포함 할 사항
① 시설
② 안전·보건관리체제
③ 안전보건교육
④ 산업재해예방 및 작업환경개선을 위하여 필요한 사항

(3) 안전보건진단을 받아 개선계획을 수립해야 하는 사업장
① 산업재해율이 같은 업종 평균 산업재해율의 2배 이상인 사업장
② 사업주가 필요한 안전조치 또는 보건조치를 이행하지 아니하여 중대재해가 발생한 사업장
③ 직업병에 걸린 근로자가 연간 2명 이상(상시근로자 1천명 이상 사업장의 경우 3명 이상) 발생한 사업장
④ 작업환경 불량, 화재·폭발 또는 누출사고 등으로 사업장 주변까지 피해가 확산된 사업장으로서 고용노동부장관이 정하는 사업장

05 안전점검·검사·인증 및 진단

1 안전점검

(1) 안전점검의 목적 및 정의
① 목 적
건설물 및 기계설비 등이 제작기준이나 안전기준에 적합한가를 확인하고 작업현장 내

의 불안전한 상태가 없는지를 확인하는 것으로, 사고 발생의 가능성 요인들을 제거하여 안전성을 확보하기 위해 실시하는 것이다.

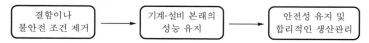

② 정 의

안전을 확보하기 위하여 실태를 파악해 설비의 불안전한 상태나 사람의 불안전한 행동에서 생기는 결함을 발견하여 안전대책의 상태를 확인하는 행동이다.

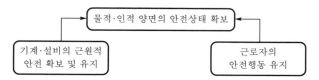

2 안전점검의 종류

(1) 종 류

① 점검주기에 의한 구분

㉠ 일상점검(수시점검, 작업 시작 전 점검)

작업 시작 전이나 사용 전 또는 작업 중에 일상적으로 실시하는 점검. 작업담당자, 감독자가 실시하고 결과를 담당책임자가 확인한다.

㉡ 정기점검(계획점검, 자체검사)

1개월, 6개월, 1년 단위로 일정기간마다 정기적으로 점검하는 것이다(외관, 구조, 기능의 점검 및 분해검사).

㉢ 임시점검

정기점검 실시 후 다음 점검시기 이전에 임시로 실시하는 점검이다(기계·기구·설비의 갑작스런 이상 발생 시).

㉣ 특별점검

기계·기구·설비의 시설변경 또는 고장, 수리 등을 할 경우, 정기점검기간을 초과하여 사용하지 않던 기계설비를 다시 사용하고자 할 경우, 강풍(순간풍속 30m/sec 초과) 또는 지진(중진 이상 지진) 등의 천재지변 후 실시한다.

② 점검방법에 의한 구분

㉠ 외관점검(육안검사)

기기의 적정한 배치, 부착상태, 변형, 균열, 손상, 부식, 마모, 볼트의 풀림 등의 유무를 외관의 감각기관인 시각 및 촉감 등으로 조사하고 점검기준에 의해 양부를 확인하는 것이다.

ⓛ 기능점검(조작검사)

간단한 조작을 행하여 봄으로써 대상기기에 대한 기능의 양부를 확인하는 것이다.

ⓒ 작동점검(작동상태검사)

방호장치나 누전차단기 등을 정해진 순서에 의해 작동시켜 그 결과를 관찰하여 상황의 양부를 확인하는 것이다.

② 종합점검

정해진 기준에 따라서 측정검사를 실시하고 정해진 조건하에서 운전시험을 실시하여 기계설비의 종합적인 기능판단을 하는 것이다.

(2) 안전점검의 순서 및 순환체계(점검 결과에 따른 결함 시정)

① 안전관리 전반

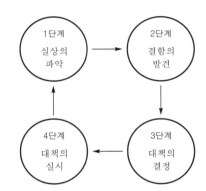

② 기계설비 등의 가동

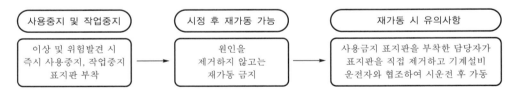

3 안전점검표의 작성

(1) 작성 시 유의사항

① 사업장에 적합하고 쉽게 이해되도록 작성한다.

② 재해예방에 효과가 있도록 작성한다.

③ 내용은 구체적으로 표현하고 위험도가 높은 것부터 순차적으로 작성한다.

④ 일정한 양식을 정하고 가능하면 점검 대상마다 별도로 작성한다.

⑤ 주관적 판단을 배제하기 위해 점검방법과 결과에 대한 판단기준을 정하여 결과를 평가한다.

⑥ 정기적으로 적정성 여부를 검토하고 수정·보완하여 사용한다.

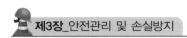

(2) 포함되어야 할 항목(점검기준)

    ① 점검대상   ② 점검부분

    ③ 점검항목   ④ 실시주기

    ⑤ 점검방법   ⑥ 판정기준

    ⑦ 조치

(3) 작업 시작 전 점검사항

작업의 종류	점검 내용
1. 프레스 등을 사용하여 작업할 때	• 클러치 및 브레이크의 기능 • 크랭크축·플라이휠·슬라이드·연결봉 및 연결나사의 풀림 여부 • 1행정 1정지기구·급정지장치 및 비상정지장치의 기능 • 슬라이드 또는 칼날에 의한 위험방지 기구의 기능 • 프레스의 금형 및 고정볼트 상태 • 방호장치의 기능 • 전단기의 칼날 및 테이블의 상태
2. 로봇의 작동 범위에서 그 로봇에 관하여 교시 등(로봇의 동력원을 차단하고 하는 것은 제외함)의 작업을 할 때	• 외부 전선의 피복 또는 외장의 손상 유무 • 매니퓰레이터(Manipulator) 작동의 이상 유무 • 제동장치 및 비상정지장치의 기능
3. 공기압축기를 가동할 때	• 공기저장 압력용기의 외관상태 • 드레인밸브의 조작 및 배수 • 압력방출장치의 기능 • 언로드밸브의 기능 • 윤활유의 상태 • 회전부의 덮개 또는 울 • 그 밖의 연결부위의 이상 유무
4. 크레인을 사용하여 작업을 할 때	• 권과방지장치·브레이크·클러치 및 운전장치의 기능 • 주행로의 상측 및 트롤리가 횡행하는 레일의 상태 • 와이어로프가 통하고 있는 곳의 상태
5. 이동식 크레인을 사용하여 작업을 할 때	• 권과방지장치나 그 밖의 경보장치의 기능 • 브레이크·클러치 및 조정장치의 기능 • 와이어로프가 통하고 있는 곳 및 작업장소의 지반상태
6. 리프트(자동차정비용 리프트를 포함)를 사용하여 작업을 할 때	• 방호장치·브레이크 및 클러치의 기능 • 와이어로프가 통하고 있는 곳의 상태
7. 곤돌라를 사용하여 작업을 할 때	• 방호장치·브레이크의 기능 • 와이어로프·슬링와이어 등의 상태

작업의 종류	점검 내용
8. 양중기의 와이어로프·달기 체인·섬유로프·섬유벨트 또는 훅·샤클·링 등의 철구(와이어로프 등)를 사용하여 고리걸이 작업을 할 때	와이어로프 등의 이상 유무
9. 지게차를 사용하여 작업을 할 때	• 제동장치 및 조종장치 기능의 이상 유무 • 하역장치 및 유압장치 기능의 이상 유무 • 바퀴의 이상 유무 • 전조등·후미등·방향지시기 및 경보장치 기능의 이상 유무
10. 구내운반차를 사용하여 작업을 할 때	• 제동장치 및 조종장치 기능의 이상 유무 • 하역장치 및 유압장치 기능의 이상 유무 • 바퀴의 이상 유무 • 전조등·후미등·방향지시기 및 경음기 기능의 이상 유무 • 충전장치를 포함한 홀더 등의 결합상태의 이상 유무
11. 고소작업대를 사용하여 작업을 할 때	• 비상정지장치 및 비상하강방지장치 기능의 이상 유무 • 과부하방지장치의 작동 유무(와이어로프 또는 체인구동 방식의 경우) • 아우트리거 또는 바퀴의 이상 유무 • 작업면의 기울기 또는 요철 유무 • 활선작업용 장치의 경우 홈·균열·파손 등 그 밖의 손상 유무
12. 화물자동차를 사용하는 작업을 하게 할 때	• 제동장치 및 조종장치의 기능 • 하역장치 및 유압장치의 기능 • 바퀴의 이상 유무
13. 컨베이어 등을 사용하여 작업을 할 때	• 원동기 및 풀리 기능의 이상 유무 • 이탈 등의 방지장치 기능의 이상 유무 • 비상정지장치 기능의 이상 유무 • 원동기·회전축·기어 및 풀리 등의 덮개 또는 울 등의 이상 유무
14. 차량계 건설기계를 사용하여 작업을 할 때	브레이크 및 클러치 등의 기능
15. 이동식 방폭구조 전기기계·기구를 사용할 때	전선 및 접속부 상태
16. 근로자가 반복하여 계속적으로 중량물을 취급하는 작업을 할 때	• 중량물 취급의 올바른 자세 및 복장 • 위험물의 날아 흩어짐에 따른 보호구의 착용 • 카바이드·생석회(산화칼슘) 등과 같이 온도 상승이나 습기에 의하여 위험성이 존재하는 중량물의 취급방법 • 그 밖에 하역운반기계 등의 적절한 사용방법
17. 양화장치를 사용하여 화물을 싣고 내리는 작업을 할 때	• 양화장치의 작동상태 • 양화장치에 제한하중을 초과하는 하중을 실었는지 여부
18. 슬링 등을 사용하여 작업을 할 때	• 훅이 붙어있는 슬링·와이어슬링 등이 매달린 상태 • 슬링·와이어슬링 등의 상태(작업 시작 전 및 작업 중 수시로 점검)

4 안전검사

(1) 안전검사

산업안전보건법 제93조에 따라 유해하거나 위험한 기계·기구·설비를 사용하는 사업주가 유해·위험 기계 등의 안전에 관한 성능이 안전검사기준에 적합한지 여부에 대하여 안전검사기관으로부터 안전검사를 받도록 함으로써 사용 중 재해를 예방하기 위한 제도이다.

(2) 업무처리절차

① 안전검사 신청-사업주

② 안전검사-안전검사기관

③ 안전검사 합격증명서 발급-안전검사기관

(3) 업무처리기한

신청서 접수일로부터 30일 이내에 처리한다.

(4) 안전검사의 주기

구 분		주 기
안전검사	크레인, 리프트, 곤돌라	•설치가 끝난 날부터 3년 이내 최초 안전검사 실시 •최초 안전검사 실시 이후 2년마다 정기적으로 실시 ※ 건설현장에 사용되는 것은 최초 설치한 날부터 6개월마다 실시
	그 밖의 유해·위험 기계	•설치가 끝난 날부터 3년 이내 최초 안전검사 실시 •최초 안전검사 실시 이후 2년마다 정기적으로 실시 ※ 공정안전보고서를 제출하여 확인을 받은 압력용기는 4년마다 실시

(5) 안전검사 대상 및 적용 범위

구 분	적용범위
프레스/전단기	동력으로 구동되는 프레스 및 전단기로서 압력능력이 3톤 이상은 적용
크레인	동력으로 구동되는 것으로서 정격하중이 2톤 이상은 적용(호이스트 포함)
리프트	적재하중이 0.5톤 이상인 리프트(이삿짐 운반용 리프트는 적재하중이 0.1톤 이상인 경우)는 적용. 다만, 간이리프트, 운반구 운행거리가 3m 이하인 일반작업용 리프트, 자동이송설비에 의하여 화물을 자동으로 반출입하는 자동화설비의 일부로 사람이 접근할 우려가 없는 전용설비는 제외
압력용기	화학공정 유체취급용기 또는 그 밖의 공정에 사용하는 용기(공기 또는 질소 취급용기)로써 설계압력이 게이지 압력으로 0.2MPa(2kgf/cm²)을 초과한 경우. 다만, 용기의 길이 또는 압력에 상관없이 안지름, 폭, 높이 또는 단면 대각선 길이가 150mm 이하인 경우는 제외 ※기업활동 규제완화에 관한 특별조치법에 따라 사용압력이 2kgf/cm² 미만인 경우도 제외
곤돌라	동력으로 구동되는 곤돌라에 한정하여 적용. 다만, 크레인에 설치된 곤돌라, 동력으로 엔진구동 방식을 사용하는 곤돌라, 지면에서 각각도가 45° 이하로 설치된 곤돌라는 제외
국소배기장치	유해물질(49종)에 따른 건강장해를 예방하기 위하여 설치한 국소배기장치에 한정하여 적용하되 이동식은 제외. 다만, 최근 2년 동안 작업환경측정 결과가 노출기준 50% 미만인 경우에는 적용 제외
원심기	액체·고체 사이에서의 분리 또는 이 물질들 중 최소 2개를 분리하기 위한 목적으로 쓰이는 동력에 의해 작동되는 산업용 원심기는 적용. 다만, 다음의 어느 하나에 해당하는 원심기는 제외 •회전체의 회전운동에너지가 750J 이하인 것 •최고 원주속도가 300m/sec를 초과하는 원심기 •원자력에너지 제품 공정에만 사용되는 원심기 •자동조작설비로 연속 공정과정에 사용되는 원심기 •화학설비에 해당되는 원심기
롤러기	롤러의 압력에 의하여 고무, 고무화합물 또는 합성수지를 소성변형시키거나 연화시키는 롤러기로서 동력에 의하여 구동되는 롤러기는 적용. 다만, 작업자가 접근할 수 없는 밀폐형 구조로 된 롤러기는 제외
사출성형기	플라스틱 또는 고무 등을 성형하는 사출성형기로서 동력에 의하여 구동되는 사출성형기는 적용(형 체결력이 294kN 미만 제외)
고소작업대	「자동차관리법」 제3조에 따른 화물자동차 또는 특수자동차에 탑재한 고소작업대로 한정한다.
컨베이어	재료·반제품·화물 등을 동력에 의하여 단속 또는 연속 운반하는 벨트·체인·롤러·트롤리·버킷·나사·컨베이어가 포함된 컨베이어 시스템
산업용 로봇	3개 이상의 회전관절을 가지는 다관절 로봇이 포함된 산업용 로봇셀에 적용

※ 컨베이어 및 산업용 로봇은 2017.10.28.부터 시행

(6) 자율검사프로그램 인정

① 자율검사프로그램 인정

산업안전보건법에 따라 사업주가 안전검사대상 위험기계·기구 및 설비에 대해 자율검사프로그램을 작성하고 안전보건공단으로부터 인정을 받아 자체적으로 안전에 관한 검사를 실시하는 제도이다.

※자율검사프로그램 인정 시 안전검사 면제

② 인정절차 및 방법

㉠ 인정절차

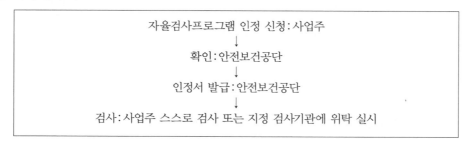

자율검사프로그램 인정 신청 : 사업주
↓
확인 : 안전보건공단
↓
인정서 발급 : 안전보건공단
↓
검사 : 사업주 스스로 검사 또는 지정 검사기관에 위탁 실시

㉡ 방법
- 자율검사프로그램 인정 신청서와 관련 서류 2부를 첨부하여 안전보건공단에 제출한다.
- 안전보건공단은 자율검사프로그램을 제출받은 15일 이내에 인정여부를 결정한다.
- 자율검사프로그램을 신청한 사업주가 안전보건공단으로부터 부적합 통지서를 교부받은 경우 사업주는 안전검사기관에 안전검사를 신청하여야 한다.

③ 자율검사프로그램 인정에 따른 검사방법

사업주 스스로 검사 실시 또는 지정 검사기관에 위탁하여 검사를 실시한다.

④ 업무처리기한

신청서 접수일로부터 15일 이내에 처리한다.

⑤ 자율검사프로그램 인정에 따른 검사주기

안전검사 주기의 2분의 1에 해당하는 주기마다 실시한다. 다만, 건설현장 외에서 사용하는 크레인의 경우 6개월 주기로 실시한다.

⑥ 자율검사프로그램 인정 대상품

안전검사 대상품과 동일하다.

⑦ 자율검사프로그램 인정 유효기간

2년마다 정기적으로 재인정을 실시한다.

5 안전인증

(1) 안전인증

안전인증대상 기계·기구 등의 안전성능과 제조자의 기술능력 및 생산체계가 안전인증기준에 맞는지에 대하여 고용노동부장관이 종합적으로 심사하는 제도이다(수입품 포함).

① 안전인증대상 및 자율안전확인의 표시방법

② 안전인증대상이 아닌 안전인증대상 기계·기구 등 표시방법

(2) 자율안전확인신고

자율안전확인대상 기계·기구 등을 제조 또는 수입하는 자가 해당 제품의 안전에 관한 성능이 자율안전기준에 맞는 것임을 확인하여 고용노동부 장관에게 신고하는 제도이다.

※안전인증을 받거나 자율안전확인신고를 한 기계·기구 등에는 마크를 표시

(3) 안전인증 심사 종류 및 내용

① 서면심사

안전인증대상 기계·기구 등의 종류별 또는 형식별로 설계도면 등 제품기술과 관련된 문서가 안전인증기준에 적합한지에 대한 심사이다.

② 기술능력 및 생산체계심사

안전인증대상 기계·기구 등의 안전성능을 지속적으로 유지·보증하기 위하여 사업장에서 갖추어야 할 기술능력과 생산체계가 안전인증기준에 적합한지에 대한 심사이다.

※ 형식별 제품심사 대상품만 해당하며, 개별 제품심사 대상기계는 제외

③ 제품심사

안전인증대상 기계·기구 등이 서면심사 내용과 일치하는지 여부와 안전에 관한 성능이 안전인증기준에 적합한지 여부에 대한 심사이다.

㉠ 개별 제품심사

안전인증대상 기계·기구 등의 모두에 대하여 각 개별 제품마다 하는 심사

• 리프트(이삿짐 운반용 리프트 제외), 크레인(호이스트 및 차량탑재용 크레인 제외), 압력용기, 곤돌라(좌석식 곤돌라 제외)

ⓛ 형식별 제품심사

안전인증대상 기계·기구 등의 형식별로 표본을 추출하여 하는 심사

- 프레스, 전단기, 절곡기, 크레인(호이스트 및 차량탑재용 크레인만 해당), 롤러기, 리프트(이삿짐 운반용 리프트만 해당), 사출성형기, 고소작업대, 기계톱, 곤돌라(좌석식 곤돌라만 해당)

④ 확인심사

안전인증기관이 안전인증을 받은 제조자에 대해 안전인증기준을 준수하고 있는지 여부를 정기적으로 확인하는 심사이다.

※ 확인심사주기:안전인증기준 등을 준수하고 있는지 2년에 1회 이상 확인 가능)

(4) 대상 및 적용범위

① 안전인증

대 상	적용범위
프레스/전단기/절곡기	동력으로 구동되는 프레스, 전단기 및 절곡기
크레인	동력으로 구동되는 정격하중 0.5톤 이상 크레인(호이스트 및 차량탑재용 크레인 포함). 다만, 「건설기계관리법」의 적용을 받는 기중기는 제외
리프트	적재하중이 0.5톤 이상 리프트(다만, 이삿짐 운반용 리프트는 적재하중이 0.1톤 이상인 경우 적용). 다만, 간이리프트, 운반구 운행거리가 3m 이하인 일반작업용 리프트, 자동이송설비에 의하여 화물을 자동으로 반출입하는 자동화설비의 일부로 사람이 접근할 우려가 없는 전용설비는 제외
압력용기	화학공정 유체취급용기 또는 그 밖의 공정에 사용하는 용기(공기 또는 질소취급용기)로써 설계압력이 게이지 압력으로 $0.2MPa(2kgf/cm^2)$을 초과한 경우. 다만, 용기의 길이 또는 압력에 상관없이 안지름, 폭, 높이 또는 단면 대각선 길이가 150mm(관(管)을 이용하는 경우 호칭지름 150A) 이하인 것은 제외
롤러기	롤러의 압력에 따라 고무·고무화합물 또는 합성수지를 소성변형시키거나 연화시키는 롤러기로서 동력에 의하여 구동되는 롤러기에 대하여 적용. 다만, 작업자가 접근할 수 없는 밀폐형 구조로 된 롤러기는 제외
사출성형기	플라스틱 또는 고무 등을 성형하는 사출성형기로서 동력에 의하여 구동되는 사출성형기
고소작업대	동력에 의해 사람이 탑승한 작업대를 작업 위치로 이동시키기 위한 모든 종류와 크기의 고소작업대(차량탑재용 포함)
곤돌라	동력에 의해 구동되는 곤돌라. 다만, 크레인에 설치된 곤돌라, 엔진을 이용하여 구동되는 곤돌라, 지면에서 각도가 45도 이하로 설치된 곤돌라 및 같은 사업장 안에서 장소를 옮겨 설치하는 곤돌라는 제외

② 자율안전확인신고

대 상	적용범위
연삭기 또는 연마기 (휴대형은 제외)	동력에 의해 회전하는 연삭숫돌 또는 연마재 등을 사용하여 금속이나 그 밖의 가공물의 표면을 깎아내거나 절단 또는 광택을 내기 위해 사용되는 것
산업용 로봇	직교좌표로봇을 포함하여 3축 이상의 매니퓰레이터(엑츄에이터, 교시 펜던트를 포함한 제어기 및 통신 인터페이스를 포함한다)를 구비하고 전용의 제어기를 이용하여 프로그램 및 자동제어가 가능한 고정식 로봇
혼합기	회전축에 고정된 날개를 이용하여 내용물을 저어주거나 섞는 것
파쇄기 또는 분쇄기	암석이나 금속 또는 플라스틱 등의 물질을 필요한 크기의 작은 덩어리 또는 분체로 부수는 것. 다만, 식품용 및 시간당 파쇄 또는 분쇄용량이 50kg 미만인 것은 제외
컨베이어	재료·반제품·화물 등을 동력에 의하여 자동적으로 연속 운반하는 벨트 또는 체인, 롤러, 트롤리, 버킷, 나사 컨베이어. 다만, 이송거리가 3m 이하인 컨베이어는 제외
자동차정비용 리프트	하중 적재장치에 차량을 적재한 후 동력을 사용하여 차량을 들어올려 점검 및 정비 작업에 사용되는 장치
공작기계 (선반·드릴기, 평삭·형삭기, 밀링기)	• 선반 : 회전하는 축(주축)에 공작물을 장착하고 고정되어 있는 절삭공구를 사용하여 원통형의 공작물을 가공하는 공작기계 • 드릴기 : 공작물을 테이블 위에 고정시키고 주축에 장착된 드릴공구를 회전시켜서 축방향으로 이송시키면서 공작물에 구멍가공을 하는 공작기계 • 평삭기 : 공작물을 테이블 위에 고정시키고 절삭공구를 수평 왕복시키면서 공작물의 평면을 가공하는 공작기계 • 형삭기 : 공작물을 테이블 위에 고정시키고 램(ram)에 의하여 절삭공구가 상하 운동하면서 공작물의 수직면을 절삭하는 공작기계 • 밀링기 : 여러 개의 절삭날이 부착된 절삭공구의 회전운동을 이용하여 고정된 공작물을 가공하는 공작기계
고정형 목재가공용 기계 (둥근톱, 대패, 루타기, 띠톱, 모떼기 기계)	• 둥근톱기계 : 고정된 둥근톱 날의 회력력을 이용하여 목재를 절단가공하는 기계 • 기계대패 : 공작물을 이송시키면서 회전하는 대팻날로 평면깎기, 홈깎기 또는 모떼기 등의 가공을 하는 기계 • 루타기 : 고속회전하는 공구를 이용하여 공작물에 조각, 모떼기, 잘라내기 등의 가공작업을 하는 기계 • 띠톱기계 : 프레임에 부착된 상하 또는 좌우 2개의 톱바퀴에 엔드레스형 띠톱을 걸고 팽팽하게 한 상태에서 한쪽 구동 톱바퀴를 회전시켜 목재를 가공하는 기계 • 모떼기기계 : 공구의 회전운동을 이용하여 곡면절삭, 곡선절삭, 홈붙이 작업 등에 사용되는 기계
인쇄기	판면에 잉크를 묻혀 종이, 필름, 섬유 또는 이와 유사한 재질의 표면에 대고 눌러 인쇄작업을 하는 기계. 이 경우 절단기, 제본기, 종이반전기 등 설비 부속장치를 포함

6 안전진단

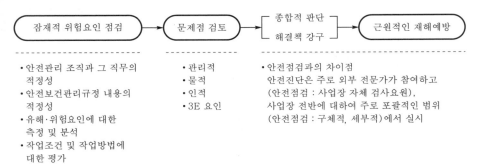

(1) 종 류

① 자율진단

외부 전문가를 위촉하여 사업장 자체에서 스스로 안전보건 현상파악 및 개선을 실시하고자 실시하는 진단을 말한다.

② 명령에 의한 진단(명령진단)

㉠ 대상사업장의 종류
- 중대재해(사업주가 안전보건조치 의무를 이행하지 아니하여 발생한 중대재해)발생 사업장
- 안전보건개선계획 수립·시행 명령을 받은 사업장
- 추락·붕괴, 화재·폭발 등 유해하거나 위험한 물질의 누출 등 산업재해 발생의 위험이 현저하게 높은 사업장으로서 고용노동부지방관서의 장이 안전보건진단이 필요하다고 인정하는 사업장

㉡ 안전보건진단의 종류
- 종합진단
- 안전진단
- 보건진단

㉢ 사업주는 근로자대표의 요구가 있을 때에는 진단 시 근로자대표를 입회하게 한다.

06 보호구의 종류 및 안전기준

1 보호구의 개요

(1) 보호구의 정의

① 보다 적극적인 방호원칙을 실시하기 어려울 경우 근로자가 에너지의 영향을 받더라도 산업재해로 이어지지 않도록 하기 위해 개인보호구를 사용한다.

② 보호구는 상해를 방지하는 것이 아니라 상해의 정도를 최소화시키기 위해 인간 측에 조치하는 소극적인 안전대책이다.

③ 근로자가 직접 착용함으로써 위험을 방지하거나 유해물질로부터의 신체보호를 목적으로 사용하여 재해방지를 대상으로 하는 안전보호구(안전대, 안전모, 안전화, 안전장갑), 건강장해방지를 목적으로 사용하는 위생보호구(각종 마스크, 보호의, 보안경, 방음보호구, 특수복 등)로 구분하기도 한다.

(2) 보호구의 구비조건

① 착용 시 작업이 용이할 것(간편한 착용)

② 유해·위험물에 대한 방호성능이 충분할 것(대상물에 대한 방호가 완전)

③ 작업에 방해요소가 되지 않도록 할 것

④ 재료의 품질이 우수할 것(특히 피부접촉에 무해할 것)

⑤ 구조와 끝마무리가 양호할 것(충분한 강도와 내구성 및 표면가공이 우수)

⑥ 외관 및 전체적인 디자인이 양호할 것

(3) 보호구의 안전인증

① 대상보호구 및 인증대상 범위

대상보호구	인증대상범위
안전모	물체의 낙하·비래 또는 추락에 의한 위험을 방지 또는 경감하거나 감전에 의한 위험을 방지하기 위한 것
안전대	추락에 의한 위험을 방지하기 위한 것
안전화	물체의 낙하, 충격 또는 날카로운 물체로 인한 위험으로부터 발 또는 발등을 보호하거나 감전 또는 정전기의 대전을 방지하기 위한 것
보안경	날아오는 물체에 의한 위험 또는 위험물·유해광선에 의한 시력장애를 방지하기 위한 것
안전장갑	전기에 의한 감전 또는 유기화합물이 피부를 통하여 인체에 흡수되는 것을 방지하기 위한 것
보안면	용접 시 불꽃 또는 날카로운 물체에 의한 위험을 방지하거나 유해광선에 의한 시력장애를 방지하기 위한 것
방진마스크	분진·미스트 또는 흄이 호흡기를 통하여 인체에 유입되는 것을 방지하기 위한 것
방독마스크	유해가스·증기 등이 호흡기를 통하여 인체에 유입되는 것을 방지하기 위한 것
귀마개 또는 귀덮개	소음으로부터 청력을 보호하기 위한 것
송기마스크	산소결핍으로 인한 위험을 방지하기 위한 것(잠수용 제외)
보호복	고열작업에 의한 화상·열중증 또는 유기화합물이 피부를 통하여 인체에 흡수되는 것을 방지하기 위한 것

(4) 대상 보호구별 사용 작업장

안전모	물체가 떨어지거나 날아올 위험 또는 근로자가 감전되거나 추락할 위험이 있는 작업
안전대	높이 또는 깊이 2m 이상의 추락할 위험이 있는 장소에서의 작업
안전화	물체의 낙하·충격, 물체의 끼임, 감전 또는 정전기의 대전에 의한 위험이 있는 작업
보안경	물체가 날아 흩어질 위험이 있는 작업
보안면	용접 시 불꽃 또는 물체가 날아 흩어질 위험이 있는 작업
안전장갑	감전의 위험이 있는 작업
방열복	고열에 의한 화상 등의 위험이 있는 작업

2 보호구의 종류별 특성

(1) 안전모

① 안전모의 구조

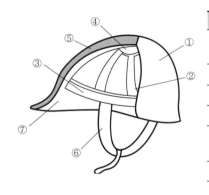

번 호	명 칭		재 료
1	모 체		합성수지 또는 금속 (금속은 낙하 및 비래 방지용)
2	착 장 체	머리받침끈	합성수지, 합성섬유, 면 또는 가죽
3		머리고정대	
4		머리받침고리	
5	충격흡수재		발포스티로폼 또는 이것과 동등이상 의 충격흡수성능을 보유한 재료
6	턱 끈		합성수지, 합성섬유, 면 또는 가죽
7	모자챙(차양)		–

- 착장체 : 안전모를 머리부위에 고정시켜 주며, 안전모에 충격이 가해졌을 때 착용자의 머리부위에 전해지는 충격을 완화시켜 주는 기능을 갖는 부품을 말한다.

② 사용구분에 따른 안전모의 종류

종류(기호)	사용구분	모체의 재질	비 고
A	물체의 낙하 및 비래에 의한 위험을 방지 또는 경감시키기 위한 것	합성수지 금속	–
AB	물체의 낙하 또는 비래 및 추락(주1)에 의한 위험을 방지 또는 경감시키기 위한 것	합성수지	–
AE	물체의 낙하 및 비래에 의한 위험을 방지 또는 경감하고 머리부위 감전에 의한 위험을 방지하기 위한 것	합성수지	내전압성(주2)
ABE	물체의 낙하 또는 비래 및 추락에 의한 위험을 방지 또는 경감하고 머리부위 감전에 의한 위험을 방지하기 위한 것	합성수지	내전압성

주 1) 추락이란 높이 2m 이상의 고소작업, 굴착작업 및 하역작업 등에 있어서의 추락을 의미함.
주 2) 내전압성이란 7,000V 이하의 전압에 견디는 것을 말함.

③ 부품재료의 성질

    ㉠ 쉽게 부식하지 않을 것

    ㉡ 피부에 해로운 영향을 주지 않을 것

    ㉢ 사용목적에 따라 내열성, 내한성 및 내수성을 보유할 것

④ 안전모의 구비조건

    ㉠ 일반구조

- 안전모는 적어도 모체, 착장체 및 턱끈을 가져야 한다.
- 착장체의 머리고정대는 착용자의 머리부위에 적합하도록 조절할 수 있어야 한다.
- 착장체의 구조는 착용자의 머리에 균등한 힘이 분배되어질 수 있어야 한다.
- 모체, 착장체 등 안전모의 부품은 착용자에게 상해를 줄 수 있는 날카로운 모서리 등이 없어야 한다.
- 모체에는 구멍이 없어야 함. 단, 착장체 및 턱끈의 설치 또는 안전등, 보안면 등을 붙이기 위한 구멍은 제외한다.
- 턱끈은 모체 또는 착장체에 고정시키고 사용 중 모체가 탈락 또는 흔들리지 않도록 확실히 맬 수 있어야 한다.
- 안전모를 머리에 장착한 경우 전면 또는 측면에 있는 머리고정대와 머리모형과의 착용높이는 70mm 이상이어야 한다.
- 모체 내면과 머리와의 수직간격은 25mm 이상 내지 55mm 이하이어야 한다
- 모체와 머리고정대의 수평간격은 5mm 이상이어야 한다.
- 안전모의 모체, 착장체 및 충격흡수재를 포함한 질량은 0.44kg을 초과하지 않아야 한다.

    ㉡ 종류 A종 안전모는 일반구조 외에 통기의 목적으로 모체에 구멍을 뚫을 수 있으며, 통기구멍의 총면적은 150mm² 이상 내지 450mm² 이하이어야 한다.

    ㉢ 종류 AB종 안전모는 종류 A종의 일반구조를 만족하고 충격흡수재를 가져야 하며, 리벳(Rivet) 등 기타 돌출부가 모체의 바깥에서 5mm 이상 돌출되지 않아야 한다.

    ㉣ 종류 AE종 안전모는 일반구조를 만족하고 금속제의 부품을 사용하지 않고, 착장체는 모체의 내외면을 관통하는 구멍을 뚫지 않고 붙일 수 있는 구조로서 모체의 내외면을 관통하는 구멍, 핀홀 등이 없어야 한다.

    ㉤ 종류 ABE종 안전모는 일반구조 외에 ㉢, ㉣조건을 만족하여야 한다.

(2) 안전대

① 안전대의 종류 및 등급

종 류	사용구분
벨트식	1개 걸이용
	U자 걸이용
안전그네식	추락방지대
	안전블록

② 안전대의 구조

　㉠ "벨트"라 함은 신체 지지의 목적으로 허리에 착용하는 띠모양의 부품을 말한다.

　㉡ "안전그네"라 함은 신체 지지의 목적으로 전신에 착용하는 띠모양의 부품을 말한다.

　㉢ "지탱벨트"라 함은 U자걸이 사용 시 벨트와 겹쳐서 몸체에 대는 역할을 하는 띠모양의 부품을 말한다.

　㉣ "죔줄"이라 함은 벨트 또는 안전그네를 구명줄 또는 구조물 등 기타 걸이설비와 연결하기 위한 줄모양의 부품을 말한다.

　㉤ "D"링이라 함은 벨트 또는 안전그네와 죔줄을 연결하기 위한 D자형의 금속고리을 말한다.

　㉥ "각링"이라 함은 벨트 또는 안전그네와 신축조절기를 연결하기 위한 사각형의 금속고리을 말한다.

　㉦ "버클"이라 함은 벨트 또는 안전그네를 신체에 착용하기 위해 그 끝에 부착한 금속장치을 말한다.

　㉧ "추락방지대"라 함은 신체의 추락을 방지하기 위해 자동잠김장치를 감추고 죔줄과 수직구명줄에 연결된 금속장치를 말한다.

　㉨ "훅 및 카라비너"라 함은 죔줄과 걸이설비 등 또는 D링과 연결하기 위한 금속장치을 말한다.

　㉩ "보조훅"이라 함은 U자걸이를 위해 훅 또는 카라비너를 지탱벨트의 D링에 걸거나 떼어낼 때 잘못하여 추락하는 것을 방지하기 위한 훅을 말한다.

　㉪ "신축조절기"라 함은 죔줄의 길이를 조절하기 위해 죔줄에 부착된 금속장치를 말한다.

　㉫ "8자형 링"이라 함은 안전대를 1개걸이로 사용할 때 훅 또는 카라비너를 죔줄에 연결하기 위한 8자형 금속고리을 말한다.

　㉬ "안전블록"이라 함은 안전그네와 연결하여 추락 발생 시 추락을 억제할 수 있는 자동잠김장치가 갖추어져 있고 죔줄이 자동적으로 수축되는 금속장치을 말한다.

ⓗ "보조죔줄"이라 함은 안전대를 U자걸이로 사용할 때 U자걸이를 위해 혹 또는 카라비너를 지탱벨트의 D링에 걸거나 떼어낼 때 잘못하여 추락하는 것을 방지하기 위하여 링과 걸이 설비연결에 사용하는 혹 또는 카라비너를 갖춘 줄모양의 부품을 말한다.

㉑ 낙하거리

- 억제거리 : 추락을 억제하기 위하여 요구되는 총 거리
- 감속거리 : 전달충격력이 생기는 지점과 정지에 도달하였을 때 체결지점과의 수직거리
- 작동거리 : 추락지점으로부터 추락방지대가 하중을 받기 시작하는 작동점까지 움직인 거리

㉨ "최대전달충격력"이라 함은 동하중 시험 시 모형몸통 또는 시험추가 추락하였을 때 로드셀에 의해 측정된 최고하중을 말한다.

㉫ "U자걸이"라 함은 안전대의 죔줄을 구조물 등에 U자 모양으로 돌린 뒤 혹 또는 카라비너를 D링에, 신축조절기를 각 링 등에 연결하여 신체의 안전을 꾀하는 방법을 말한다.

㉪ "1개걸이"라 함은 죔줄의 한쪽 끝을 D링에 고정시키고 혹 또는 카라비너를 구조물 또는 구명줄에 고정시켜 추락에 의한 위험을 방지하기 위한 방법을 말한다.

㉭ "수직구명줄"이라 함은 로프 또는 레일 등과 같은 유연하거나 단단한 고정줄로 추락 발생 시 추락을 저지시키는 추락방지대를 지탱해 주는 줄모양의 부품을 말한다.

㉮ "충격흡수장치"라 함은 추락 시 신체에 가해지는 충격하중을 완화시키는 기능을 갖는 죔줄 또는 수직구명줄에 연결되는 부품을 말한다.

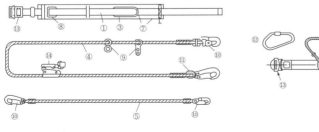

U자걸이 사용 안전대

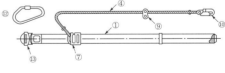

1개걸이 전용 안전대

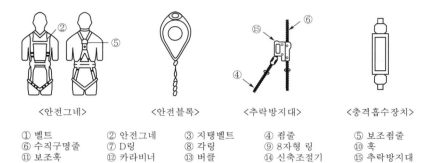

<안전그네> <안전블록> <추락방지대> <충격흡수장치>

① 벨트	② 안전그네	③ 지탱벨트	④ 죔줄	⑤ 보조죔줄
⑥ 수직구명줄	⑦ D링	⑧ 각링	⑨ 8자형 링	⑩ 혹
⑪ 보조혹	⑫ 카라비너	⑬ 버클	⑭ 신축조절기	⑮ 추락방지대

③ 안전대 부품의 구비조건

　㉠ 일반기준

　　• 벨트 또는 지탱벨트에 D링 또는 각링과의 부착은 벨트 또는 지탱벨트와 같은 재료를 사용하여 견고하게 봉합할 것

　　• 벨트 또는 안전그네에 버클과의 부착은 벨트 또는 안전그네의 한쪽 끝을 꺾어 돌려 버클을 꺾어 돌린 부분을 봉합사로 견고하게 봉합할 것

　　• 죔줄 또는 보조죔줄 및 수직구명줄에 D링, 추락방지대, 혹 또는 카라비너 등 D링 등에 통과시켜 꺾어 돌린 후 끝을 3회 이상 얽어매는 방법(풀림방지장치의 일종) 등 또는 이와 동등이상의 확실한 방법을 사용할 것

　㉡ U자걸이 안전대 구조(1종, 3종)

　　• 지탱벨트, 각링, 신축조절기가 있을 것

　　• U자걸이 사용 시 D링, 각링은 안전대 착용자의 몸통 양 측면에 해당하는 곳에 고정되도록 지탱벨트 또는 안전그네에 부착할 것

　　• 신축조절기는 죔줄로부터 이탈하지 말아야 할 것

　　• U자걸이 사용상태에서 신체의 추락을 방지하기 위하여 보조죔줄을 사용할 것

　　• 보조혹 부착 안전대는 신축조절기의 역방향으로 낙하저지기능을 갖출 것

　　• U자걸이 전용안전대(등급 1종)는 1개걸이로 사용할 수 없도록 혹이 열리는 나비가 죔줄의 직경보다 작고 8자형 링 및 이음형 고리를 갖추지 않아야 할 것

　㉢ 안전블록 부착 안전대의 구조

　　• 안전블록을 부착하여 사용하는 안전대는 신체지지의 방법으로 안전그네만을 사용할 것

　　• 안전블록은 정격 사용길이를 명시할 것

　　• 안전블록의 줄은 로프, 웨빙, 와이어로프이어야 하며, 와이어로프인 경우 최소지름이 4mm 이상일 것

    ㉣ 추락방지대 부착 안전대의 구조
- 신체지지의 방법으로 안전그네만을 사용하여야 하며 수직구명줄을 포함할 것
- 추락방지대와 안전그네 간의 연결 죔줄은 가능한 짧고 로프, 웨빙, 체인 등일 것
- 수직구명줄에서 걸이설비와의 연결부위는 훅 또는 카라비너 등이 장착되어 걸이 설비와 확실히 연결될 것
- 유연한 수직구명줄은 로프 등이고 구명줄이 고정되지 않아 흔들림에 의한 추락방지대의 오작동을 막기 위하여 적절한 긴장수단을 이용하여 팽팽히 당겨져야 할 것

    ㉤ 안전대 부품의 재료
- 벨트, 안전그네, 지탱벨트 : 나일론, 폴리에스테르 및 비닐론 등의 합성섬유
- 죔줄, 보조죔줄, 수직구명줄 및 D링 등 부착 부분 봉합사 : 양질의 합성섬유

④ 최하사점

추락방지용 보호구인 안전대는 적정길이의 로프를 사용하여야 추락 시 근로자의 안전을 확보할 수 있다는 이론이다.

$$H > h = \text{로프길이}(L) + \text{로프의 신장(율)길이}(L \times a) + \text{작업자의 키} \times \frac{1}{2}$$

여기서, H : 로프 지지 위치에서 바닥면까지의 거리
      h : 추락 시 로프 지지 위치에서 신체 최하사점까지의 거리(최하사점)

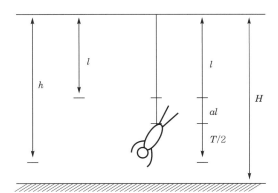

$H > h$: 안전
$H = h$: 위험
$H < h$: 사망 또는 증상

(3) 안전화

① 안전화의 종류 및 구분

종류	성능구분
가죽제 안전화	물체의 낙하, 충격 및 바닥에 있는 날카로운 물체에 의한 찔림 위험으로부터 발을 보호하기 위한 것
고무제 안전화	물체의 낙하, 충격 및 바닥에 있는 날카로운 물체에 의한 찔림 위험으로부터 발을 보호하고 아울러 방수 또는 내화학성을 겸한 것
정전기 안전화	물체의 낙하, 충격 및 바닥에 있는 날카로운 물체에 의한 찔림 위험으로부터 발을 보호하고 아울러 정전기의 인체 대전을 방지하기 위한 것
발등 안전화	물체의 낙하, 충격 및 바닥에 있는 날카로운 물체에 의한 찔림 위험으로부터 발 및 발등을 보호하기 위한 것
절연화	물체의 낙하, 충격 및 바닥에 있는 날카로운 물체에 의한 찔림 위험으로부터 발을 보호하고 아울러 저압의 전기에 의한 감전을 방지하기 위한 것
절연장화	고압에 의한 감전을 방지하고 아울러 방수를 겸한 것

② 안전화의 명칭

번호	명칭	번호	명칭
1	신울	10	내답판
2	끈구멍	11	허리쇠
3	몸통	12	깔창
4	보강대	13	안전화혀
5	월형심	14	허구리
6	중창	15	안전화끈
7	겉창	16	뒷굽
8	안창	17	소돌기
9	선심		

안전화의 명칭

③ 안전화의 등급

작업구분	사용장소
중작업용	광산에서 채광, 철광업에서 원료취급, 가공, 강재취급 및 강재운반, 건설업 등에서 중량물 운반작업, 중량이 큰 가공대상물을 취급하는 작업장
보통작업용	일반적으로 기계공업, 금속가공업, 운반, 건축업 등 공구가공품을 손으로 취급하는 작업 및 차량사업장, 기계 등을 운전·조작하는 일반작업장
경작업용	금속선별, 전기제품조립, 화학품 선별, 반응장치운전, 식품가공업 등 비교적 경량의 물체를 취급하는 작업장

* PU란 고무원료인 탄성체의 주사슬에 탄소, 산소 및 질소를 가진 우레탄 고무(U분류)를 겉창으로 사용한 안전화를 말하며 용접, 고열 또는 화기취급 작업장에서는 사용을 피해야 함.

④ 가죽제 안전화의 구분

(단위:mm)

구 분	단 화	중단화	장 화
몸통 높이(h)	113 미만	113 이상	178 이상

단화   중단화   장화

⑤ 발등 안전화의 구분

구 분	형 식
고정식	안전화에 방호대를 고정한 것
탈착식	안전화의 끈 등을 이용하여 안전화에 방호대를 결합한 것으로 그 탈착이 가능한 것

(4) 보안경

① 종류 및 사용구분

종 류	사용구분	렌즈의 재질
차광보안경	해로운 자외선 및 적외선 또는 강렬한 가시광선이 발생하는 장소에서 눈을 보호하기 위한 것	유리 및 플라스틱
유리보안경	미분, 칩, 기타 비산물로부터 눈을 보호하기 위한 것	유 리
플라스틱보안경	미분, 칩, 액체 약품 등 기타 비산물로부터 눈을 보호하기 위한 것(고글형은 부유분진, 액체 약품 등의 비산물로부터 눈을 보호하기 위한 것)	플라스틱
도수렌즈보안경	근시, 원시 혹은 난시인 근로자가 차광보안경, 유리보안경을 착용해야 하는 장소에서 작업하는 경우, 빛이나 비산물 및 기타 유해물질로부터 눈을 보호함과 동시에 시력을 교정하기 위한 것	유리 및 플라스틱

② 일반조건

　㉠ 보안경은 그 모양에 따라 특정한 위험에 대해서 적절한 보호를 할 수 있을 것

　㉡ 착용했을 때 편안할 것

　㉢ 견고하게 고정되어 착용자가 움직이더라도 쉽게 탈착 또는 움직이지 않을 것

　㉣ 내구성이 있을 것

　㉤ 충분히 소독되어 있을 것

　㉥ 세척이 쉬울 것

　㉦ 보안경은 깨끗하고 잘 정비된 상태로 보관할 것

　㉧ 비산물로 인한 위험, 직접 또는 반사에 의한 유해광선과 액체 또는 복합적인 위험물

이 있는 작업장에서 적절한 보안경을 착용할 것

ⓩ 시력교정용 안경을 착용한 사람 중에서 눈 보호구를 착용해야 할 경우 다음 중 하나의 고글(Goggles)이나 스펙터클(Spectacles)을 사용해야 함.

• 적절한 도수가 있는 보호렌즈를 가진 스펙터클

• 시력교정용 안경 위에 아무 불편 없이 착용가능한 고글

• 보호용 렌즈와 적절한 도수를 가진 렌즈로 구성된 고글

(5) 내전압용 안전장갑

① 절연장갑의 종류

등 급	최대사용전압		색 상
	교류(V, 실효값)	직 류(V)	
00	500	750	갈색
0	1,000	1,500	빨간색
1	7,500	11,250	흰색
2	17,000	25,500	노란색
3	26,500	39,750	녹색
4	36,000	54,000	등색

② 재료의 조건

㉠ 적당한 정도의 유연성 및 탄력성이 있는 양질의 고무를 사용할 것

㉡ 절연장갑은 다듬질이 양호하며 흠, 기포, 안구멍 및 기타 사용상 유해한 결함이 없고, 이은 자국이 없는 것일 것

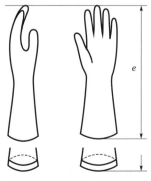

절연장갑의 모양(e : 표준길이)

(6) 유기화합물용 안전장갑

① 재료 및 구조

㉠ 보호장갑에 사용되는 재료와 부품은 착용자에게 해로운 영향을 주지 않을 것

ⓛ 보호장갑은 착용 및 조작이 용이하고, 착용상태에서 작업을 행하는 데 지장이 없을
것

ⓒ 보호장갑은 이은 자국이 없고 육안을 통해 검사한 결과 찢어진 곳, 터진 곳, 구멍 난
곳이 없을 것

② 제품에 표시하여야 할 사항

ㄱ 제조업체명

ㄴ 제품의 모델명 및 합격번호

ㄷ 유기화합물 또는 개별시험물질에 대한 투과저항시험 성능수준

ㄹ 제조년월

ㅁ 보호장갑의 치수

ㅂ 보호장갑을 표시하는 그림 및 제품사용에 대한 설명

(7) 보안면

① 종류 및 사용구분

종 류	사용구분	면체의 재질
용접 보안면	아크용접 및 가스용접, 절단작업 시에 발생하는 유해한 자외선, 강렬한 가시광선 및 적외선으로부터 눈을 보호하고 용접광 및 열에 의한 화상 또는 가열된 용재 등의 파편에 의한 화상의 위험에서 용접자의 안면, 머리부 및 목 부분을 보호하기 위한 것	발카나이즈드 파이버 및 유리섬유강화 플라스틱(F.R.P) 또는 이와 동등이상의 재질
일반 보안면	일반작업 및 점용접작업 시 발생하는 각종 비산물과 유해한 액체로부터 얼굴(머리의 전면, 이마, 턱, 목 앞부분, 코, 입)을 보호하고 눈부심을 방지하기 위해 보안경 위에 겹쳐 착용하는 것	플라스틱

② 일반 보안면의 등급

종 류	등급기호	형 태
일반 보안면	4A	헤드기어의 머리 윗부분에 챙이 없는 형식
	4B	헤드기어와 머리 윗부분에 챙이 있는 형식
	4C	헤드기어와 머리 윗부분 및 턱 부분에 챙이 있는 형식

(8) 방진마스크

① 종 류

종 류	등급기호		안면부 여과식	사용조건
	격리식	직결식		
형 태	전면형	전면형	반면형	산소농도 18% 이상인 장소에서 사용
	반면형	반면형		

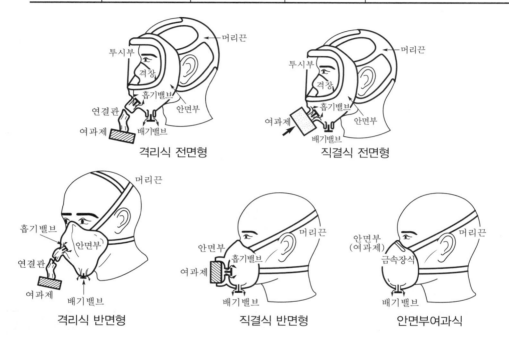

격리식 전면형   직결식 전면형

격리식 반면형   직결식 반면형   안면부여과식

② 등급 및 사용장소

등 급	특 급	1급	2급
사 용 장 소	• 베릴륨 등과 같이 독성이 강한 물질들을 함유한 분진 등의 발생장소	• 특급마스크 착용장소를 제외한 분진 등의 발생장소 • 금속흄 등과 같이 열적으로 생기는 분진 등의 발생장소 • 기계적으로 생기는 분진 등의 발생장소(규소 등과 같이 2급 마스크를 착용하여도 무방한 경우는 제외) • 석면 취급장소	• 특급 및 1급 마스크 착용장소를 제외한 분진 등의 발생장소

＊단, 배기밸브가 없는 안면부여과식 마스크는 특급 및 1급 사용장소에서 사용금지

③ 종류별 구조

종류 구조	분리식		안면부여과식
	격리식	직결식	
구 성	안면부, 여과재, 흡기밸브, 배기밸브, 머리끈, 연결관(직결식 제외)		여과재로 된 안면부와 머리끈
공기흡입	여과재→연결관→흡기밸브	여과재→흡기밸브	여과재인 안면부에 의해 흡입
공기배출	배기밸브→외기		여과재인 안면부를 통해 외기로 (배기밸브 있는 것은 배기밸브로)
부품교환	자유롭게 교환		부품이 교환될 수 없음

④ 재료의 조건
   ㉠ 안면에 밀착하는 부분은 피부에 장해를 주지 않아야 한다.
   ㉡ 여과재는 여과성능이 우수하고 인체에 장해를 주지 않아야 한다.
   ㉢ 방진마스크에 사용하는 금속부품은 부식되지 않아야 한다.
   ㉣ 전면형의 경우 사용할 때 충격을 받을 수 있는 부품은 충격 시에 마찰스파크가 발생되어 가연성의 가스혼합물을 점화시킬 수 있는 알루미늄, 마그네슘, 티타늄 또는 이외의 합금으로 만들어서는 안 된다.
   ㉤ 반면형의 경우 사용할 때 충격을 받을 수 있는 부품은 충격 시에 마찰스파크가 발생하여 가연성의 가스혼합물을 점화시킬 수 있는 알루미늄, 마그네슘, 티타늄 또는 이외의 합금을 최소한 사용하여 만들어야 한다.

⑤ 방진마스크의 구비조건
   ㉠ 여과효율이 좋을 것
   ㉡ 흡배기저항이 낮을 것
   ㉢ 사용적이 적을 것
   ㉣ 중량이 가벼울 것
   ㉤ 시야가 넓을 것
   ㉥ 안면밀착성이 좋을 것
   ㉦ 피부접촉 부위의 고무질이 좋을 것

(9) 방독마스크

① 방독마스크의 종류

종 류		시험가스
유기화합물용	갈 색	시클로헥산(C_6H_{12})
		디메틸에테르(CH_3OCH_3)
		이소부탄(C_4H_{10})
할로겐용	회 색	염소가스 또는 증기(Cl_2)
황화수소용	회 색	황화수소가스(H_2S)
시안화수소용	회 색	시안화수소가스(HCN)
아황산용	노랑색	아황산가스(SO_2)
암모니아용	녹 색	암모니아가스(NH_3)

㉠ 용어 설명

• 파과

정화통 내의 정화제에 의해 흡인공기 중의 유해물질이 거의 정상적으로 흡수·제거 또는 무독화된 후, 정화제의 제독능력이 떨어졌기 때문에 정화통의 배기공기에서의 유해물질 농도가 최대허용 파과한도를 넘게 되는 현상을 말한다.

• 파과시간

어느 일정농도의 유해물질을 포함한 공기가 일정유량으로 정화통을 통과하기 시작해서 파과가 보일 때까지의 시간을 말한다.

• 파과곡선

파과시간과 유해물질 농도와의 관계를 나타낸 곡선을 말한다.

② 종류에 따른 사용범위

종 류	격리식	직결식	직결식소형
구 성	정화통, 연결관(직결식 제외), 흡기밸브, 안면부, 배기밸브, 머리끈		
흡 입	정화통→연결관	정화통→흡기밸브	
배 기	배기밸브→외기 중으로		
가스 또는 증기의 농도	2%(암모니아 3%) 이하의 대기 중에서 사용	1%(암모니아 1.5%) 이하의 대기 중에서 사용	0.1% 이하의 대기 중에서 사용(긴급용이 아닌 것)

③ 사용제한

산소농도가 18% 미만되는 장소 또는 가스, 증기의 농도가 2%(암모니아 3%)를 초과하는 장소에서 사용을 금지하여야 한다.

④ 일반구조

㉠ 쉽게 깨지지 않을 것

　　　ⓛ 착용이 쉽고 착용했을 때 공기가 새지 않고 압박감이나 고통을 주지 않을 것

　　　ⓒ 착용자의 얼굴과 방독마스크의 내면 사이 공간이 너무 크지 않을 것

　　　ⓔ 착용자의 시야가 충분할 것

　　　ⓜ 전면형 방독마스크는 호기에 의해 눈 주위에 안개가 끼지 않을 것

　　　ⓗ 정화통, 흡기밸브, 배기밸브 또는 머리끈을 바꿀 수 있는 것은 쉽게 바꿀 수 있는 구조일 것

　⑤ 방독마스크 흡수제의 유효사용시간

$$유효사용시간 = \frac{표준\ 유효시간 \times 시험가스농도}{공기\ 중\ 유해가스농도}$$

〈대상가스별 흡수제 종류〉

종 류	표 지		대응독물	주성분
	기호	색		
보통가스용	A	흑색, 회색	염소 및 할로겐류, 포스겐, 유기 및 생산 가스	활성탄, 소다라임
산성가스용	B	회 색	염산, 할로겐화수소, 산, 탄산가스, 이산화질소, 산화질소	소다라임, 알칼리제제
유기가스용	C	흑 색	유기가스 및 증기, 이황화탄소	활성탄
일산화탄소	E	적 색	TEL, 일산화탄소	호프카라이트, 방습제
소방용	F	적색, 백색	화재 시와 연기용	종합제제
연기용	G	흑색, 백색	아연 및 금속흄, 기름연기	활성탄, 여층
암모니아용	H	녹 색	암모니아	큐프라마이트
아황산용	I	등 색	아황산 및 황산미스트	산화금속, 알칼리제제
청산용	J	청 색	청산 및 청산화물 증기	산화금속, 알칼리제제
황화수소용	K	황 색	황화수소	금속염류, 알칼리제제

(10) 방음보호구

　① 종류 및 등급

종 류	등 급	기 호	성 능
귀마개	1종	EP-1	저음부터 고음까지 차음하는 것
	2종	EP-2	주로 고음을 차음하여 회화음 영역인 저음은 차음하지 않는 것
귀덮개	–	EM	–

② 구 조

귀마개	• 귀(외이도)에 잘 맞을 것 • 사용 중 심한 불쾌감이 없을 것 • 사용 중에 쉽게 빠지지 않을 것 • 귀마개는 사용수명 동안 피부자극, 피부질환, 알레르기 반응 혹은 그 밖에 다른 건강 상의 부작용을 일으키지 않을 것 • 귀마개 사용 중 재료에 변형이 생기지 않을 것 • 귀마개를 착용할 때 귀마개의 모든 부분이 착용자에게 물리적인 손상을 유발시키지 않을 것 • 귀마개를 착용할 때 밖으로 돌출되는 부분이 외부의 접촉에 의하여 귀에 손상이 발생하지 않을 것
귀덮개	• 귀덮개는 귀 전체를 덮을 수 있는 크기로, 발포 플라스틱 등의 흡음재료로 감쌀 것 • 귀 주위를 덮는 덮개의 안쪽 부위는 발포 플라스틱 또는 공기 혹은 액체를 봉입한 플라스틱 튜브 등에 의해 귀 주위에 완전하게 밀착되는 구조로 할 것 • 머리띠 또는 걸고리 등의 길이를 조절할 수 있는 것으로 철재인 경우에는 적당한 탄성을 가져 착용자에게 압박감 또는 불쾌감을 주지 않을 것 • 인체에 접촉되는 부분에 사용하는 재료는 해로운 영향을 주지 않을 것 • 귀덮개 사용 중 재료에 변형이 생기지 않을 것 • 제조자가 지정한 방법으로 세척 및 소독을 한 후, 육안 상 손상이 없을 것 • 금속으로 된 재료는 부식방지 처리가 된 것으로 할 것 • 귀덮개의 모든 부분은 날카로운 부분이 없도록 처리할 것 • 제조자는 귀덮개의 쿠션 및 라이너를 전용 도구로 사용하지 않고 착용자가 교체할 수 있을 것

(11) 송기마스크의 종류 및 등급

종 류	등 급		구 분
호스마스크	폐력흡인형		안면부
	송풍기형	전 동	안면부, 페이스실드, 후드
		수 동	안면부
에어라인마스크	일정유량형		안면부, 페이스실드, 후드
	디맨드형		안면부
	압력디맨드형		안면부
복합식 에어라인마스크	디맨드형		안면부
	압력디맨드형		안면부

※ 송기마스크는 산소 부족 공간에서 사용

(12) 보호복

① 방열복의 종류

종 류	착용부위
방열상의	상체
방열하의	하체
방열일체복	몸체(상·하체)
방열장갑	손
방열두건	머리

방열상의   방열장갑
방열하의   방열일체복   방열두건

② 방열두건의 사용구분

차광도 번호	사용구분
#2~#3	고로강판가열로, 조괴 등의 작업
#3~#5	전로 또는 평로 등의 작업
#6~#8	전기로의 작업

③ 유기화합물용 보호복의 종류 및 형식

종 류	형 식	형식구분기준
전신 보호복	액체방호형(3형식)	보호복의 재료, 솔기 및 접합부가 화학물질의 투과에 대한 보호 성능을 갖는 구조
	분무방호형(4형식)	보호복의 재료, 솔기 및 접합부가 화학물질의 침투에 대한 보호 성능을 갖는 구조
부분 보호복	액체방호형(3형식)	보호복의 재료, 솔기가 화학물질의 투과에 대한 보호성능을 갖 는 구조
	분무방호형(4형식)	보호복의 재료, 솔기가 화학물질의 침투에 대한 보호성능을 갖 는 구조

3 보호구의 성능기준 및 시험방법

(1) 안전모

① 안전모의 성능기준

항 목	성 능
내관통성	종류 AE, ABE종 안전모는 관통거리가 9.5mm 이하이고, 종류 A, AB종 안전모는 관통거리가 11.1mm 이하일 것
충격흡수성	최대전달충격력이 4,450N(1,000Pounds)을 초과해서는 안 되며, 모체와 착장체의 기능이 상실되지 않을 것
내전압성	종류 AE, ABE종 안전모는 교류 20kV에서 1분간 절연파괴 없이 견뎌야 하고, 이때 누설되는 충전전류는 10mA 이내일 것
내수성	종류 AE, ABE종 안전모는 질량증가율이 1% 미만일 것

② 안전모의 시험방법

㉠ 내관통성 시험

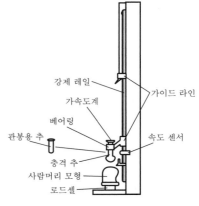

내관통성 및 충격흡수성 시험장치

- 질량 0.45kg(1Pound)의 철체추를 낙하점이 모체 정부를 중심으로 직경 76mm 안이 되도록 높이 3.048m(10ft)에서 자유낙하시켜 관통거리를 측정한다.
- 종류 AB, ABE종 안전모는 낙하점이 모체 앞머리, 양옆머리, 뒷머리가 되도록 사람머리 모형에 장착한 후 위와 동일한 방법으로 관통거리를 추가 측정한다.

㉡ 충격흡수성 시험

- 질량 3.6kg(8Pounds)의 충격추를 낙하점이 모체 정부를 중심으로 직경 76mm 안이 되도록 높이 1.524m(5ft)에서 자유낙하시켜 전달충격력을 측정한다.
- 종류 AB, ABE종 안전모는 낙하점이 모체 앞머리, 양옆머리, 뒷머리가 되도록 사람 머리모형에 장작한 후 위와 동일한 방법으로 전달충격력을 추가 측정한다.

㉢ 내전압성 시험

- 시험장치에 모체 내외의 수위가 동일하게 되도록 물을 넣고 모체 내외의 수중에 전극을 담그고, 주파수 60Hz의 정현파에 가까운 20kV의 전압을 가하고 충전전류를 측정한다.
- 전압을 가하는 방법은 규정전압의 75%까지 적당히 상승시키고, 이후에는 1초간에 약 1,000V의 비율로 전압을 상승시켜 20kV에 달한 후 1분간 이에 견디는가를 조사한다.

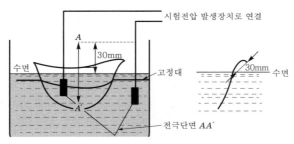

내전압 시험장치

㉣ 내수성 시험

시험 안전모의 모체를 20~25℃의 수중에 24시간 담가 놓은 후 대기 중에 꺼내어 마른천 등으로 표면의 수분을 닦아내고 다음 식으로 질량증가율(%)을 산출한다.

$$질량증가율(\%)= \frac{담근\ 후의\ 질량 - 담그기\ 전의\ 질량}{담그기\ 전의\ 질량}\times100$$

ⓜ 난연성 시험

가스압력을 3,430Pa(350mmH$_2$O)로, 청색불꽃의 길이가 15mm 되도록 조절하여 연소, 이때 모체의 연소부위는 모체 정부로부터 50~100mm 사이로 불꽃 접촉면이 수평이 된 상태에서 10초간 연소시킨 후 불꽃을 제거한 후 모체의 재료가 불꽃을 내고 계속 연소되는 시간을 측정한다.

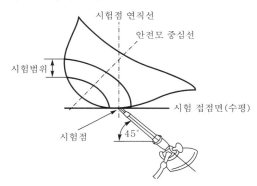

난연성 시험장치

(2) 안전대

① 안전대 성능기준

시험항목	종류	성능
정하중 성능	1종 및 3종	1. 파단되지 않을 것 2. 신축조절기의 기능이 상실되지 않을 것
	안전그네식	모형몸통으로부터 빠지지 않을 것
동하중 강도	안전블록	1. 시험 시 안전블록은 항상 잠겨 있어야 함 2. 시험추가 지면에 부딪치지 말 것
	추락방지대	1. 추락방지대가 수직구명줄에 잠겨 있어야 함 2. 파손되지 않을 것
동하중 성능	벨트식 2종/벨트식 3종 보조죔줄(주)	1. 최대전달충격력은 6.0kN(612kgf) 미만이어야 함 2. 감속거리는 1,000mm 이내이어야 함
	안전그네식 2종/안전그네식 3종 안전그네식 4종/안전그네식 5종 보조죔줄(주)	1. 최대전달충격력은 8.0kN(816kgf) 미만이어야 함 2. 감속거리는 1,000mm 이내이어야 함 3. 하중을 받는 D링이 등 뒤에 부착된 경우, 시험 후 죔줄과 모형몸통 간의 수직각이 30° 미만이어야 함
	안전블록	1. 파손되지 않을 것 2. 최대전달충격력은 8.0kN(816kgf) 미만이어야 함 3. 억제거리는 1.4m 이내이어야 함
	충격흡수장치	최대전달충격력은 4.0kN(408kgf) 미만이어야 함

주) 보조죔줄은 벨트식과 안전그네식의 사용 용도에 따라 성능이 구분됨.

② 안전대의 시험방법

㉠ 안전대의 정하중 성능시험

지름 250~300mm, 너비 100mm 이상의 드럼에 안전대를 장착→신축조절기는 각링에, 혹은 D링에 걸어 죔줄에 연결→이 죔줄에 지름 150mm의 드럼에 U자 모양으로 걸고, 양 드럼 간의 중심거리를 약 500mm로 조절→인장시험기로 15kN(1,530kgf) 인장하중을 가하여 1분간 유지→이때 안전대의 파단 유무 및 신축조절기의 기능상실 여부를 조사한다.

㉡ 안전대 부품의 동하중 강도시험

- 전달충격력 측정장치에 안전블록을 걸고 무게 100kg의 시험추를 설치한다.
- 연결장치 길이를 포함한 죔줄의 길이를 600mm로 조정한 후 수축을 방지하기 위하여 그림과 같이 클립을 부착한다.
- 시험추를 올려 죔줄의 길이만큼 자유낙하시킨 후, 가해진 전달충격력 및 억제거리를 측정. 이 경우 시험추에 부착된 고리와 전달충격력 측정장치의 수직중심선은 수평으로 300mm 이내에 두도록 한다.

U자걸이 사용상태의 정하중 성능시험

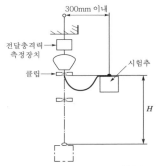

안전블록 부품 동하중 성능시험장치

(3) 안전화

① 재료 및 성능시험의 종류

가죽제 안전화	재료시험	가죽의 결렬시험, 가죽의 인열시험, 겉창의 인장강도시험, 겉창의 인열시험, 겉창의 노화시험, 겉창의 내유시험
	성능시험	내압박성 시험, 내충격성 시험, 박리저항시험, 내답발성 시험
고무제 안전화	재료시험	인장시험, 노화시험, 내유시험, 강재선심의 부식시험, 내화학성 시험, 파열시험
	성능시험	내압박성 시험, 내충격성 시험, 내답발성 시험, 침수시험

② 정전기 안전화의 대전방지 성능시험

㉠ 재료는 제조 후 24시간 이상 경과한 것으로서 표준상태하에서 2시간 이상 방치한 것일 것

ⓛ 시험전압은 직류 500V일 것

ⓒ 대향전극은 금속제 발모형 전극을 사용할 것

③ 내전압성 시험

절연화	14,000V에 1분간 견디고 충전전류가 5mA 이하일 것
절연장화	20,000V에 1분간 견디고 이때의 충전전류가 20mA 이하일 것

(4) 차광보안경 성능기준

항 목	성 능 기 준	
겉모양	표면은 평활하고 육안으로 보이는 가는 줄, 색 얼룩, 흠, 맥리, 기포 및 이물이 없을 것	
내열성	표면에 이상이 없을 것	
내구성	표면에 이상이 없을 것	
내충격성	파쇄, 균열이 없을 것	
파쇄면	파쇄면이 주로 방사상을 띠고 동심원상의 균열 또는 표면이 비늘모양으로 깨지는 형태가 아닐 것	
평행도 (프리즘디옵터)	1/6(능각 약 12분) 이하	
굴절력 (디옵터)	임의 날줄	00.125 이하
	두 날줄차	0.125 이하
색	400~700nm 사이에서 양측으로 저하하고 500~620nm 사이에 최고치가 있거나, 또는 380~780nm 사이에서 평탄할 것.	
시감투과율 차이(%)	차광도 번호(1.2~3)	좌·우 렌즈(플레이트)의 시감투과율 차이가 5 이하
	차광도 번호(4~16)	좌·우 렌즈(플레이트)의 시감투과율 차이가 10 이하
투명도(%T)	89 이상	

(5) 내전압용 안전장갑(절연장갑)의 성능기준

항 목 \ 종 류	A종	B종	C종
내전압	3,000V 1분간 견딜 것	12,000V 1분간 견딜 것	20,000V 1분간 견딜 것
인장강도	130kgf/cm² (12.710⁶N/m²) 이상		
신장률	700% 이상		
영구신장률	10% 이하		
노화 후의 잔존율 — 인장강도	80% 이상		
노화 후의 잔존율 — 신장률	75% 이상		
내열성	이상이 없을 것		

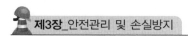

(6) 유기화합물용 안전장갑의 시험항목 및 성능수준의 분류

　① 재료 시험항목

　　㉠ 투과저항　　　　　㉡ 마모저항

　　㉢ 절삭저항　　　　　㉣ 인열강도　　　　　㉤ 뚫림강도

　② 완성품 시험항목

　　누출시험 : 누출이 없어야 한다.

(7) 용접보안면 면체 각 부품의 성능기준

항 목	성능기준
난연성	1분간 76mm 이상 연소되지 않을 것
전기절연성	500kΩ 이상
가열 후 인장강도	3.0kgf/mm^2 이상
내열 비틀림	변형률 2% 이하
금속부품의 내식성	스프링을 제외한 금속부품에 부식이 생기지 않을 것

(8) 방진마스크의 성능기준

	종 류	등 급	염화나트륨(NaCl) 및 파라핀오일(Paraffin oil)시험(%)		종 류	유 량 (L/min)	기 준 (mmH$_2$O)	
여과제 분진 등 포집 효율	분리식	특급	99.95% 이상	안면부 배기 저항	분리식	160	31.0 이하	
		1급	94.0% 이상					
		2급	80.0% 이상					
	안면부	특급	99.0% 이상		안면부 여과식	160	31.0 이하	
		1급	94.0% 이상					
		2급	80.0% 이상					
	종 류	형 태	기 준(g)	시 야	형 태	부품	기 준(%)	
여과재 질량							유효시야	겹침시야
	분리식	전면형	500 이하		전면형	1안식	70 이상	80 이상
		반면형	300 이하			2안식	70 이상	20 이상

분진포집효율　$P(\%) = \dfrac{C_1 - C_2}{C_1} \times 100$

여기서, P : 분진 등 포집효율

　　　　C_1 : 여과재 통과 전의 염화나트륨 농도

　　　　C_2 : 여과재 통과 후의 염화나트륨 농도

(9) 방독마스크

① 항목별 성능기준

안면부의 흡기저항 (mmH$_2$O)	종 류		압력차
	격리식 방독마스크		7 이하
	직결식 방독마스크 및 직결식 소형 방독마스크		5 이하
안면부의 배기저항 (mmH$_2$O)	8 이하		
배기밸브의 작동기밀	1. 공기를 흡인하였을 때 바로 내부가 감압할 것 2. 내부압력이 대기압으로 돌아올 때까지의 시간이 15초 이상일 것		

정화통의 통기저항 (mmH$_2$O)	구 분		격리식 방독마스크	직결식 방독마스크	직결식 소형 방독마스크
	일산화탄소용		28 이하	–	–
	일산화탄소용 이외의 것	여과재가 있는 것	28 이하	25 이하	28 이하
		여과재가 없는 것	25 이하	22 이하	22 이하

② 분진포집효율 산출방법

$$효율(\%) = \frac{통과\ 전\ 시험연기의\ 농도(mg/m^3) - 통과\ 후\ 시험연기의\ 농도(mg/m^3)}{통과\ 전\ 시험연기의\ 농도(mg/m^3)} \times 100$$

(10) 방음보호구의 성능기준

중심 주파수(Hz)	차음치(dB)		
	EP-1	EP-2	EM
125	10 이상	10 미만	5 이상
250	15 이상	10 미만	10 이상
500	15 이상	10 미만	20 이상
1,000	20 이상	20 미만	25 이상
2,000	25 이상	20 이상	30 이상
4,000	25 이상	25 이상	35 이상
8,000	20 이상	20 이상	20 이상

(11) 전신보호복의 완성품에 대한 성능기준

시험항목(단위)	성능수준
액체 분사	흡수작업복에 나타난 총 얼룩면적이 기준 얼룩면적의 3배 이하이어야 함.
액체 분무	흡수작업복에 나타난 총 얼룩면적이 기준 얼룩면적의 3배 이하이어야 함.

07 안전보건표지의 종류 및 안전기준

1 안전보건표지의 종류·용도 및 적용

(1) 안전보건 표지

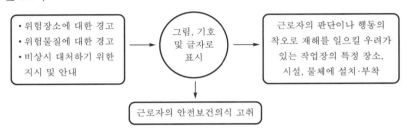

- 위험장소에 대한 경고
- 위험물질에 대한 경고
- 비상시 대처하기 위한 지시 및 안내

→ 그림, 기호 및 글자로 표시 →

근로자의 판단이나 행동의 착오로 재해를 일으킬 우려가 있는 작업장의 특정 장소, 시설, 물체에 설치·부착

근로자의 안전보건의식 고취

(2) 목적

유해·위험한 기계·기구나 취급장소에 대한 위험성을 사전에 표시로 경고하여 예상되는 재해를 사전에 예방하고자 설치하는데 외국인 근로자를 사용하는 사업주는 해당 외국인근로자의 모국어로 작성하여야 한다.

(3) 안전보건표지의 종류와 형태

1 금지 표지	101 출입금지	102 보행금지	103 차량통행금지	104 사용금지	105 탑승금지	106 금연
107 화기금지	108 물체이동금지	2 경고 표지	201 인화성 물질 경고	202 산화성 물질 경고	203 폭발성 물질 경고	204 급성 독성 물질 경고
205 부식성 물질 경고	206 방사성 물질 경고	207 고압전기 경고	208 매달린 물체 경고	209 낙하물 경고	210 고온 경고	211 저온 경고
212 몸균형 상실 경고	213 레이저광선 경고	214 발암성·변이원성·생식독성·전신독성·호흡기과 민성 물질 경고	215 위험장소 경고	3 지시 표지	301 보안경 착용	302 방독마스크 착용

303 방진마스크 착용	304 보안면 착용	305 안전모 착용	306 귀마개 착용	307 안전화 착용	308 안전장갑 착용	309 안전복 착용
	401 녹십자 표지	402 응급구호 표지	403 들것	404 세안장치	405 비상용 기구	406 비상구

| 4
안내
표지 | | | | | | |

| 407
좌측
비상구 | 408
우측
비상구 | 5
관계자
외
출입금지 | 501
허가대상물질 작업장
관계자 외 출입금지
(허가물질 명칭) 제조/
사용/보관 중
보호구/보호복 착용
흡연 및 음식물 섭취
금지 | | 502
석면 취급/해체
작업장
관계자 외 출입금지
석면 취급/해체 중
보호구/보호복 착용
흡연 및 음식물 섭취
금지 | 503
금지대상물질의
취급 실험실 등
관계자 외 출입금지
발암물질 취급 중
보호구/보호복 착용
흡연 및 음식물 섭취
금지 |

| 6
문자
추가 시
예시문 | 
화방유 화기 엄금 | • 내 자신의 건강과 복지를 위하여 안전을 늘 생각한다.
• 내 가정의 행복과 화목을 위하여 안전을 늘 생각한다.
• 내 자신의 실수로 동료를 해치지 않도록 안전을 늘 생각한다.
• 내 자신이 일으킨 사고로 인한 회사의 재산과 손실을 방지하기 위하여 안전을 늘
  생각한다.
• 내 자신의 방심과 불안전한 행동이 조국의 번영에 장애가 되지 않도록 하기 위하여
  안전을 늘 생각한다. |

2 안전보건표지의 형태 및 색채

(1) 안전보건표지의 기본모형

번 호	기본모형	표시사항
1		금지
2		경고

번 호	기본모형	표시사항
2		경고
		경고
4		안내
5		안내

참고) 1. L=안전보건표지를 인식할 수 있거나 인식하여야 할 안전거리(L과 a, b, d, e, h, 은 동일단위로 계산)
　　　2. 점선 안에는 표시사항과 관련된 부호 또는 그림을 그림.

(2) 제작기준

① 기본모형에 형태와 색채 등이 기준에 맞도록 제작할 것

② 빠르고 쉽게 알아볼 수 있는 크기로 제작할 것

③ 그림 또는 부호의 크기는 안전보건표지의 크기와 비례할 것

④ 야간 식별을 위해 야광물질 사용할 것

⑤ 재료는 쉽게 파손되거나 변형되지 아니하는 것으로 제작할 것

⑥ 안전보건표지 속의 그림 또는 부호의 크기는 안전보건표지의 크기와 비례해야 하며, 안전보건표지 전체 규격의 30% 이상이 되도록 제작할 것

색 채	용 도	사용례
빨간색	금 지	정지신호, 소화설비 및 그 장소, 유해행위의 금지
	경 고	화학물질 취급장소에서의 유해·위험 경고
노란색	경 고	화학물질 취급장소에서의 유해·위험 경고 이외의 위험경고, 주의 표지 또는 기계방호물
파란색	지 시	특정 행위의 지시 및 사실의 고지
녹 색	안 내	비상구 및 피난소, 사람 또는 차량의 통행표지
흰 색	–	파란색 또는 녹색에 대한 보조색
검은색	–	문자 및 빨간색 또는 노란색에 대한 보조색

참고) 1. 허용 오차 범위 H=±2, V=±0.3, C=±1(H는 색상, V는 명도, C는 채도를 말한다)
     2. 위의 색도기준은 한국산업규격(KS)에 따른 색의 3속성에 의한 표시방법(KSA 0062 기술표준원 고시제 2008-0759)에 따른다.

(3) 색의 종류 및 사용한계

색 명	적 색	황적색	황 색	녹 색	청 색	백 색	적자색
표 시 사 항	① 방수 ② 정지 ③ 금지	위험	주의	① 안전안내 ② 진행유도 ③ 구급구호	① 조심 ② 지시	① 통로 ② 정리정돈	방사능

08 제조물 책임과 안전

1 제조물 책임과 안전

(1) 제조물 책임(Product Liability : PL)

제조, 유통, 판매된 제품의 결함으로 인해 발생한 사고에 의해 소비자나 사용자 또는 제3자에게 신체장해나 재산상의 피해를 준 경우 그 제품을 제조·판매한 자가 법률상 손해배상 책임을 지도록 하는 것을 말한다.

(2) 제조물 책임 실시 목적 및 의의

① 실시 목적

제조물 결함으로 인한 손해를 보상하기 위해 제조업자 등의 손해배상 책임을 규정하여 피해자 보호를 도모함으로써 국민의 생활안전 향상과 국민경제의 건전한 발전에 기여하고자 실시한다.

② 제조물 책임 제도 실시 의의

소비자의 피해구제 원활, 소비자권익 강화, 제품안전의 의식제고, 기업의 경쟁력 향상을 도모하고자 하는 것이다.

2 제조물 책임법

(1) 제조물 책임법

제 조 물	결 함	
• 다른 동산이나 부동산의 일부를 구성하는 경우를 포함한 제조 또는 가공된 동산 • 제조란 제조물의 설계, 가공, 검사, 표시를 포함한 일련의 행위	제조물에 대한 제조, 설계 또는 표시상의 결함이나 안전성이 결여되어 있는 경우	
	제조상 결함	제조업자의 제조물에 대한 제조·가공상의 주의의무 이행 여부와 관계없이 제조물이 원래 의도한 설계와 다르게 제조·가공됨으로써 안전하지 못하게 된 경우
	설계상 결함	제조업자가 합리적인 대체설계를 채용하였더라면 피해나 위험을 줄이거나 피할 수 있었음에도 대체설계를 채용하지 아니하여 해당 제조물이 안전하지 못하게 된 경우
	표시상 결함	제조업자가 합리적인 설명·지시·경고 기타의 표시를 하였더라면 해당 제조물에 의하여 발생할 수 있는 피해나 위험을 줄이거나 피할 수 있었음에도 이를 하지 아니한 경우
제조물 책임(손해배상 책임)의 주체	제조업자의 면책사유	
• 제조업자, 가공업자, 수입업자 • 표시제조업자, 오인 표시제조업자 • 판매 및 대여업자(제조업자를 알 수 없는 경우)	• 제조업자가 해당 제조물을 공급하지 아니한 사실이 입증된 경우 • 제조업자가 해당 제조물을 공급한 때의 과학·기술수준으로는 결함의 존재를 발견할 수 없었다는 사실이 입증된 경우 • 제조물의 결함이 제조업자가 해당 제조물을 공급할 당시의 법령이 정하는 기준을 준수함으로써 발생한 사실이 입증된 경우 • 원재료 또는 부품의 경우에는 해당 원재료 또는 부품을 사용한 제조물 제조업자의 설계 또는 제작에 관한 지시로 인하여 결함이 발생하였다는 사실이 입증된 경우	
제조물 책임의 소멸시효	제조물 책임법 시행	
• 손해배상 책임이 있는 제조업자를 알게된 날로부터 3년(단기 소멸시효) • 제조업자가 제조물을 공급한 날로부터 10년(다만, 잠복기간 경과 후 손해 발생 시에는 손해가 발생한 때로부터 기산)	• 2000년 1월 12일 제정 • 2002년 7월 01일 시행	

(2) 제조물 책임법(PL법)의 3가지 기본원리

① 과실 책임(Negligence)

주의의무 위반과 같이 소비자에 대한 보호의무를 불이행한 경우 피해자에게 손해배상을 해야할 의무가 있다.

② 보증 책임(Breach of warranty)

제조자가 제품의 품질에 대하여 명시적, 묵시적 보증을 한 후에 제품의 내용이 사실과 명백히 다른 경우 소비자에게 책임을 진다.

③ 엄격 책임(Strict liability)

제조자가 자사제품이 더 이상 점검되지 않고 사용될 것을 알면서 제품을 시장에 유통시킬 때, 그 제품이 인체에 상해를 줄 수 있는 결함이 있는 것으로 입증되는 제조자는 과실 유무에 상관없이 불법행위법상의 엄격 책임이 있다.

산업안전관리론

제4장
신뢰성공학

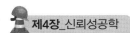

01 인간성능 및 성능신뢰도

1 인간성능

(1) 인간의 신뢰도 분석기법

① 조작자의 행동나무(OAT : Operator Action Tree)

㉠ 의사결정의 여러 단계에서 조작자의 선택을 성공과 실패로 표현하고, 이로부터 일반 적인 상황에 일치하는 조작자의 확률적 성능을 나타낸다.

㉡ OAT는 주위의 사건에 대한 인간의 대응을 감지·진단·반응으로 표현한다.

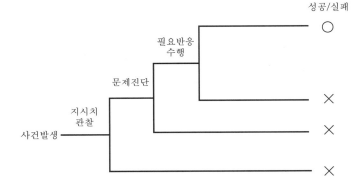

2 성능신뢰도

(1) 직렬신뢰도

① 직렬은 어느 하나라도 고장이면 전체가 고장난다. 또 정비나 보수가 불편하다.

② 요소수가 적을수록 고장확률이 적어 신뢰도는 높다.

③ 수명은 요소 중에서 짧은 것으로 한다.

예 자동차 운전

$$R=R_1 \times R_2 \times R_3 \cdots R_n = \prod_{i=1}^{n} R_i$$

(2) 병렬신뢰도

① 병렬은 10개 중 1개만 작동해도 정상작동한다. 정비나 보수가 용이하다.

② 병렬 개수가 증가할수록 수명은 길어진다.

③ 직렬 구조보다 신뢰도가 높지만 비용이 고가이다.

예 열차나 항공기 제어, 석유화학·발전·제철공장 등 장치산업의 주요 부품 및 기기

$$R = 1 - (1-R_1)(1-R_2)\cdots(1-R_n) = R_n = 1 - \prod_{i=1}^{n}(1-R_i)$$

- 지수분포 : 시간당 고장률이 일정한 설비의 고장간격 확률분포
- 푸아송분포 : 설비의 고장과 같이 특정 시간 또는 구간에 어떤 사건의 발생확률이 적은 경우 그 사건의 발생횟수를 측정하는 데 가장 적합한 확률분포

(3) 요소 병렬 구조

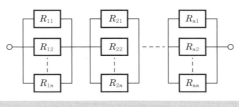

$$R = \prod_{i=1}^{n}\{1 - (1-R_i)^m\}$$

3 인간의 정보처리

(1) 힉-하이만(Hick-Hyman) 법칙

① Hyman은 선택반응작업에서 자극의 수를 변화시키면서 실험하였는데, 자극정보량이 증가함에 따라 반응시간은 선형적으로 증가한다.

② 자극의 수를 bit로 환산하고 반응시간을 정보량의 함수로 계산하여 인간의 반응시간을 예측하는 데 활용할 수 있다.

예 운전원이 신호를 보고 어떤 장치를 조작해야 할지를 결정하기까지 걸리는 시간을 예측

$$\text{RT} = a + b\log_2 N$$

여기서, RT : 반응시간

　　　　N : 발생가능한 자극 수

(2) 정보량(bit)

$$H = \log_2 N = \frac{\log N}{\log 2}$$

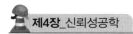

① 4지선다형 문제의 정보량(실현 가능성이 동일한 4개의 대안의 정보량)

$$H=\log_2 4 = \frac{\log 4}{\log 2} = 2\text{bit}$$

② 던진 동전의 앞면, 뒷면이 나올 정보량

$$H=\log_2 2 = \frac{\log 2}{\log 2} = 1.0\text{bit}$$

③ 0~10까지 수의 집합에서 무작위 선택

$$H=\log_2 10 = \frac{\log 10}{\log 2} = 3.3\text{bit}$$

④ A~Z까지 문자의 집합에서 무작위 선택

$$H=\log_2 26 = \frac{\log 26}{\log 2} = 4.7\text{bit}$$

(3) 정보처리과정

인지, 행동, 인식

02 시각적 표시장치

1 시각과정

① 물체로부터 나오는 반사광이 동공을 통과하여 수정체에서 굴절되고 망막에 초점이 맺힌다. 망막은 광자극을 수용하고 시신경을 통하여 뇌에 정보신호를 전달한다.

② 눈으로 감지할 수 있는 파장은 380~780m(가시광선)이며 이보다 긴 적외선과 짧은 X선 및 감마선은 감지할 수 없다.

③ 암순응과 명순응

　㉠ 암순응(Dark adaption)

　　갑자기 어두운 곳에 들어가면 아무것도 보이지 않게 되지만, 시간이 지나면 점차 보이게 되는 현상이다.

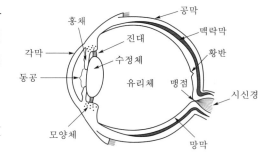

ⓛ 명순응(Lightness adaption)

갑자기 밝은 곳에 가게 되면 눈이 부셔 보이지 않지만, 시간이 지나면 점차 보이게 되는 현상이다.

① 푸르킨예 효과(Purkinje effect) : 조명수준이 감소하면 장파장에 대한 시감도가 감소하는 현상으로, 밤에는 같은 밝기를 가진 빨간색보다 파란색이 잘 보인다.
② 사정효과 : 눈으로 보지 않고 손을 수평면 위에서 움직이는 경우 짧은 거리는 지나치고, 긴 거리는 못 미치는 경향. 조작자는 작은 오차에 과잉반응하고 큰 오차에는 과소반응한다.
③ 가현운동 : 감각적으로 물리현상을 왜곡하는 지각현상으로 물리적으로 일정한 위치에 있는 물체가 착각(착시)에 의해 움직이는 것처럼 보이는 현상. 영화영상의 방법이다.

2 시식별에 영향을 주는 인자

(1) 조도
물체의 표면에 도달하는 빛의 밀도이다.

(2) 광도(Luminance ratio)
단위 면적당 표면에서 방출되는 빛의 양. 일반적으로 사무실 및 산업현장에 적절한 광도비는 3 : 1이다.

(3) 휘도
빛이 어떤 물체에서 반사되어 나오는 양으로, 휘도가 높거나 휘도대비가 클 경우 눈부심이 발생한다.

(4) 명도대비(Contrast)
표적의 광도와 배경의 광도 차를 말한다.

(5) 노출시간(Exposure time)
노출시간(100~200ms)이 클수록 식별력이 커지나 그 이상에서는 같다.

(6) 연령(Age)
나이가 들면(40세 이후) 시력과 대비감도가 나빠진다. 따라서 고령자가 사용하는 표시장치는 과녁이 크고 조도가 적절하게 설계되어야 한다.

(7) 과녁의 이동
과녁이나 관측자가 움직이면 시력(동적 시력, Dynamic visual acuity)이 감소하므로 자동차

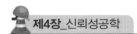

운전자를 위한 표지판 설계에 동적 시력을 고려해야 한다.

3 정량적 표시장치

온도나 속도와 같이 동적으로 변화하는 변수나 자로 재는 길이와 같은 정적 변수의 계량값에 관한 정보를 제공하는 데 사용한다.

(1) 동침형(Moving pointer)

눈금이 고정되고 지침이 움직이는 형으로, 지침의 변화를 빨리 인식할 수 있어 아날로그 선택 시 또는 자동차 속도계와 같이 표시장치에 나타난 값이 계속적으로 변하는 경우에 적합하다.

예 압력계, 자동차 속도계 등

압력계   자동차 RPM 미터와 속도계

(2) 동목형(Moving scale)

지침이 고정되고 눈금이 움직이는 형으로, 표시장치의 공간을 적게 차지하는 이점이 있으나 빠른 인식을 요구하는 경우 사용을 피해야 한다.

예 체중계 등

(3) 계수형

숫자가 표시되는 형식으로, 수치를 정확히 읽어야 할 경우 사용하나 수치가 빨리 변하는 경우 읽기 어려우므로 피해야 한다.

예 전력계, 택시요금미터, 가스계량기 등

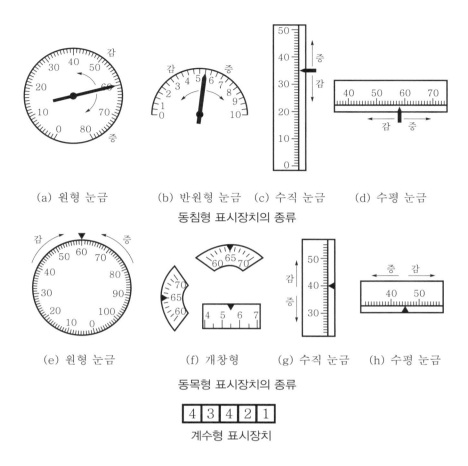

(a) 원형 눈금　　(b) 반원형 눈금　(c) 수직 눈금　　(d) 수평 눈금

동침형 표시장치의 종류

(e) 원형 눈금　　　　(f) 개창형　　(g) 수직 눈금　　(h) 수평 눈금

동목형 표시장치의 종류

계수형 표시장치

(4) 아날로그 표시장치의 선택기준

① 일반적으로 동목형보다 동침형을 선호한다.

② 일반적으로 동침과 동목은 혼용하여 사용하지 않는다.

③ 움직이는 요소에 대해 수동조절 방식으로 설계할 때는 바늘을 조정하는 것이 눈금을 조정하는 것보다 좋다.

④ 미세한 움직임이나 변화에 대한 정보를 표시할 때는 동침형을 사용한다.

4 정성적 표시장치

① 온도, 압력, 속도와 같이 연속적으로 변하는 변수의 대략적인 값이나 변화추세, 비율 등을 알고자 할 때 주로 사용한다.

② 변수의 상태(주의, 정상, 위험)나 조건이 미리 정해 놓은 범위 중 어디에 속하는가를 판정한다.

　예 자동차 배터리 충전계, 자동차 온도계

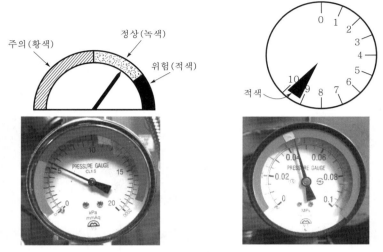

정성적 표시 사례

5 상태표시기

① 정량적 계기가 상태점검을 목적으로만 사용한다면 정량적 상태표시기를 사용한다.

② 신호등은 On-off 또는 교통신호의 멈춤, 주의, 주행과 같이 정해진 상태를 표시한다.

6 신호 및 경보등

점멸등을 이용하여 빛의 검출성에 따라 신호, 경보효과가 달라진다.

[빛의 검출성 영향인자]

① 광원의 크기

광원의 크기가 작으면 시각이 작아진다.

② 광속발산도

광원의 크기가 작을수록 광속발산도가 커야 한다.

③ 노출시간

④ 색광

효과척도는 흰색 – 노란색 – 녹색 – 빨간색 – 파란색 – 검은색 순으로 빠르다.

⑤ 점멸속도

점멸융합주파수보다 작아야 한다. 주의를 끌기 위해서는 점멸속도가 3~10회/sec이고 지속시간은 0.05초 이상이어야 한다.

⑥ 배경광

배경광이 신호등과 비슷하면 신호등 식별이 어렵다. 배경잡음광이 점멸이면 점멸신호등의 식별은 더욱 어렵다. 배경보다 2배 이상 밝아야 한다.

※ 신호등이 네온사인이나 크리스마스 트리 등과 같이 설치되어 있으면 신호등의 식별이 어렵다.

7 묘사적 표시장치

항공기 표시장치나 게임 시뮬레이터의 3차원 표현장치와 같이 배경 위에 변화되는 상황이나 변수를 회화적으로 중첩하여 나타내는 시각적 표시장치이다.

회화적으로 표시되므로 해석과정이 최소화되어 직감적인 상황파악이 가능하다.

① 외견형(항공기 이동형)

지평선이 고정되고 항공기가 움직이는 형태이다.

② 내견형(지평선 이동형)

항공기가 고정되고 지평선이 움직이는 형태이다.

③ 빈도분리형(외견형과 내견형의 혼합형)

항공기 및 지평선이 모두 움직이는 형태이다. 비행 중, 보조익 조정장치에 입력이 있으면 순간적으로 항공기 이동형으로 표시되고, 잠시 후에는 비행기 표시가 서서히 수평으로 돌아오는 방식이다.

 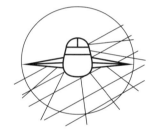

(a) 외견형(항공기 이동형)　　　　　(b) 내견형(지평선 이동형)

비행자세를 표시하는 두 가지 기본이동 관계

8 문자-숫자 표시장치

(1) 획폭비

문자나 숫자의 높이에 대한 획 굵기의 비율이다.

① 검은색 바탕에 흰색 숫자의 최적 획폭비는 1:13.3이다.

② 흰색 바탕에 검은색 숫자의 최적 획폭비는 1:8이다.

(2) 종횡비

문자나 숫자의 폭에 대한 높이의 비율이다.

① 문자의 최적 종횡비는 1:1이다.

② 숫자의 최적 종횡비는 3:5이다.

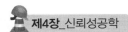

●광삼효과(Irradiation)●

| A | B | C | D |

A　B　C　D

9 시각적 암호

　숫자와 색을 이용한 암호가 가장 좋으며, 영자와 형상암호, 구성암호의 순서로 성능이 가장 떨어진다.

　[의도적 암호, 부호 사용 시 고려사항]

　① 암호의 검출성

　② 암호의 판별성

　③ 부호의 양립성

　④ 부호의 의미

　⑤ 암호의 표준화

　⑥ 다차원 암호의 사용

10 부호 및 기호

(1) 부호

① 묘사적 부호

　사물이나 행동을 단순화하고 정확하게 묘사한 것이다.

　例 급성 독성 물질에 중독될 위험경고, 도로표지판의 보행표지

급성 독성 물질　　　　　　횡단보도

② 추상적 부호

　전달하려는 의미를 도식적으로 압축한 부호로, 원래의 개념과는 약간의 유사성이 있는 것이다.

　例 높은 곳에서의 추락위험경고, 프레스 금형에 끼임위험경고

추락경고　　　　　　　끼임경고

③ 임의적 부호

부호를 임의적으로 약속하여 의미를 배우고 숙지해야 하는 것이다.

예 산업안전표지에서 경고표지는 삼각형, 안내표지는 사각형, 금지표지는 원형으로 표시한다.

경고표지   안내표지   금지표지

03 청각적 표시장치

1 청각 과정

① 등골은 난원창막 바깥쪽에 있는 내이액에 음압변화를 전달한다. 이때 고막에 가해지는 미세한 압력변화는 22배로 증폭되어 내이로 전달된다.

② 음원의 방향은 음원의 강도와 위상 차이로 인해 결정된다.

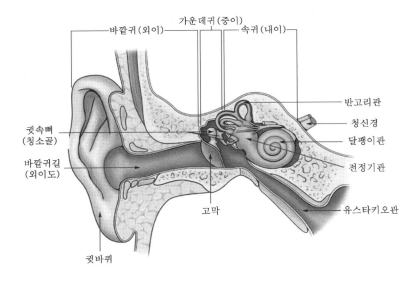

청각

2 청각적 표시장치

사람의 단기기억 용량이 제한적이므로 청각 메시지(전언)는 짧고 간단해야 한다.

[청각적 표시장치 설계 시 고려사항]

① 귀는 중음역에서 가장 민감하므로 500~3,000Hz의 소리를 사용한다.

② 중음은 멀리 가지 못하므로 장거리(300m 이상)에는 1,000Hz 이하의 소리를 사용한다.

③ 신호가 장애물을 돌아가거나 칸막이를 통과할 때는 500Hz 이하의 소리를 사용한다.

④ 주의를 끌기 위해서는 초당 1~3번 오르내리는 변조된 신호를 사용한다.

⑤ 배경소음의 진동수와 다른 신호를 사용한다.

⑥ 경보효과를 높이기 위해서 개시 시간이 짧은 고강도 신호를 사용해야 하며 수화기나 이어폰을 사용하는 경우에는 좌우로 교번하는 신호를 사용한다.

⑦ 가능하면 다른 용도로 쓰이지 않는 확성기, 경적 등과 같은 별도의 통신계통을 사용한다.

3 음성통신

(1) 통화이해도

① 여러 통신 상황(잡음, 통신계통, 거리 등)에서 음성통신의 기준은 듣는 사람의 이해도이다.

　㉠ 통화이해도 시험 : 실제로 말을 들려주고 복창하게 하거나 물어보는 시험이다.

　　• 의미 없는 음절, 음성학적으로 균형잡힌 단어 목록, 운율시험, 문장시험

　㉡ 명료도지수 : 통화이해도 시험은 시간과 노력이 많이 들어 비실용적이므로, 옥타브대의 음성과 잡음의 데시벨값에 가중치를 곱하여 합계를 구한다.

　㉢ 이해도점수 : 통화내용 중 알아듣는 비율(%)이다.

　㉣ 통화간섭수준 : 통화이해도에 영향을 끼치는 잡음(500Hz, 1,000Hz, 2,000Hz)의 영향을 추정하는 지표이다.

　㉤ 소음기준곡선 : 사무실, 회의실, 공장 내에서 통화를 각 옥타브별로 측정하여 평가한다.

(2) 전언(메시지)전달

① 잡음 등 통신의 악조건에서 전언에 따라 이해도가 크게 저하한다.

② 사용어휘 : 잡음이 심하여 통화음성을 알아듣기 힘든 경우에는 총 사용가능 어휘 수가 단어의 인지에 큰 영향을 미친다. 어휘 수가 적을수록 인지확률이 높다.

③ 전언의 문맥 : 문장이 독립적인 음절이나 단어보다 알아듣기 쉽다.

④ 전언의 음성학적 국면 : 음성출력이 높은 음을 선택하여 사용하면 인지확률이 높아진다.

Word Spelling Alphabet：A→Alpha, B→Bravo, C→Charlie, D→Delta

① 우선회화방해레벨(PSIL；Preferred-octave Speech Interference Level)：1/1 옥타브 밴드로 분석한 중심 주파수 500Hz, 1,000Hz, 2,000Hz 대역의 산술평균치로 계산한 값이다.
② 회화방해레벨(SIL；Sound Interference Level)：항공기 내 승객들 간 대화 확보를 위해 개발된 방법으로, 불특정 말발생기구를 사용하여 확실하게 대화가 가능한 두 사람 사이의 거리를 측정한다.
③ 명료도지수(AI；Articulation Index)：음성레벨과 암소음레벨의 비율인 신호와 잡음비에 기본을 두고 음성의 명료도를 측정하는 것으로, 말소리의 질에 대한 객관적인 측정방법이며, 명료도지수가 0.3 이하이면 통화하기에 부적합하다. 통화이해도를 추정하는 근거로 사용되는데, 각 옥타브대의 음성과 잡음을 데시벨치에 가중치를 곱하여 합계를 구한 값이다.

4 합성음성

(1) 디지털 녹음(Digital recording, 정수화)

① 음성신호를 고속으로 표본추출하여, 각 표본에 대한 정보를 컴퓨터에 보관해 필요시 음성으로 재생한다.
② 음질은 대단히 좋으나 대량의 디지털정보를 보관하기 위해서는 방대한 저장용량이 필요해 비용적인 문제가 있다.

(2) 분석합성(Analysis-synthesis)

① 필터나 모듈레이터 등 전자기기를 이용하여 음성을 내도록 하는 음성 메커니즘이다.
② 음성이 분석되어 발음모형을 제어하는 데 필요한 모수의 변화만 암호화하므로 컴퓨터 저장용량이 작아도 된다.

(3) 문서음성변환(TTS；Text To Speech)

① 규칙에 의한 합성방식은 음절 자체의 특징을 추출하고 여기에 연음이나 악센트, 억양 등의 정보를 고려하여 음성을 합성하는 방법이다.
② 특히 이런 방법을 이용하여 문서를 자동으로 구술하여 주는 방식을 문서음성변환(TTS)이라 한다.

시각장치와 청각장치의 비교

시각장치가 유리한 경우	청각장치가 유리한 경우
• 경고나 전언이 복잡하다.	• 경고나 전언이 간단하다.
• 경고나 전언이 길다.	• 경고나 전언이 짧다.
• 경고나 전언이 후에 재참조된다.	• 경고나 전언이 후에 재참조되지 않는다.
• 경고나 전언이 공간적 위치를 다룬다.	• 경고나 전언이 시간적인 사상을 다룬다.
• 경고나 전언이 즉각적인 행동을 요구하지 않는다.	• 경고나 전언이 즉각적인 행동을 요구한다.
• 수신자의 청각계통이 과부하이다.	• 수신자의 시각계통이 과부하이다.
• 수신장소가 너무 시끄럽다.	• 수신장소가 너무 밝거나 어둡다.
• 수신자가 한 장소에 머무른다.	• 수신자가 자주 움직여야 한다.

04 촉각 및 후각적 표시장치

1 피부감각

말초신경이 자극을 받으면 말초신경 간의 상호작용으로 감각을 느낀다.

피부감각 민감도 : 통각(아픔)-압각(눌림)-냉각(차가움)-온각(따뜻함)

2 조종장치의 촉각적 암호화

피부감각을 통해서 정적 또는 동적인 정보를 표시한다. 맹인용 점자와 형상 암호화된 조종장치가 있다.

(1) 촉각적 표시장치

① 표면 촉감을 사용하는 경우

점자, 진동, 온도

② 형상을 구별하는 경우

다회전용(라디오 주파수 조정)

단회전용

③ 크기를 구별하는 경우

형상을 이용하는 방법보다는 못하지만 크기 차이를 크게 하면 쉽게 구별할 수 있다.

예 항공기 조정 레버

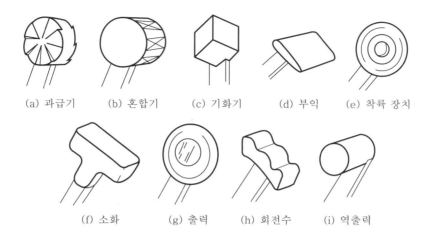

(a) 과급기　　(b) 혼합기　　(c) 기화기　　(d) 부익　　(e) 착륙 장치

(f) 소화　　(g) 출력　　(h) 회전수　　(i) 역출력

3 동적인 촉각적 표시장치

(1) 기계적 자극(Mechanical vibration)

① 피부에 진동기를 부착하는 방법은 진동기의 위치, 진동 수, 강도, 지속시간을 조절한다.

② 증폭된 음성을 하나의 진동기를 이용하여 피부에 전달하는 방법이다.

(2) 전기적 자극(Electrical impulse)

① 통증을 주지 않을 정도의 전류자극을 사용하는 방법이다.

② 전압, 지속시간, 시간간격, 전극의 종류, 크기, 전극간격을 조절한다.

4 후각적 표시장치

① 사람의 감각기관 중 가장 예민하고 빨리 피로해지기 쉬운 기관으로 사람마다 개인차가 심하다.

② 코가 막히면 민감도가 떨어지고 사람은 냄새에 빨리 익숙해져서 노출 후에는 냄새의 존재를 느끼지 못한다.

③ 후각은 특정 자극을 식별하기보다는 냄새의 존재 여부를 탐지하는 데 효과적이며, 주로 가스누출탐지, 갱도탈출신호(악취) 등의 경보장치로 유용하다.

　　예 LNG의 부취제 사용

05 인간요소와 휴먼에러

1 인간실수의 분류

(1) 심리적 분류(Swain)

① 생략오류(Omission error, 부작위오류, 누설오류) : 필요한 작업 또는 절차를 수행하지 않는 데 기인한 에러이다.

예 자동차의 전조등을 끄지 않아 배터리가 방전되어 시동이 걸리지 않는다.

② 시간오류(Time error) : 필요한 작업 또는 절차의 수행지연으로 인한 에러이다.

예 프레스 금형에 손을 오랫동안 넣고 있어서 협착재해가 발생한다.

③ 작위오류(Commission error) : 필요한 작업 또는 절차의 불확실한 수행으로 인한 에러이다.

예 안전교육을 받지 못한 신입직원이 작업 중 전극을 반대로 끼워 불량이 발생한다.⇒ Fool proof 설계 : 플러그 또는 소켓의 모양을 끼울 수 없도록 설계하여 예방한다.

④ 순서오류(Sequential error) : 필요한 작업 또는 절차의 순서 착오로 인한 에러이다.

예 주차된 자동차를 사이드 브레이크를 해제하지 않고 출발하여 브레이크 라이닝이 마모된다.

⑤ 과잉오류(Extraneous error) : 불필요한 작업 또는 절차를 수행함으로써 기인한 에러이다.

예 운전 중 DMB를 시청하느라 앞차의 급제동에 대응 못하고 접촉사고를 낸다.

(2) 발생 원인에 따른 분류

① 1차 에러(Primary error)

작업자 자신으로부터 발생한 에러이다.

② 2차 에러(Secondary error)

작업형태, 작업조건 중 문제가 생겨, 필요한 사항을 실행할 수 없어 발생한 에러이다.

③ 지시 에러(Command error)

실행하고자 하여도 필요한 물품, 정보, 에너지 등이 공급되지 않아서 작업자가 움직일 수 없는 상태에서 발생한 에러, 작업자가 움직이려 해도 움직일 수 없어서 발생하는 에러이다.

(3) 심리적 요인에 의한 인간실수

① 서두르거나 절박한 상황에 놓여 있을 경우

② 일에 대한 지식이 부족한 경우

③ 일을 할 의욕이 결여되어 있는 경우

④ 무엇인가의 체험이 습관적으로 되어 있는 경우

(4) 물리적 요인에 의한 인간실수

① 일이 단조로운 경우

② 일이 너무 복잡한 경우

③ 일의 생산성이 너무 강조되는 경우

④ 동일 형상의 것이 나란히 있을 경우

⑤ 공간적 배치(개념의 양립성)에 맞지 않는 경우

(5) 인간이 과오를 범하기 쉬운 상황

① 공동작업

많은 작업자가 동시에 작업하여 집중도가 낮다.

② 장시간 감시

의식수준이 저하된다.

③ 다경로 의사결정

의사결정에 혼선이 있다.

(6) 인간–기계 시스템에서 인간공학적 설계상 문제로 발생하는 인간실수의 원인

① 변화나 상태를 식별하기 어려운 신호형태

② 연관성이 있는데도 분산되어 있는 표시기기, 일관성이 없는 배치

③ 불충분 또는 과도한 정보를 표시

④ 부적당한 치수 또는 저항을 가진 조작기구

⑤ 조작장치의 조작방향과 조작 결과의 불일치

⑥ 서로 식별하기 어려운 표시기기나 조작기구

⑦ 공간적으로 여유가 없는 배치

⑧ 접근성이 나쁜 위치

⑨ 무리한 힘을 필요로 하거나 부자연스러운 자세

●라스무센(Rasmussen)의 인간행동 분류●

숙련기반행동, 지식기반행동, 규칙기반행동

2 형태적 특성

(1) 정보처리과정에서 발생하는 에러

① 착오(Mistake, 착각)

㉠ 인지과정과 의사결정과정에서 발생하는 에러이다.

㉡ 상황해석을 잘못하거나 틀린 목표를 착각하여 발생하는 경우이다.

② 건망증(Lapse)

㉠ 저장단계에서 발생하는 에러이다.

㉡ 어떤 행동을 잊어버리고 안 하거나 기억의 실패에서 발생하는 경우이다.

예 복사한 후 원본을 복사기에 두고 옴, 펜을 빌려 사용 후 자신의 호주머니에 넣음, 현금자동지급기에 체크카드를 두고 온다.

③ 실수(Slip)

㉠ 실행단계에서 발생하는 에러이다.

㉡ 상황이나 목표의 해석은 제대로 하였으나 의도와는 다른 행동을 하는 경우이다.

예 레버를 당기려 했으나 너무 힘이 들어 제대로 못 당김, 전화번호를 잘못 누름, 도어록의 번호를 잘못 누른다.

④ 위반(Violation)

㉠ 정해진 규칙을 알고 있었으나 고의로 따르지 않거나 무시하는 에러이다.

㉡ 잘못된 디자인, 부적당한 절차, 조직의 분위기와 관련 있다.

㉢ 위반의 근본원인을 알면 해결책을 제시할 수 있다.

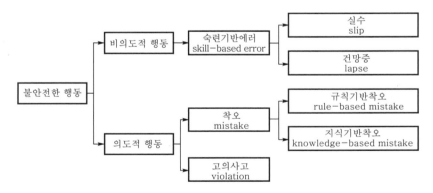

(2) 인간전달함수(Human transfer function)의 결점원인

① 입력의 협소성

② 불충분한 직무묘사

③ 시점적 제약성

3 인간실수확률에 대한 추정기법

(1) 시스템 성능과 휴먼에러의 관계

$$SP=f(HE)=k(HE)$$

여기서, SP : 시스템의 성능

　　　HE : 인간의 과오

　　　f : 함수

　　　k : 상수

① $k=0$이면 휴먼에러가 시스템 성능에 아무런 영향을 주지 않는다.

② $k=1$이면 휴먼에러가 시스템 성능에 중대한 영향을 준다.

③ $k<1$이면 휴먼에러가 시스템 성능에 영향을 끼친다.

(2) 인간실수확률에 대한 추정기법

① 인간실수확률(HEP : Human Error Probability)

　㉠ 특정 직무에서 하나의 착오가 발생할 확률을 계산하는 기법이다.

　㉡ 실수기회의 총수에 대한 발생한 실수 수의 비율로 추정(실험적 자료가 있는 경우에만 적용)한다.

　㉢ 인간신뢰도의 기본단위

$$HEP=\frac{과오의\ 수}{과오\ 발생\ 전체\ 총수}$$

② 인간과오율예측기법(THERP : Technical for Human Error Rate Prediction)

인간실수확률에 대한 정량적 예측기법으로, 분석하고자 하는 작업을 기본행위로 하여 각 행위의 성공, 실패 확률을 계산하는 기법이다.

③ 위급사건기법(CIT : Critical Incident Technique)

많은 수의 near miss(아차사고) 또는 위급사건은 집계되지 않으나 위급사건에 대한 정보와 자료는 예방수단 개발에 중요하다.

④ 휴먼에러 자료은행(Human error rate bank)

인간실수 자료는 매우 부족하고 여러 목적에 사용할 만큼 포괄적이지 않다.

⑤ 직무위급도분석(Task critical rating analysis method)

실수의 심각성을 안전, 경미, 중대, 파국적으로 분류하고 빈도와 심각성을 위급도로 평점하여 높은 위급도를 우선 개선한다.

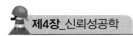
4 인간실수 예방기법

(1) 에러제거디자인

① 설계단계에서 사용하는 재료나 기계 작동 메커니즘 등 모든 면에서 휴먼에러 요소를 근원적으로 제거하도록 하는 디자인 원칙이다.

예 유아용 완구의 표면을 칠하는 도료는 먹어도 무해한 재료를 사용한다.

(2) 에러감소디자인

① 근원적으로 에러를 100% 막는다는 것은 매우 힘들 수 있고 경제성 때문에 그렇게 할 수 없는 경우가 많다. 이런 경우에는 가능한 에러 발생확률을 최대한 낮추는 설계를 해야 한다.

② 신체적 조건이 불리하거나 정신적 능력이 낮은 사람이 사용해도 사고를 낼 확률을 낮게 하는 Fool proof 디자인을 해야 한다.

예 세제나 약병의 누르면서 돌려 여는 뚜껑, 컴퓨터 본체와 모니터의 연결 케이블의 모양이나 크기가 다르다. 가스레인지의 누르면서 돌려 켜는 조절장치, 프레스의 광전자식 안전장치, 자동차 변속기가 주차상태(P)에서는 시동이 걸리고 주행상태(D)에서는 시동이 안 걸린다.

(3) Fail safe 디자인

① 고장이 발생하더라도 피해가 확대되지 않고 단순고장이나 한시적으로 운영이 계속되도록 하여 안전을 확보한다.

예 비행기 엔진이 2개 이상, 병원의 자가발전기, 컴퓨터의 UPS와 마그네틱 크레인의 정전보상장치, 트럭의 보조바퀴

② 시스템에 결함이 발생하더라도 사고가 발생하지 않도록 2중 이상으로 예방대책을 마련한 안전시스템이다.

　㉠ Fail passive : 시스템 실패 시 시스템은 정지상태이다.

　㉡ Fail active : 시스템 실패 시 경보가 발생하고 단시간 운전된다.

　㉢ Fail operational : 시스템이 실패하더라도 다음 정기정비 시까지는 운전된다.

　㉣ 병렬시스템, 대기시스템 설계

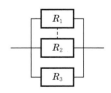

③ 에러가 났을 때 쉽게 복구하거나 고장난 시스템이 더 이상 작동되지 않게 하여 사고를 예방한다.

> **예** 컴퓨터 운영체계인 윈도우시스템의 휴지통 삭제 여부 확인기능, 전기히터의 넘어짐 센서로 전원차단기능, 과전류 차단기, 휴즈, 승강기 추락방지장치

(4) Lock in, Lock out, Interlock

① Lock in

시스템의 안쪽에서 접근을 방지하는 장치이다.

> **예** 전기압력밥솥의 증기배출

② Lock out

시스템 보수 등의 작업을 실시할 때 그 사실을 모르는 사람이 갑자기 기계장치를 작동시키거나 에너지 분출을 막기 위해 기계조작장치를 외부에서 잠그는 것이다.

> **예** 분전반 외함의 시건, 밸브레버의 시건

③ Interlock

작동되는 기계장치에 접근이 이루어지면 자동으로 작동을 멈추도록 설계하여 A 작동 중 B를 작동하려 해도 작동하지 않는다.

> **예** 세탁기의 회전통과 도어, 산업용 로봇의 안전매트, 프레스의 광전자식 방호장치, 전자레인지의 도어

(5) 경보장치의 부착

① 앞의 각종 안전설계가 부족하여 사고 발생위험이 있는 경우 위험정보를 알려주어야 한다.

> **예** 화재감지기와 경보장치, 자동차 후방거리 안내표시등, 가스누출감지기와 경보장치

(6) 매뉴얼 제공

사고 발생 시 대처요령, 사용자 매뉴얼 등을 사용자에게 제공한다.

(7) Temper proof

프레스작업에서 작업자들이 작업속도가 느려지고 불편하다는 이유로 고의로 안전장치를 제거하거나 무용지물로 만드는 경우 프레스가 작동하지 않도록 설계한다.

●인간오류 예방 설계기법●
- 예방설계 : 오류를 범하기 어렵도록 사물을 설계한다.
- 배타설계 : 오류를 범할 수 없도록 사물을 설계한다.
- 안전설계(Fail-safe design) : Fool proof, Fail safe, Temper proof

06 설비의 운전 및 유지관리

1 설비고장의 유형

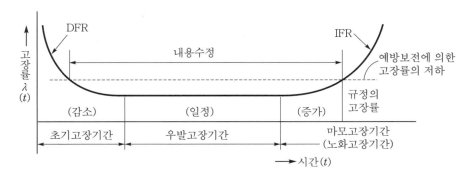

2 초기고장(감소형, 디버깅기간 또는 번인기간)

(1) 정의

　설계상·구조상 결함, 불량 제조·생산 과정 등의 품질관리 미비로 생기는 고장형태이다.

(2) 원인 및 예방

　① 원인 : 표준 이하의 재료사용, 불충분한 품질관리, 빈약한 제조기술이 원인이다.

　② 예방 : 점검이나 시운전으로 예방가능하다.

3 우발고장(일정형)

(1) 정의

　예측할 수 없을 때 생기는 고장형태로, 점검이나 시운전으로 예방할 수 없다.

(2) 원인 및 예방

　① 원인 : 사용자의 실수, 천재지변, 우발적 사고 등이 원인이다.

　② 특징 : 기계마다 일정하게 발생하며 고장률이 낮다.

4 마모고장(증가형)

(1) 정의

　기계요소나 부품의 마모로 인해 고장률이 상승하는 형태(집중적으로 발생)이다.

(2) 특징

　① 고장나기 전에 교환, 진단, 보수에 의해 방지할 수 있는 고장이다.

　② 마모나 노화에 의해 어떤 시점에서 집중적으로 고장이 발생한다.

5 교체주기

(1) 수명 교체와 일괄 교체

① 수명 교체

부품고장 시 즉시 교체하고 고장이 발생하지 않을 경우에도 교체주기에 맞춰 교체하는 방법이다.

② 일괄 교체

부품이 고장나지 않아도 관련 부품을 일정 주기로 일괄적으로 교체하는 방법이다.

6 청소 및 청결

(1) 청소와 청결의 정의 및 의의

① 청 소

불필요한 것을 버리고 더러워진 것을 깨끗하게 하는 것이다.

② 청 결

청소 후 깨끗한 상태를 유지하는 것이다.

③ 산업안전보건기준에 관한 규칙은 넘어지거나 미끄러지는 등의 위험방지, 작업장의 청결, 보호구의 청결, 구급용구의 청결, 사무실의 청결 등을 요구한다.

7 MTBF(평균 고장간격, Mean Time Between Failure)

(1) 수리 후 다음 고장이 발생할 때까지 고장이 발생하지 않는 평균 시간이다.

① 고장이 발생해도 다시 수리해서 사용할 수 있는 제품을 의미한다.

② 시스템, 부품 등의 고장 간의 동작시간 평균치이다.

(2) 신뢰성과 보전성 개선을 목적으로 하는 효과적인 보전기록자료이다.

$$\text{MTBF(평균 고장간격)} = \frac{1}{\lambda}$$

여기서, λ (평균 고장률) $= \dfrac{\text{고장건수}}{\text{총 가동시간}}$

8 MTTF(평균 고장시간, Mean Time To Failure)

(1) 정 의

시스템, 부품 등이 고장나기까지 동작시간의 평균치, 평균 수명이다.

(2) 고장이 발생하면 그것으로 수명이 없어지는 제품이다.

$$MTTF(\text{평균 고장시간}) = \frac{\text{총 가동시간}}{\text{고장건수}}$$

$$\text{직렬계의 수명} = \frac{MTTF}{n}$$

$$\text{병렬계의 수명} = MTTF\left(1 + \frac{1}{2} + \cdots + \frac{1}{n}\right)$$

9 MTTR(평균 수리시간, Mean Time to Repair)

총 수리시간을 그 기간의 수리횟수로 나눈 시간이다. 사후보전에 필요한 수리시간의 평균치이다.

$$MTTR(\text{평균 수리시간}) = \frac{\text{수리시간 합계}}{\text{수리횟수}}$$

$$MTBF = MTTF + MTTR = \text{평균 고장시간} + \text{평균 수리시간}$$

07 보전성공학

1 예방보전(Preventive Maintenance)

(1) 설비의 양호한 상태를 유지하고 시스템 또는 부품의 사용 중 고장 또는 정지와 같은 사고를 미리 방지하기 위하여 계획적으로 보전하는 활동이다.

① 디버깅(Debugging)기간

기계의 결함을 단시간 내 찾아 고장을 개선하여 시스템을 안정화시키는 기간이다.

② 번인(Burn in)기간

기계를 실제로 장시간 가동하면서 그동안에 고장난 것을 제거하는 기간이다.

③ 에이징(Aging)

시운전하는 기간이다.

④ 스크리닝(Screening)

기기의 신뢰성을 높이기 위하여 품질이 떨어지는 것이나 고장 발생 초기의 것을 선별, 제거하는 것이다.

(2) 보전시기 선정

① 시간기준보전(Time Based Maintenance)

적정주기를 정하고 주기에 따라 수리, 교환 등을 행하는 활동이다.

② 상태기준보전(Condition Based Maintenance)

설비의 열화상태를 점검하여 미리 정한 수준에 도달하면 수리하는 활동이다.

(3) 부분보전(Departmental Maintenance)

① 공장의 정비원을 각 제조부문의 관리자 밑에 배치하여 신속하게 작업할 수 있다.

② 부분보전의 장점

  ㉠ 정비원이 제조부문 관리자에게 소속된다.

  ㉡ 현장과 일체감이 있다.

  ㉢ 작업장 이동시간이 절약된다.

  ㉣ 작업요청, 완료까지의 업무가 신속하게 처리된다.

  ㉤ 정비원이 특정 설비에 대한 기술습득이 용이하여 전문성이 높다.

  ㉥ 생산라인 또는 공정변경이 신속하게 진행된다.

  ㉦ 보전계획과 생산계획의 균형이 있다.

(4) 집중보전(Central Maintenance)

① 집중보전의 장점

  ㉠ 전 공장에 대한 판단으로 중점보전이 수행될 수 있다.

  ㉡ 분업/전문화가 진행되어 전문직으로서 고도의 기술을 갖게 된다.

  ㉢ 직종 간의 연락이 좋고, 공사 관리가 쉽다.

② 집중보전의 단점

  ㉠ 현장 감독이 곤란하다.

  ㉡ 작업일정 조정이 곤란하다.

●자주보전●

작업자 본인이 직접 운전하는 설비의 마모율 저하를 위하여 설비의 윤활관리를 일상적으로 직접 시행한다.

2 사후보전(Break-down Maintenance)

경제성을 고려하여 시스템 또는 부품이 고장에 의해 정지 또는 심각한 성능저하를 초래한 뒤 수리를 하는 보전활동이다.

3 보전예방(Maintenance Prevention)

신규 설비를 계획하거나 건설을 할 때 보전정보나 새로운 기술을 도입하여 열화손실을 최소화하게 하는 보전활동이다.

4 개량보전(Corrective Maintenance)

기기부품의 수명연장이나 고장난 경우 수리시간 단축 등 설비의 개량대책을 세우는 방법이다. 설비의 신뢰성, 보전성, 경제성, 조작성, 안전성, 에너지절약성, 유용성 등의 향상을 위하여 설비의 재질이나 형상의 개량, 설계변경 등을 행하는 보전활동이다.

5 보전효과평가

① 설비종합효율

$$설비종합효율 = (시간가동률 \times 성능가동률 \times 양품률) \times 100\%$$

② 성능가동률

$$성능가동률 = 속도가동률 \times 정미가동률$$

③ 양품률

$$양품률 = \frac{양품수량}{총생산량}$$

④ 속도가동률

$$속도가동률 = \frac{기준주기시간}{실제주기시간}$$

⑤ 정미가동률

$$정미가동률 = \frac{(생산량 \times 실제주기시간)}{(부하시간 - 정지시간)}$$

⑥ 운전 1시간당 보전비

$$운전\ 1시간당\ 보전비 = \frac{총\ 보전비}{설비운전시간}$$

⑦ 제품단위당 보전비

$$제품단위당\ 보전비 = \frac{총\ 보전비}{제품수량}$$

⑧ 설비고장도수율

$$설비고장도수율 = \frac{설비고장건수}{설비가동시간}$$

⑨ 신뢰성과 보전성 개선을 위한 보전기록자료 : MTBF분석표, 설비이력카드, 고장원인대책표

산업안전관리론

제5장
시스템
안전공학

01 시스템 안전공학 및 위험분석

1 시스템 안전공학

① 시스템 안전공학은 기능, 시간, 비용 등의 제약 조건하에서 과학적, 공학적 원리를 적용하여 시스템 내의 유해·위험요인을 명확히 하고, 유해·위험요인을 제거하거나 제어함으로써 안전대책을 강구하는 학문이다.

② 1950년대 후반 미국의 대륙 간 미사일 개발에 따른 사고로부터 시작되었으며, 개발기간을 단축하기 위해 개발에 필요한 구상, 설계, 제조, 운영의 각 단계를 병행하는 개발방식이 적용되었다(1961년). 이것이 시스템 안전공학의 시초이고, 1965년 보잉사의 시스템 개선 이후 실용화되었다. 이후 우주항공, 원자력발전, 석유화학플랜트, 교통제어시스템 등에 응용되어 활용되고 있다.

2 시스템 안전관리

(1) 시스템 안전관리의 필요성 및 올바른 운용

① 산업재해는 하나의 원인이 아닌 몇 개의 원인이 상호 관련되어 재해를 발생시키는 경우가 많다.

② 자동화나 정보화의 고도화로 인하여 시스템이 대형화, 복잡화됨에 따라 사소한 고장이나 작업자의 실수가 증폭되어 연쇄적으로 중대재해가 발생하는 경우가 많다.

③ 단순히 재해요인에 대한 대책만이 아니고 시스템 내에 발생할 수 있는 모든 재해를 예측하고 재해요인 간의 관련성이나 연계성을 조사하는 등 종합적인 안전대책을 강구하는 것이 필요하다.

(2) 시스템 안전프로그램 계획(SSPP)에 포함될 사항

① 계획의 개요

② 안전조직

③ 계약조건

④ 관련 부문과의 조정

⑤ 안전기준

⑥ 안전해석

⑦ 안전성평가

　㉠ 1단계 : 관계 자료의 작성 준비

　㉡ 2단계 : 정성적평가

ⓒ 3단계 : 정량적평가(위험성평가)

ⓐ 4단계 : 안전대책

ⓜ 5단계 : 재평가

⑧ 안전자료의 수집과 갱신

⑨ 경과 및 결과의 보고

(3) 시스템 안전관리의 주요업무

① 시스템 안전에 필요한 사항의 식별

② 안전활동의 계획, 조직 및 관리

③ 다른 시스템 프로그램 영역과 조정

④ 시스템 안전활동 결과의 평가

⑤ 안전점검은 시스템 운전단계에서 실시

3 위험분석과 위험관리

(1) 위험분석(Risk analysis)

① 발생빈도보다 손실에 중점을 둔다.

② 기업 간 의존도가 어느 정도인지 점검한다.

③ 한 가지 사고가 여러 가지 손실을 수반하는지 확인한다.

(2) 위험관리(Risk management)방법

① 위험제거

가장 근원적인 위험관리방법으로 위험원 자체를 제거한다.

② 위험감소(감축, Reduction)

가능한 모든 방법을 동원하여 위험의 발생가능성을 감소시킨다.

③ 위험회피(Avoidance)

손실 발생의 가능성이 있는 재산, 사람, 활동을 회피하여 손실에 대한 불확실성을 제거한다.

④ 위험전가

산재보험에 가입한다.

⑤ 위험보유(보류, Retention)

위험을 제거, 감소, 회피, 전가할 수 없을 경우 보유하거나 위험수준이 무시할 정도로 경미한 경우 별다른 대책 없이 위험을 감수한다.

위험(Risk)=피해크기(강도)×발생확률(빈도)

02 시스템 위험분석기법

● 위험성 평가기법 ●

위험성 평가기법은 사업장 내에 존재하는 위험에 대하여 정성적 또는 정량적으로 위험성 등을 평가하는 방법으로서 체크리스트기법, 상대위험순위결정기법, 작업자실수분석기법, 사고예상질문분석기법, 위험과 운전분석기법, 이상위험도분석기법, 결함수분석기법, 사건수분석기법, 원인결과분석기법, 예비위험분석기법, 공정위험분석기법 등을 말한다.

- 체크리스트(Checklist)기법
  공정 및 설비의 오류, 결함상태, 위험상황 등을 목록화한 형태로 작성하여 경험적으로 비교함으로써 위험성을 파악하는 방법이다.
- 상대위험순위결정(DMI : Dow and Mond Indices)기법
  공정 및 설비에 존재하는 위험에 대하여 상대위험순위를 수치로 지표화하여 그 피해정도를 나타내는 방법이다.
- 작업자실수분석(HEA : Human Error Analysis)기법
  설비의 운전원, 보수반원, 기술자 등의 실수에 의해 작업에 영향을 미칠 수 있는 요소를 평가하고, 그 실수의 원인을 파악·추적하여 정량적으로 실수의 상대적 순위를 결정하는 방법이다.
- 사고예상질문분석(What-if)기법
  공정에 잠재하고 있는 위험요소에 의해 야기될 수 있는 사고를 사전에 예상·질문을 통해 확인·예측하여 공정의 위험성 및 사고의 영향을 최소화하기 위한 대책을 제시하는 방법이다.
- 위험과 운전분석(HAZOP : Hazard and Operability)기법
  공정에 존재하는 위험요소들과 공정의 효율을 떨어뜨릴 수 있는 운전상의 문제점을 찾아내어 그 원인을 제거하는 방법이다.
- 이상위험도분석(FMECA : Failure Modes Effects and Criticality Analysis)기법
  공정 및 설비의 고장 형태 및 영향, 고장 형태별 위험도 순위 등을 결정하는 방법이다.
- 결함수분석(FTA : Fault Tree Analysis)기법
  사고의 원인이 되는 장치의 이상이나 고장의 다양한 조합 및 작업자의 실수 원인을 연역적으로 분석하는 방법이다.
- 사건수분석(ETA : Event Tree Analysis)기법
  초기 사건으로 알려진 특정 장치의 이상 또는 운전자의 실수에 의해 발생하는 잠재적인 사고 결과를 정량적으로 평가·분석하는 방법이다.
- 원인결과분석(CCA : Cause-Consequence Analysis)기법
  잠재된 사고의 결과 및 사고의 근본적인 원인을 찾아내고, 사고 결과와 원인 사이의 상호 관계를 예측하여 위험성을 정량적으로 평가하는 방법이다.
- 예비위험분석(PHA : Preliminary Hazard Analysis)기법
  공정 또는 설비 등에 관한 상세한 정보를 얻을 수 없는 상황에서 위험물질과 공정요소에 초점을 맞추어 초기 위험을 확인하는 방법이다.
- 공정위험분석(PHR : Process Hazard Review)기법
  기존설비 또는 공정안전보고서를 제출·심사받은 설비에 대하여 설비의 설계·건설·운전 및 정비의 경험을 바탕으로 위험성을 평가·분석하는 방법이다.

1 PHA(예비위험분석, Preliminary Hazard Analysis)

(1) 모든 시스템 안전프로그램의 최초단계 위험분석으로, 정성적인 기법

시스템을 설계, 가공하기 전의 구상단계에서 시스템의 근본적인 위험성을 평가하는 가장 기초적인 위험도 분석기법이다.

(2) PHA의 카테고리

① Class 1(파국적) : 사망, 시스템 붕괴

② Class 2(위기적) : 심각한 상해, 시스템 중대손상

③ Class 3(한계적) : 경미한 상해, 시스템 성능저하

④ Class 4(무시) : 경미한 상해나 시스템 성능저하 없음.

2 FHA(결함위험분석, Fault Hazard Analysis)

분업에 의해 여럿이 분담하여 설계한 서브시스템 간의 인터페이스를 조정하여 각각의 서브시스템 및 전체시스템에 악영향을 미치지 않게 하기 위한 기법이다.

3 FMEA(고장형태영향분석, Failure Modes and Effects Analysis)

(1) 정성적, 귀납적인 평가기법으로, 시스템에 영향을 미치는 모든 요소의 고장을 형태별로 분석하여 그 영향을 검토한다. 고장 발생을 최소화하고자 하는 경우에 유효하다.

손 실	고장발생확률
실제의 손실	1.00
예상되는 손실	0.10=<1.00
가능한 손실	0≪0.10
영향 없음	0

(2) 실시절차

① 1단계 : 대상시스템의 분석

㉠ 모든 관련 기기 시스템의 구성 및 기능을 파악한다.

㉡ FMEA 실시를 위한 기본방침을 결정한다.

㉢ 각각의 기능 블록과 신뢰성 블록을 작성한다.

② 2단계 : 고장의 유형과 영향의 해석

㉠ 시스템의 고장형태, 고장원인, 고장빈도 등을 예측하고 설정한다.

㉡ 각 항목의 고장영향을 검토하여 고장에 대한 보상법이나 대응법을 찾아내고 FMEA 워크시트에 기입한다.

ⓒ 모든 상황의 고장등급을 평가한다.

③ 3단계 : 치명도 해석과 개선책의 검토(위험도 해석)

(3) 위험성 분류

① Category I (파국) : 생명 또는 가옥의 상실

② Category II (중대) : 작업 수행 실패

③ Category III (경미) : 활동의 지연

④ Category IV (무시) : 영향 없음

(4) 고장형태

① 개로 또는 개방고장

② 폐로 또는 폐쇄고장

③ 기동고장

④ 정지고장

⑤ 운전계속고장

⑥ 오작동고장

(5) 특 징

① FTA보다 서식이 간단하고 적은 노력으로 분석이 가능하다.

② 논리성이 부족하고 각 요소 간의 영향분석이 어려워 동시에 두 가지 이상의 요소가 고장날 경우 분석이 곤란하다.

③ 요소가 물체로 한정되므로 인적오류에 의한 분석은 곤란하다.

FTA	FMEA
• Top down 방식 • 정량적, 연역적 해석방법 • 논리기호를 사용 • 특정 사상에 대한 해석 • 소프트웨어나 인간과오까지 포함한 고장 해석가능	• Bottom up 방식 • 정성적, 귀납적 해석방법 • 표를 사용한 해석 • 종합적 해석 • 하드웨어 고장 해석

4 ETA(사건수분석, Event Tree Analysis)

① 의사결정나무를 작성하여 재해사고를 분석하는 방법으로, 문제가 되는 초기사상을 기준으로 파생되는 결과를 귀납적으로 분석하는 정량적 방법이다.

② 사상나무의 작성은 초기사상을 기준으로 왼쪽부터 오른쪽으로 진행하며, 기능이 정상인

경우는 나뭇가지의 위쪽에, 고장인 경우는 아래쪽에 표현하며 그려나간다.

③ DT(Decision Tree)에서 발전해 온 것으로, 설비의 설계, 제작, 검사, 보전, 운전 과정에서 안전대책의 적정 여부를 검토한다.

5 위험도분석(CA, Critical Analysis)

① 고장이 직접 시스템의 손실과 인명의 사상에 연결되는 위험도를 분석한다.

② 고장의 형태가 기기 전체의 고장에 어느 정도 영향을 주는가를 정량적으로 평가한다.

③ 항공기 위험성평가에 사용되는 기법으로, 각 중요부품의 고장률, 운영형태, 보정계수, 사용시간비율을 고려하여 부품의 위험도를 분석하는 기법이다.

(1) 고장등급평가

> 치명도=고장영향 중대도×고장발생도×고장검출 곤란도
> ×고장방지 곤란도×고장시정의 여유도

(2) 위험성 분류

① CategoryⅠ: 사망으로 이어질 염려가 있는 고장

② CategoryⅡ: 작업 실패로 이어질 염려가 있는 고장

③ CategoryⅢ: 운영 지연 또는 손실로 이어질 고장

④ CategoryⅣ: 극단적인 계획 외의 관리로 이어질 고장

6 THERP(인간과오율예측기법, Technical for Human Error Rate Prediction)

① 시스템에서 인간의 과오를 정량적으로 평가하기 위해 1963년 Swain 등이 개발했다.

② 100만 운전시간당 과오확률을 인간의 과오율로 평가한다.

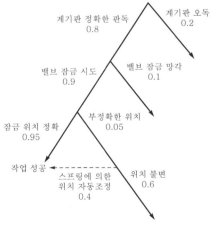

7 MORT(Management Oversight and Risk Tree)

① 연역적, 정량적 평가기법: 관리, 설계, 생산, 보전 등에 대하여 광범위하게 안전성을 확보하기 위한 기법이다.

② 1970년 이후 미국의 원자력발전 시스템의 안전성 평가기법으로 개발되었다.

8 OSHA 등

(1) OSHA(Operation and Support Hazard Analysis)

유럽연합(EU)에서 도입한 위험성 평가제도(89/331/EEC)를 통칭하는 말로, 시스템의 모든 사용단계에서 생산, 보전, 시험, 운반, 구출, 구조, 훈련 및 폐기 등에 사용되는 인원, 순서, 설비에 관하여 위험성을 평가하고 위험수준과 개선대책을 결정하는 위험분석기법이다.

(2) HAZOP(위험과 운전분석기법, Hazard and Operability)

① 화학공장에서의 위험성과 운전을 정해진 규정(지침)과 공정설계도면에 의해 체계적으로 분석·평가하는 정성적인 방법으로, 운전상의 이탈(Deviation)을 제시하고 현재의 안전조치에 따른 위험도와 필요한 개선조치 이후의 위험도를 비교하여 적정한 개선대책을 제시한다.

② 전제조건
   ㉠ 안전장치는 정상작동한다.
   ㉡ 동시에 2가지 이상의 기기 고장 및 사고는 발생하지 않는다.
   ㉢ 장치와 설비는 설계 및 제작사양에 적합하게 제작된 것이다.
   ㉣ 작업자는 위험상황 시 필요한 조치를 취한다.
   ㉤ 위험의 확률이 낮으나 고가설비를 요구할 때에는 운전원의 안전교육 및 직무교육으로 대체한다.
   ㉥ 사소한 사항이라도 간과하지 않는다.

③ 가이드워드

가이드워드	의 미
As well as	성질상의 증가
Part of	성질상의 감소
Other than	완전한 대체의 사용
Reverse	설계의도의 논리적인 역
Less	양의 감소
More	양의 증가
No, Not	설계의도의 완전한 부정

03 결함수분석(Fault Tree Analysis)

1 정의 및 특징

(1) 결함수분석의 정의

① 시스템 고장을 발생시키는 사상과 원인과의 인과관계를 논리기호를 활용하여 나무모양의 그림으로 작성하고 각 가지의 고장률을 계산하는 대표적인 정량적 위험성 평가기법이다.

② 1962년 Watson이 벨 연구소에서 유도탄의 발사시스템 연구에 참여하면서 개발되었다.

(2) 결함수분석의 특징

① 연역적이고 정량적인 분석기법이다.

② 톱다운(Top down) 방식의 해석기법이다.

③ 서식이 간단해서 비전문가도 교육으로 활용이 가능하다.

(3) 결함수분석의 기대효과

① 사고원인 규명의 간편화

② 사고원인 분석의 일반화

③ 사고원인 분석의 정량화

④ 노력, 시간의 절감

⑤ 시스템 결함 진단 가능

⑥ 안전점검 체크리스트 작성

(4) FTA의 중요도 지수

① 구조중요도

시스템 구조에 따른 시스템 고장의 영향을 평가한다.

② 확률중요도

기본사상의 발생확률이 증감하는 경우 정상사상의 발생확률에 어느 정도 영향을 미치는가를 반영하는 지표이다.

③ 치명중요도

부품개선 난이도가 시스템 고장확률에 영향을 미치는 부품 고장확률의 기여도평가이다.

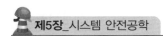

2 논리기호 및 사상기호

① 생략사상

　불충분한 자료로 더 이상 전개할 수 없는 사상이다.

② 통상사상

　정상적인 가동상태 시스템에서 일어날 것이 기대되는 사상이다.

③ 우선적 AND 게이트

　여러 개의 입력사상이 정해진 순서에 따라 순차적으로 발생해야만 결과가 출력된다.

번 호	기 호	명 칭	설 명
1		결함사상	개별적인 결함사상이다.
2		기본사상	더 이상 전개되지 않는 기본적인 사상이다.
3		기본사상 (인간의 실수)	발생확률이 단독으로 얻어지는 낮은 레벨의 기본적인 사상이다.
4		통상사상	통상 발생이 예상되는 사상(예상되는 원인)이다.
5		생략사상	정보부족, 해석기술의 불충분으로 더 이상 전개할 수 없는 사상작업 진행에 따라 해석이 가능할 때는 다시 속행한다.
6		생략사상 (인간의 실수)	
7		전이기호 (IN)	• FT도상에서 다른 부분으로의 이행 또는 연결을 나타낸다. • 삼각형 정상의 선은 정보의 전입루트를 뜻한다.
8		전이기호 (OUT)	• FT도상에서 다른 부분으로의 이행 또는 연결을 나타낸다. • 삼각형 옆의 선은 정보의 전출을 뜻한다.
9		전이기호 (수량이 다르다)	
10		AND 게이트	모든 입력사상이 공존할 때만이 출력사상이 발생한다.
11		OR 게이트	입력사상 중 어느 것이나 하나가 존재할 때 출력사상이 발생한다.
12		수정기호	입력사상에 대하여 이 게이트로 나타내는 조건이 만족하는 경우에만 출력사상이 발생한다.

번 호	기 호	명 칭	설 명
13	a_i는 a_j보다 우선	우선적 AND 게이트	입력현상 중에 어떤 현상이 다른 현상보다 먼저 일어날 때에 출력현상이 발생한다.
14	어느 것이나 2개	조합 AND 게이트	3개 이상의 입력현상 중에 언젠가 2개가 일어나면 출력이 발생한다.
15	동시발생이 없음	배타적 OR 게이트	OR 게이트지만 2개 또는 그 이상의 입력이 동시에 존재하는 경우에는 출력이 생기지 않는다.
16	위험지속 시간	위험지속 AND 게이트	입력현상이 생겨서 일정한 기간이 지속될 때 출력이 발생한다. 만약 2시간이 지속되지 않으면 출력은 생기지 않는다.

3 FTA의 순서 및 작성방법

(1) 제1단계 : TOP사상의 선정

① 시스템의 안전보건 문제점 파악

② 사고, 재해의 모델화

③ 문제점의 중요도, 우선순위 결정

④ 해석할 TOP사상의 결정

(2) 2단계 : 사상의 재해원인 규명

① TOP사상의 재해원인 결정

② 중간사상의 재해원인 결정

③ 말단사상까지 전개

(3) 3단계 : FT도 작성

① 부분적 FT도 재검토

② 중간사상의 발생조건 재검토

③ 전체 FT도 완성

(4) 4단계 : 개선계획의 작성

① 안전성 있는 개선안의 검토

② 제약의 검토와 타협

③ 개선안의 결정

④ 개선안의 실시계획 작성

4 Cut set & Path set

(1) Cut set

시스템 내에 포함되어 있는 모든 기본사상이 일어났을 때 TOP사상을 일으키는 기본집합이다.

(2) Path set

시스템 내에 포함되어 있는 모든 기본사상이 일어나지 않았을 때 TOP사상을 일으키지 않는 기본집합으로서, 어느 고장이나 에러를 일으키지 않으면 재해·고장이 일어나지 않는 것이다. 시스템의 신뢰성(시스템이 고장나지 않도록 하는 사상의 조합)을 뜻한다.

(3) Minimal cut set

　① 컷 가운데 그 부분집합만으로 TOP사상을 일으키기 위한 최소의 컷이다. 고장 또는 에러가 생기면 재해를 일으키는 것으로, 시스템의 위험성이다.

　② 정상사상을 일으키기 위한 최소한의 컷셋(집합)이다.

　③ 시스템의 위험성(약점)을 표시하는 것이다.

　④ 일반적으로 Fussell algorithm을 이용한다.

(4) Minimal path set

　① 기본사상이 일어나지 않을 때, 처음으로 정상사상이 일어나지 않는 기본사상 집합에 필요한 최소한의 컷이다.

　② 시스템의 신뢰성을 표시하는 것이다.

　③ 어떤 고장이나 실수를 일으키지 않으면 재해는 일어나지 않는다고 하는 것이다.

5 확률사상의 계산

　① 논리적 구조를 확률의 형태로 바꾸고, 기본사상의 발생확률로부터 정상사상의 발생확률을 구한다.

　② 고장 발생확률이나 휴먼에러 발생확률이 제시되고 수치가 기본사상으로 할당될 것이다.

　③ 각 기본고장의 고장확률을 곱하여 최소절단집합의 확률을 구한다.

　　㉠ OR 게이트

　　㉡ AND 게이트

04 위험성평가

1 정의 및 의의

(1) 정 의

위험성평가(Risk assessment)란 유해·위험요인을 사전에 찾아내어 그것이 어느 정도로 위험한지를 추정하고 그 추정한 위험성의 크기에 따라 대책을 세우는 것으로, 사고의 방지가 가장 중요한 실시 목적이다. 잠재위험요인이 사고로 발전할 수 있는 빈도와 피해 크기를 평가하는 것으로, 위험도가 허용될 수 있는 범위인지의 여부를 평가하는 체계적인 방법이다.

(2) 유해요인

① 원재료, 가스, 증기, 분진 등에 의한 유해요인
② 방사선, 고온, 저온, 초음파, 소음, 진동, 이상기압 등에 의한 유해요인
③ 작업행동 등으로부터 발생하는 유해요인
④ 그 외의 유해요인

(3) 위험요인

① 기계·기구, 설비 등에 의한 위험요인
② 폭발성 물질, 발화성 물질, 인화성 물질, 부식성 물질 등에 의한 위험요인
③ 전기, 열, 그 밖의 에너지에 의한 위험요인
④ 작업방법으로부터 발생하는 위험요인
⑤ 작업장소에 관계된 위험요인
⑥ 작업행동 등으로부터 발생하는 위험요인
⑦ 그 외의 위험요인

2 위험성평가의 단계

(1) 위험성평가 절차

위험성평가는 체계적으로 문서화하고 계속적으로 수정·보완하며 피드백이 가능한 시스템이다.

① 위험요인 파악
② 위험도 결정
③ 위험요인 개선대책 수립
④ 개선

⑤ 지속적인 위험성 감시

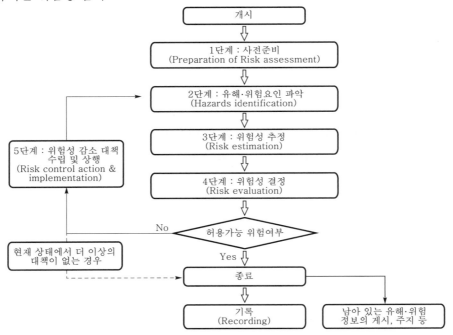

(2) 위험성 평가단계

① 제1단계

관계 자료의 작성을 준비한다.

㉠ 관계 자료

- 입지조건과 관련된 지질도, 풍배도 등의 입지에 관한 도표
- 화학설비 배치도
- 건조물의 평면도, 입면도 및 단면도
- 기계실 및 전기실의 평면도, 단면도 및 입면도
- 원재료, 중간체, 제품 등의 물리적, 화학적 성질 및 인체에 미치는 영향
- 제조공정의 개요
- 제조공정상 일어나는 화학반응
- 공정계통도
- 공정기기 목록
- 배관·계장 계통도
- 안전설비의 종류와 설치장소
- 운전요령, 요원배치계획, 안전보건교육 훈련계획

② 제2단계

정성적평가를 실시한다.

㉠ 설계관계

- 입지조건
- 공장 내 배치
- 건조물
- 소방설비

㉡ 운전관계

- 원재료, 중간체 제품
- 공정
- 수송, 저장 등
- 공정기기

③ 제3단계

정량적평가(위험성평가)를 실시한다.

취급물질, 화학설비의 용량, 온도, 압력, 조작

④ 제4단계

발견한 위험성에 대한 안전대책을 수립한다.

㉠ 설비대책 : 안전장치 및 방재장치

㉡ 관리적 대책 : 인원배치, 교육·훈련 및 보전

⑤ 제5단계

재해정보에 따라 재평가를 실시한다.

⑥ 제6단계

FTA에 따라 재평가를 실시한다.

3 평가항목

위 험 성	유해·위험요인
1. 기계적인 위험성	
1a	기계적 동작에 의한 위험(예 : 압착, 절단, 충격 등)
1b	이동식 작업도구에 의한 위험(예 : 전기톱 등)
1c	운반수단 및 운반로에 의한 위험
1d	표면에 의한 위험(예 : 돌출, 뾰족한 부분, 미끄러운 부분)
1e	통제되지 않고 작동되는 부분에 의한 위험
1f	미끄러짐, 헛디딤, 추락 등에 의한 위험

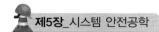

2. 전기에너지에 의한 위험성	
2a	전압, 감전 등에 의한 위험
2b	고압활선 등에 의한 위험
3. 위험물질에 의한 위험성	
3a	가연성·발화성 물질 및 유독물질 등에 의한 위험
3b	고위험 속성을 가진 물질에 의한 위험(예:폭발, 발암 등)
4. 생물학적 작업물질에 의한 위험성	
4a	유기물질에 의한 위험
4b	유전자조작 물질에 의한 위험
4c	알레르기성·유독성 물질에 의한 위험
5. 화재 및 폭발의 위험성	
5a	가연성 있는 물질에 의한 위험
5b	폭발성 있는 물질에 의한 위험
5c	폭발력 있는 대기에 의한 위험
6. 열에 의한 위험성	
6a	뜨겁거나 차가운 표면에 의한 위험
6b	화염, 뜨거운 액체·증기에 의한 위험
6c	냉각가스 등에 의한 위험
7. 특수한 신체적 영향에 의한 위험성	
7a	청각장애를 유발하는 소음 등에 의한 위험
7b	진동에 의한 위험
7c	이상기압 등에 의한 위험
8. 방사선에 의한 위험성	
8a	뢴트겐선, 원자로 등에 의한 위험
8b	자외선, 적외선 등에 의한 위험
8c	전기자기장에 의한 위험
9. 작업환경에 의한 위험성	
9a	실내온도, 습도에 의한 위험
9b	조명에 의한 위험
9c	작업면적, 통로, 비상구 등에 의한 위험
10. 신체적 부담에 의한 위험성	
10a	인력에 의한 중량물 이동으로 인한 위험
10b	강제적인 신체자세에 의한 위험
10c	불리한 장소적 조건에 의한 동작상의 위험

11. 심리적 부담에 의한 위험성	
11a	잘못된 작업조직에 의한 부담
11b	과중·과소 요구에 의한 부담
11c	조직 내부적 문제로 인한 부담
12. 불충분한 정보, 취급부주의에 의한 위험성	
12a	신호·표시 등의 불충분으로 인한 위험
12b	정보 부족으로 인한 위험
12c	취급상의 결함 등으로 인한 위험
13. 그 밖의 위험성	
13a	개인용 보호장구의 사용에 관한 위험
13b	동물·식물의 취급상 위험
13c	

산업안전관리론

제6장
인간공학

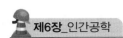

01 인간공학의 정의 및 목적

1 정의 및 목적

(1) 인간공학의 정의

① 인간공학(Ergonomics, Human factors, Human engineering)의 일반적 정의

인간-물자(물건)-기계-컴퓨터-환경으로 이루어진 시스템을 설계함에 있어, 인간의 생리학, 심리학, 해부학 및 사회학적 특징을 체계적으로 설계에 반영시키기 위하여 제반적인 방법을 제공하는 종합적인 학문이다.

② 기관별 인간공학의 의미

㉠ 국제인간공학협회(IEA : International Ergonomics Association) : 인간공학은 인간과 다른 시스템의 요소 간에 일어나는 상호작용을 이해하고 연구하는 과학 분야이며, 이로부터 얻어진 이론, 원리, 데이터와 방법론을 통해 인간의 복지를 향상시키고 시스템 효율을 최적화시키는 디자인이다.

㉡ 미국산업안전보건청(OSHA : Occupational Safety and Health Administration) : 인간공학은 사람들에게 알맞도록 작업을 맞추어 주는 과학이다.

㉢ 국제표준화기구(ISO : International Standard for Organization) : 인간공학은 건강, 안전, 복지, 작업 성과의 개선을 요구하는 작업, 시스템, 제품, 환경을 인간의 신체적·정신적 능력과 한계에 부합시키기 위해 인간과학으로부터 지식을 생성·통합하는 것이다.

(2) 인간공학의 목적

인간의 특성을 기계의 설계에 적용하여 재해를 방지하고 피로를 경감하며, 작업을 쾌적하게 함은 물론 기기나 도구를 사용하기 쉽도록 하는 것이다.

① 오류 감소　　　　　② 생산성 증대
③ 안전성 향상　　　　④ 안락감 향상

2 배경 및 필요성

(1) 인간공학의 배경

① 19세기, 프레드릭 윈슬로 테일러(Frederick winslow Taylor)는 인간의 작업장에서의 효율성을 과학적으로 연구했다.

② 제2차 세계 대전 중 미국은 새로운 항공기를 개발하기 위해 복잡한 기계를 다루는 인간의 능력에 대해 연구하기 시작했다. 이후 인간공학은 다양한 산업 분야에서 발전해 나갔다.

③ 미국의 우주개발 과정에서 중력의 몇 배에 해당하는 압력을 받는 우주비행사를 위한

인간공학적 연구가 이루어졌다.

④ 1980년대 말부터 정보화 시대가 도래하자 인간과 컴퓨터의 상호작용에 대한 연구가 시작되었다.

(2) 인간공학의 가치(기대효과)
　① 성능 향상
　② 훈련비용 절감
　③ 인력이용률 향상
　④ 사고 및 오용에 따른 손실 감소
　⑤ 생산 및 정비유지의 경제성 증대
　⑥ 사용자의 수용도 향상

3 사업장에서의 인간공학 적용 분야

(1) 산업인간공학
　① 산업현장에서 인간공학적 문제
　　㉠ 산업재해에서 인간공학적 문제, 특히 근골격계질환의 비중이 크다.
　　㉡ 자동차, 선박, 중공업 등 제조업과 병원, 호텔, 유통, 사무직종 등 서비스 분야에서 주로 발생했다.
　　㉢ 근골격계질환은 1996년 이후 꾸준히 증가하여 업무상 질병의 71.5%를 차지하는 등 대기업을 중심으로 근골격계질환이 급증하여 노사 간의 갈등과 사회적 문제를 야기했다.
　② 문제유형
　　㉠ 신체크기
　　　인체계측학적 문제 : 몸에 잘 맞는가? 작업장소와 작업공간은 적정한가?
　　㉡ 지구력
　　　순환계통의 문제 : 산소와 에너지소비, 심박수와 혈압이 순환계통을 압박하므로 작업표준, 작업설계 등 해결책을 제시한다.
　　㉢ 근력
　　　생체역학적 문제 : 근력은 작업 중 부상으로 나타나므로 역학적 분석으로 예방조치를 실시한다.
　　㉣ 조작적
　　　운동학적 문제로 작업에 필요한 세밀한 동작을 수행할 수 없거나 다이얼 또는 계기의 미세한 조절을 할 수 없을 때 나타난다.

ⓜ 환경

외부적 문제로 열압박, 냉압박, 조명, 소음, 진동 등은 대표적인 환경문제이다.

ⓗ 인식

생각의 문제로 단기기억의 한계, 시각과 청각의 착오 등 인식의 문제는 조작실수로 나타난다.

(2) 인간공학 적용 분야

① 유해·위험작업 분석
② 제품설계에서 인간에 대한 안전성평가
③ 작업공간의 설계
④ 인간-기계 인터페이스 설계

02 인간-기계 시스템

1 인간-기계 체계(시스템)의 정의 및 유형

(1) 인간-기계 체계(Man-machine system)의 정의

인간, 기계, 환경으로 구성된 시스템으로 인간의 기계에 대한 통제 정도에 따라 수동시스템(Manual system), 반자동시스템(Machine system), 자동시스템(Automatic system)으로 분류된다.

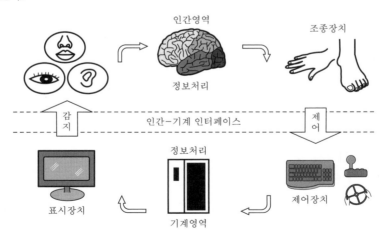

인간-기계 체계에서 인터페이스 설계

(2) 인간-기계 시스템의 유형

① 수동시스템 : 작업자(인간)의 신체적인 힘을 이용하여 기계를 사용한다.

　　　예 장인과 공구, 연필을 사용하는 학생, 가위로 옷감을 재단하는 재단사, 삽질하는 작업자, 톱질하는 목수 등

② 반자동시스템(기계시스템) : 작업자가 조정장치를 사용하여 기계를 통제하며, 동력은 기계가 제공한다.

　　　예 자동차 운전, 전동공구 등

③ 자동시스템 : 기계가 감지, 정보처리, 의사결정 등 모든 임무를 수행하고 작업자는 모니터링, 프로그래밍, 정비 등을 수행한다.

　　　예 산업용 로봇, 자동제어 화학공장(DCS 분산제어시스템) 등

(3) 인간-기계 시스템의 기본기능

① 감지기능

② 정보보관기능

③ 정보처리 및 의사결정 기능

④ 행동기능(조작, 운반, 변경, 개조, 음성, 신호, 기록)

2 시스템의 특성

(1) 인간-기계 시스템의 특성

구 분	인 간(작업자)	기 계
장 점	• 시각, 청각, 촉각, 후각, 미각 등의 작은 자극도 감지한다. • 각각의 변화하는 자극패턴을 인지한다. • 예기치 못한 자극을 탐지한다. • 기억에서 적절한 정보를 생각해 낸다. • 여러 경험을 이용하여 결정한다. • 귀납적으로 추리한다. • 원리를 응용한다. • 새로운 해결책을 도출한다. • 다른 방식에도 순응한다.	• 초음파 등 인간이 감지할 수 없는 영역도 감지한다. • 드물게 일어나는 현상을 감지한다. • 신속하게 대량의 정보를 기억한다. • 신속하게 정확한 정보를 출력한다. • 입력신호에 신속하고 일관되게 반응한다. • 연역적으로 추리한다. • 지속적으로 반복동작을 한다. • 명령대로 작동한다. • 동시에 여러 작업이 가능하다. • 물리량을 측정(정량적)한다.
단 점	• 한정된 범위 내에서만 감지한다. • 주관적인 평가를 한다. • 드물게 일어나는 현상은 감지 불가능하다. • 계산에 한계가 있다. • 신속하게 고도의 신뢰도를 가지고 대량의 정보처리가 불가능하다. • 정확히 일정한 힘으로 작업 불가능하다. • 반복작업을 지속적으로 할 수 없다. • 자극에 신속하게 일관된 반응을 할 수 없다. • 장시간 연속해서 작업을 할 수 없다.	• 미리 정해진 작업만 가능하다. • 학습을 하거나 작업을 바꿀 수 없다. • 추리를 하거나 주관적인 평가를 할 수 없다. • 즉석에서 적응할 수 없다. • 기계에 적합하게 부호화된 정보만 처리할 수 있다.

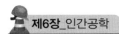

03 시스템 설계와 인간요소

1 인간-기계 시스템 설계 6단계

① 제1단계 : 목표 및 성능 명세의 결정
② 제2단계 : 체계(시스템)의 정의
③ 제3단계 : 기본설계
④ 제4단계 : 계면(인터페이스)설계
⑤ 제5단계 : 촉진물(보조물)설계
⑥ 제6단계 : 시험 및 평가

(1) 목표 및 성능 명세의 결정(1단계)

시스템을 설계하기 위해서 설계목표 및 필요한 성능, 사양 등을 결정하는 단계이다.
① 시스템 목표는 개괄적으로 작성
② 시스템 성능 명세는 시스템의 목표를 달성하기 위한 성능이나 사양 등을 명시
③ 시스템 성능 명세는 기존 또는 예상되는 사용자 집단의 기술이나 편제상의 제약 등을 고려하여 시스템이 운영될 맥락을 반영

(2) 체계(시스템)의 정의(2단계)

목표와 성능을 결정한 후 목적을 달성하기 위해 어떤 기본적인 기능이 필요한지를 결정하는 단계이다.

(3) 기본설계(3단계)

시스템의 형태를 갖추는 단계이다.
① 기능의 할당
  인간, 하드웨어, 소프트웨어가 수행해야 할 기능을 할당
② 인간성능요건
  ㉠ 시스템의 요구조건을 만족하기 위하여 인간이 달성해야 하는 성능 특성
  ㉡ 정확도, 속도, 숙련된 성능을 개발하는 데 필요한 시간 및 사용자 만족도 등
③ 직무분석
  ㉠ 설계를 개선시키는 데 기여할 것
  ㉡ 최종 설계에서 각 작업의 명세를 마련하기 위한 것
  ㉢ 요원 명세, 인력수요, 훈련계획의 개발 등 다양한 목적으로 사용됨.

④ 작업설계

　㉠ 사용하는 장비나 설비의 설계는 수행작업의 특성을 어느 정도 미리 결정할 것

　㉡ 장비설계자는 사용자의 작업을 설계함.

　㉢ 작업능률 향상과 동시에 작업자가 만족하도록 작업설계가 이루어질 것

(4) 계면(인터페이스)설계(4단계)

체계의 기본설계가 정의되고 인간에게 부여된 기능과 직무가 설정되면, 인간-기계의 경계를 이루는 면과 인간-소프트웨어의 경계를 이루는 면에 대한 특성을 검토하는 단계이다.

① 계면설계를 위한 인간요소 자료

　㉠ 상식과 경험

　㉡ 상대적인 정량적 자료

　㉢ 정량적인 자료집

　㉣ 원칙

　㉤ 수학적 함수와 등식

　㉥ 도식적 설명물

　㉦ 전문가의 판단

　㉧ 설계 표준 또는 기준

② 계면설계를 위한 도구

　㉠ 작업공간, 표시장치, 조종장치, 제어, 컴퓨터와의 대화 등을 포함

　㉡ 인간-기계 인터페이스는 사용자의 특성을 고려하여 신체적·지적·감성적 인터페이스로 분류

(5) 촉진물설계(5단계)

만족스러운 인간성능을 증진시킬 보조물을 설계하는 단계이다.

① 지시수첩(사용설명서)

　시스템을 어떻게 운전하고 보전하는가를 명시한 시스템문서이다.

② 내장훈련

　훈련프로그램이 시스템에 내장되어 설비가 실제 운영되지 않을 경우 훈련방식으로 전환한다.

③ 사용자의 수용도 향상

　운용 및 보전이 쉽고 작업자를 안전하게 보호하도록 잘 설계된 체계는 신뢰감을 주고 효율을 높여준다.

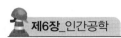

(6) 시험 및 평가(6단계)

구 분	실험연구	현장연구
장 점	• 비용 절감 • 정확한 자료수집 가능 • 실험조건의 조절 용이	• 일반화 가능 • 현실성 있음
단 점	• 일반화 불가능 • 현실성 부족	• 실험비용 많이 듬 • 정확한 자료수집 불가능(실험조건을 균일하게 하는 것이 어렵기 때문에)

① 검사방법의 종류

　㉠ 발견적 평가법(Heuristic evaluation)

　㉡ 가이드라인방법

　㉢ 인지적 시찰법(Cognitive walk-through)

② 모델기반 평가방법의 종류

　㉠ 직무네트워크 모델

　㉡ 인지구조 모델

　㉢ GOMS 모델

③ 사용자에 의한 사용성 평가

　㉠ 집단심층면접조사 또는 표적집단면접조사(FGI：Focus Group Interview)

　대표적인 정성적 조사방법으로 집단심층면접조사와 표적집단면접조사의 방법이 있다.

　• 집단심층면접조사

　　- 동질적 특성을 지닌 소수의 조사대상자를 한 장소에 모아 놓고 사회자가 좌담형식으로 의견을 청취

　　- 소비자로부터 다양하고 심층적인 의견 청취

　　- 새로운 사실의 발견이나 생생한 소비자의 의견을 수집

　　- 질적 조사 중 광고계에서 가장 많이 활용

　　- 적은 비용으로 단기간에 조사

　• 표적집단면접조사

　　- 소수의 응답자와 집중적인 대화를 통해 정보를 조사

　　- 소비자를 일정 자격기준에 따라 2~6명 정도 선발

　　- 한 장소에 모여 토론을 함으로써 자료를 수집

　　- 정량적 조사에 앞서 탐색조사로 이용

　㉡ 사용성 평가실험(Usability lab testing)

　사용성 평가의 대표적인 방법으로 실제 참가자를 대상으로 평가대상을 직접 사용

하는 것을 관찰하는 방법이다.

ⓒ 설문조사와 인터뷰(Survey and interview)

사용자들의 요구사항에 관한 의견을 들을 수 있는 방법으로, 표본추출의 신뢰와 참
여자 수가 가장 중요한 사항이다.

ⓔ 관찰 에스노그라피(Observer ethnography)

실제 사용자들의 행동을 분석하기 위하여 이용자의 자연스러운 생활환경에서 관찰
하는 방법이다.

ⓜ 종이모형(Paper mockup) 평가법

평가시간을 절약하기 위하여 실제로 화면에 보이는 것을 종이로 제작하여 평가하는
방법으로 구체적으로 보이는 구현단계보다는 설계 또는 기획단계에서 더욱 효과적
이다.

ⓗ 화면모형(Screen mockup) 평가법

종이모형 평가법과 기능적으로 유사하나, 평가가 화면을 통해 이루어진다는 것이 다
르다.

④ 연구기준의 구비조건

㉠ 적절성

기준이 의도된 목적에 적당하다고 판단되는 정도를 말한다.

㉡ 무오염성

기준척도는 측정하고자 하는 변수 외에 다른 변수의 영향을 받아서는 안 된다.

예 전날 음주량이나 수면시간 등

㉢ 기준척도의 신뢰성

척도의 신뢰성은 반복성을 의미함. 비슷한 환경에서 평가를 반복할 경우 일정한 결
과를 출력한다.

㉣ 민감도

피실험자 사이에서 볼 수 있는 예상 차이점에 비례하는 단위로 측정하여야 한다.

예 올림픽 사격대회 등

2 감성공학(Human sensibility engineering)

인간이 가지고 있는 이미지나 감성을 구체적으로 제품이나 환경설계에 적용하여 인간의 삶을
더욱 편리하고 안락하며 쾌적하게 실현하고자 하는 공학이다.

① 정서적 충족과 물리적 편리성이 목표이다.

② 감성의 정성적·정량적 측정을 통해 제품이나 환경의 설계에 반영한다.

③ 첨단 가전제품, 미래형 자동차, 시뮬레이터의 개발 및 환경제어시스템 등에 응용된다.

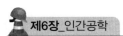

예 자동차의 주행감은 질주감, 속도감, 승차감인데, 질주감은 음향감과 속도감이고 승차감은 진동감이며 조작감은 일체감과 제어감이다.

04 인체계측 및 인간의 체계제어

1 인체계측

① 인체 관련 자료

관절 각도, 분절 무게, 분절 무게중심

② 뼈의 기능

인체의 지주, 장기의 보호, 골수의 조혈기능, 지렛대 역할

③ 제품이나 작업장 설계에 필요한 인체측정 시 일반적으로 정규분포를 따른다.

④ 인체계측은 인간공학적 설계를 위한 자료로 활용된다.

(1) 신체동작의 유형

① 외전 : 몸의 중심으로부터 이동하는 동작

② 내전 : 몸의 중심으로 이동하는 동작

③ 외선 : 몸의 중심선으로부터 회전하는 동작

④ 내선 : 몸의 중심선으로 회전하는 동작

⑤ 굴곡 : 신체부위 간의 각도 감소

⑥ 신전 : 신체부위 간의 각도 증가

(2) 인체계측 방법

① 구조적 치수(정적 인체계측)

㉠ 움직이지 않는 상태에서 신체를 측정한 치수를 말한다.

㉡ 마틴식 인체계측기를 사용하며, 나체 측정을 원칙으로 한다.

② 기능적 치수(동적 인체계측)

㉠ 운전 또는 워드작업과 같이 인체의 각 부분이 서로 조화를 이루며 움직이는 자세에서 인체치수를 측정하는 것을 말한다.

㉡ 팔, 다리 등을 움직이면서 신체를 측정한다.

㉢ 실제 작업이나 생활조건에 밀접한 현실성 있는 계측한다.

㉣ 사진이나 동영상을 사용한 2차원 또는 3차원으로 분석한다.

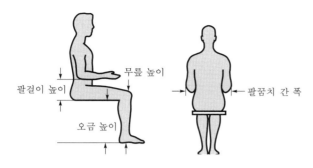

구조적 설계의 예(작업대와 의자 설계)

기능적 설계의 예(자동차 운전석 설계)

2 인체계측 자료의 응용원칙

① 작은 사람은 주로 5%tile 값을 이용하고 큰 사람은 95%tile 값을 이용한다.
② 설계원리 적용 순서
  조절식 → 극단치 → 평균치

(1) 조절식 설계

체격이 다른 여러 사람에게 맞게 조절이 가능하도록 설계하는 것이다.

예 높낮이 조절 사무용 의자, 자동차 운전석 시트

(2) 극단치 설계

가능한 여러 사람에게 맞도록 최대치(남성 95%tile)와 최소치(여성 5%tile)를 기준으로 설계하는 것이다.

예 최대치 : 버스 천장 높이, 비상구 크기, 출입문 크기

최소치 : 지하철 손잡이의 높이, 선반의 높이, 자동차 변속기 레버까지의 거리, 조정장치까지의 거리, 조작에 필요한 힘이다.

(3) 평균치 설계

조절식 또는 극단치 설계를 적용하지 못할 경우에 선택하는 것이다.

예 공원 벤치, 식탁 높이, 영화관 매표소 높이, 슈퍼마켓 계산대, 은행 창구, 화장실 변기

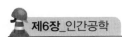

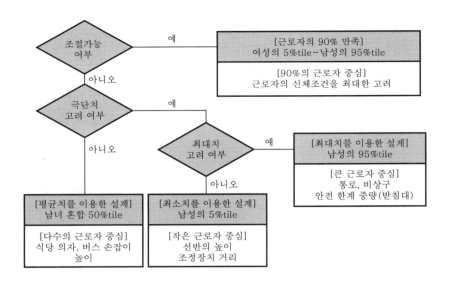

(4) 동작경제의 원칙

① 신체사용에 관한 원칙

동작능력활용, 작업량의 절약, 동작개선 등의 원칙이다.

㉠ 두 손의 동작은 같이 시작하고 같이 끝나도록 할 것

㉡ 휴식시간을 제외하고는 양손이 같이 쉬지 않도록 할 것

㉢ 두 팔의 동작은 서로 반대방향으로 대칭되도록 움직이게 할 것

㉣ 손과 신체의 동작은 작업을 원만하게 처리할 수 있는 범위 내에서 가장 낮은 동작 등급을 사용하도록 할 것

㉤ 가능한 한 관성을 이용하여 작업하도록 하되 작업자가 관성을 억제하여야 하는 경우에는 발생되는 관성을 최소한도로 줄일 것

㉥ 손의 동작은 부드럽고 연속적인 동작이 되도록 하며, 방향이 갑자기 크게 바뀌는 모양의 직선동작은 피하도록 할 것

㉦ 탄도동작은 제한되거나 통제된 동작보다 더 신속하고 용이하며 정확할 것

㉧ 가능하면 쉽고 자연스러운 리듬으로 작업할 수 있도록 작업을 배치할 것

㉨ 눈의 초점을 모으는 작업은 가능한 없애고 불가피한 경우 눈의 초점이 모아지는 서로 다른 두 작업지점 간의 거리는 짧게 할 것

② 작업장 배치에 관한 원칙

㉠ 모든 공구나 재료는 자기 위치에 있도록 할 것

㉡ 공구, 재료 및 제어장치는 사용 위치에 가까이 두도록 할 것

㉢ 중력이송원리를 이용한 부품상자나 용기를 이용하여 부품을 사용 위치에 가까이 보낼 수 있도록 할 것

ㄹ 가능하면 낙하식 운반방법을 사용할 것

ㅁ 공구나 재료는 작업동작이 원활하게 수행되도록 위치를 정해줄 것

ㅂ 작업자가 잘 보면서 작업할 수 있도록 적절한 조명을 설치할 것

ㅅ 작업자가 작업 중 자세를 변경할 수 있도록 작업대나 의자의 높이는 조정되도록 할 것

③ 공구 및 장비설계에 관한 원칙

ㄱ 지그(Jig)나 발로 작동하는 장치를 효과적으로 사용하여 양손은 다른 일을 할 수 있도록 할 것

ㄴ 공구의 기능을 통합하여 사용할 것

ㄷ 공구나 자재는 가능한 사용하기 쉽도록 위치를 정할 것

ㄹ 각 손가락의 작업량은 손가락의 능력에 맞게 배분할 것

ㅁ 레버, 핸들, 제어장치는 작업자의 자세를 크게 바꾸지 않아도 조작하기 쉽도록 배치할 것

3 신체반응의 측정

(1) 반응시간

외부자극으로부터 동작이 개시될 때까지 소요시간을 말한다.

$$웨버비 = \frac{\Delta I}{I} = \frac{변화감지역}{표준자극}$$

구분	시각	청각	무게	후각	미각
웨버비	1/60	1/10	1/50	1/4	1/3

① 단순반응시간

ㄱ 하나의 특정 자극만이 발생할 수 있을 때 반응에 걸리는 시간을 말한다.

ㄴ 보통 0.2초, 자극을 예상하지 못 하는 경우 0.1초 증가한다.

※ 동작시간(0.3초), 응답시간(0.5초)

② 선택반응시간

반응할 경우의 수가 여러 개인 경우를 말한다.

4 통제표시비(C/D비, Control Display Ratio)

통제기기와 표시장치의 관계를 나타내는 비율로, 최적의 C/D비는 1.18~2.42이다.

(1) 통제비 설계 시 고려사항

① 계기의 크기

계기의 조절시간과 정밀도를 고려하여 크기를 선택. 크기가 크면 빠르게 조절할 수 있

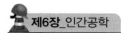
으나 크기가 작으면 오차가 발생할 수 있다.

② 공차

짧은 주행시간과 공차 허용범위를 고려하여 선택하는 것을 말한다.

③ 방향성

통제기기의 조작방향과 표시장치의 운동방향이 일치해야 하는데, 일치하지 않으면 작업자에게 혼란을 가져오고 조작시간이 길어져 오차가 커질 수 있다.

④ 조작시간

조작시간이 지연되면 통제비가 커지는데, 조작 시 계기의 반응시간이 길면 통제비를 줄여야 한다.

⑤ 목측거리

작업자와 계기표시판과의 거리를 말하며, 목측거리가 길면 정확도가 떨어지고 조작시간이 길어진다.

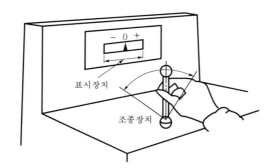

$$\frac{C}{D} = \frac{X}{Y}$$

X : 통제기기의 변위량(cm)
Y : 표시계기의 지침변위량(cm)

(2) 조종-반응비(C/R비, Control Response Ratio)

조종-표시장치 이동비율(C/D비)을 확장한 개념으로, 조종장치의 움직이는 거리와 표시장치의 움직이는 거리의 비를 말한다.

$$C/R비 = \frac{(\alpha/360) \times 2\pi L}{표시장치\ 이동거리}$$

여기서, α : 레버가 움직인 각도
　　　　 L : 레버의 길이

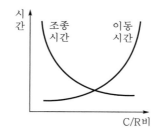

$$\frac{C}{R}=\frac{X}{Y}=\frac{\text{조종장치의 변위량}}{\text{표시장치의 변위량}}$$

① 최적 C/R비는 2.5~3.0이다.

② C/R비가 크면 미세한 조정은 쉽지만 이동시간이 길다.

③ C/R비가 작으면 미세한 조정이 어렵고 이동시간이 짧아 민감하다.

●피츠의 법칙(Fitts' law)●

피츠의 법칙이란 인간의 제어 및 조정 능력을 의미
- 인간의 손이나 발을 이동시켜 조작장치를 조작하는 데 걸리는 시간을 표적까지의 거리와 표적 크기의 함수로 나타내는 모형
- 사용성 분야에서, 인간의 행동에서 속도와 정확성 간의 관계를 설명하는 기본법칙
- 시작점에서 목표로 하는 지역에 얼마나 빨리 도달할 수 있는지를 예측
- 목표영역의 크기와 목표까지의 거리에 따라 결정
- 표적이 작고 이동거리가 길수록 이동시간이 증가
- 정확성이 많이 요구될수록 운동속도가 느려지고, 속도가 증가하면 정확성이 떨어짐

$$MT=a+b\log_2\frac{2D}{W}$$

여기서, MT : 동작시간

a, b : 작업난이도에 대한 실험상수

D : 동작 시발점에서 표적 중심까지의 거리

W : 표적의 폭

5 특수제어장치

(1) 전환스위치(Selector switch)

① 특정한 숫자에 맞추기 위해 정목형과 동목형이 있다.

② 정목형은 맞춤시간이 적고, 동목형은 오차가 작다.

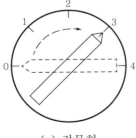
(a) 정목형

 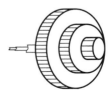
(b) 동목형

정목형과 동목형

(2) 2단 노브(Knob)

공간이 제약되는 경우 사용되는데 근접한 노브가 의도하지 않은 상황에서 움직일 수 있는 단점이 있다.

(3) 크랭크와 기어(Crank&Gear)

(4) 발조작(Foot control) : 페달(Pedal)

6 양립성(Compatibility)

양립성을 높게 설계하면 시스템을 운영하는 과정에서 실수를 줄일 수 있다.

(1) 개념적 양립성

① 사용자가 가지고 있는 개념적 기대와 일치하는 것

　예 파란색 레버는 냉수, 빨간색 레버는 온수를 의미하며, 녹색은 정상(Right), 빨간색은 이상(Trouble)을 의미

개념양립성

(2) 공간적 양립성

① 물리적 형태나 공간적 배치가 사용자의 기대와 일치하는 것

② 표시장치와 이에 대응하는 조정장치 간의 위치 또는 배열이 사용자의 기대와 모순되지 않을 것

　예 가스버너 조절장치, 세면대의 버튼방향

(3) 운동적 양립성

① 조작장치의 방향과 표시장치의 움직이는 방향이 사용자의 기대와 일치하는 것

　예 자동차 핸들의 좌우방향, 라디오 다이얼의 소리 증감

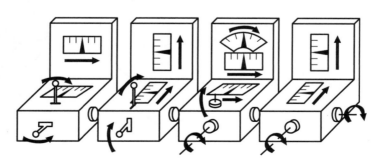

(4) 양식 양립성(음성응답과업)

과업을 청각이나 시각으로 제시하면서 사용자는 음성으로 응답하거나 손으로 조종장치를 사용하여 작업토록 한다.

7 수공구

[수공구 설계원칙]

① 손목을 곧게 유지하도록 설계하여야 한다.

② 피부를 압박하지 않도록 설계하여야 한다.

③ 특정 손가락만 반복 사용하지 않도록 설계하여야 한다.

④ 손잡이는 손바닥의 접촉면이 크도록 설계(손잡이의 길이는 10cm 이상)하여야 한다.

⑤ 가볍게 설계(2.3kg 이내)하여야 한다.

⑥ 차갑거나 뜨거운 표면에 직접 접촉하지 않도록 설계(단열손잡이, 장갑 착용)하여야 한다.

⑦ 수공구 표면은 미끄럽지 않도록 설계하여야 한다.

⑧ 작동에 무리한 힘이 들지 않도록 설계하여야 한다.

⑨ 비전도성으로 설계하여야 한다.

⑩ 적정한 손잡이 직경을 유지하도록 하여야 한다.

    ㉠ 일반작업 : 30~45mm

    ㉡ 정밀작업 : 5~12mm

    ㉢ 큰 회전력이 필요한 작업 : 50~60mm

05 신체활동의 생리학적 측정방법

1 신체반응의 측정

(1) 작업의 종류에 따른 측정

    ① 정적 근력작업

        에너지대사량과 심박수, 근전도

    ② 동적 근력작업

        에너지대사량과 산소소비량, 이산화탄소 배출량, 호흡량, 심박수

    ③ 신경적 작업

        매회 평균 호흡진폭, 맥박수, 전기피부반사

    ④ 심적 작업

        플리커값

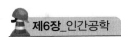

(2) 생리적 반응의 측정

① 근전도(EMG : Electromyogram)

근육활동의 전위차를 측정하는 것이다.

㉠ 관절운동을 위해 근육이 수축할 때 전기적 신호를 검출, 국소적 근육활동의 척도

㉡ 간헐적인 페달을 조작할 때 다리에 걸리는 부하를 평가

② 피부전기반사(GSR : Galvanic Skin Response)

㉠ 스트레스로 인한 긴장이나 흥분으로 인하여 발생하는 발한의 변화로 피부의 전기적인 저항을 측정하는 것이다.

㉡ 인체는 긴장이나 흥분되는 정도에 따라서 발한되는 정도가 달라지며, 발한의 정도에 따라서 피부의 저항이 달라진다.

㉢ 거짓말 탐지기에도 사용된다.

③ 플리커값(점멸융합주파수, VFF : Visual flicker fusion frequency)

빛의 점멸속도를 빠르게 하면 깜박거림이 없어지고 연속적으로 보이게 되는 주파수를 측정하여 뇌의 정신적 피로를 판정, 피로가 높을수록 점멸주파수가 낮아진다.

● 점멸융합주파수(Flicker fusion frequency) ●

- 깜박이는 불빛이 계속 켜져 있는 것처럼 보이는 주파수를 말한다.
- 조명강도의 대수치에 선형적으로 비례한다.
- 휘도만 같으면 색은 VFF에 영향을 주지 않는다.
- 표적과 주변의 휘도가 같을 때 VFF는 최대이다.
- VFF는 사람들 간에는 차이가 있으나 개인은 일관성이 있다.
- 암조응 시에는 VFF는 감소한다.
- 연습효과는 아주 작다.

(3) 심리적 부담측정

① 부정맥지수(Cardiac arrhythmia)

정신적 부하가 증가하는 경우 부정맥지수는 감소한다.

② 점멸융합주파수(Flicker fusion frequency)

정신적으로 피로한 경우에는 점멸융합주파수가 내려간다.

③ 생리적 측정

㉠ 눈꺼풀의 깜박임

정신적인 활동의 부하가 클수록 피로하여 눈꺼풀의 깜박임 횟수가 감소하고 장시간의 정신활동 작업을 수행할 경우 현저하게 나타난다.

㉡ 동공의 지름(Pupil diameter)

피로가 쌓인 운전자에게 운전 중, 눈이나 머리의 움직임, 눈꺼풀의 깜박임과 동공의

크기 등 측정치에 따라 운전자에게 경고를 하는 시스템 등이 연구되고 있다.

ⓒ 뇌전도(EEG ; Electroencephalography)

정신적으로 긴장한 상태에서는 뇌파의 진폭이 작아지면서 주파수는 높아지는 경향이 있다.

2 신체활동의 에너지소비

(1) 에너지대사율(RMR ; Relative Metabolic Rate)

더글라스백이나 대사측정기 등의 장비를 이용하여 호흡 시 소비되는 산소량을 측정하는데, 분당 1L의 O_2를 소비했다면 분당 약 5kcal의 에너지를 소비한 것이다.

$$R = \frac{작업대사량}{기초대사량} = \frac{작업 시 소비에너지 - 안전 시 소비에너지}{기초대사량}$$

● 산소부채(산소빚, Oxygen debt) ●

작업이나 운동이 격렬해져서 근육에 생성되는 젖산의 제거속도가 생성속도에 미치지 못하면 활동이 끝난 후에도 남아 있는 젖산을 제거하기 위해 산소가 더 필요함.

① 작업강도별로 공기호흡량(산소소비량)을 측정하여 에너지소모량을 결정한다.

② 에너지대사율을 이용하여 노동에 필요한 소비량을 계산한다.

③ 에너지대사율이 클수록 힘든 작업(重作業)이다.

④ 에너지대사율이 높은 활동을 하면 피로도가 높다.

⑤ 동일한 작업을 할 때 숙련자는 필요한 근육만 능률적으로 사용하므로 에너지대사는 적다.

⑥ 정신적 작업을 계속하면 피로감은 크나 에너지대사율은 낮다.

⑦ 장시간 서서 계속하는 정적 작업에서는 에너지대사율은 낮지만 피로도는 크다.

RMR	작업강도
0~2	경작업(輕作業)
2~4	중작업(中作業)
4~7	중작업(重作業)
7 이상	초중작업(超重作業)

(2) 휴식시간

에너지소비량이 작업자의 최대작업능력의 30%를 초과하여 하루 8시간 이상 작업하면 피로가 누적되고 젖산이 혈액에 축적되는데, 휴식 없이 장기간 작업을 계속하면 만성피로가 된다.

$$〈남성〉 \frac{T(E-5)}{E-1.5} \qquad 〈여성〉 \frac{T(E-3.5)}{E-1.5}$$

여기서, T : 작업시간(min), E : 작업의 평균에너지(kcal/min)

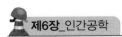

06 작업공간 및 작업자세

1 부품 배치의 원칙

① 중요도의 원칙
② 사용빈도의 원칙
③ 기능별 배치의 원칙
④ 사용순서 배치의 원칙
⑤ 일관성의 원칙
⑥ 조종장치와 표시장치의 양립성 원칙

2 개별작업공간 설계지침

(1) 정상작업역과 최대작업역
① 정상작업역
상완을 자연스럽게 수직으로 늘어뜨린 채 전완만으로 편하게 뻗어서 파악할 수 있는 구역(34~45cm)을 말한다.
② 최대작업역
전완과 상완을 곧게 펴서 파악할 수 있는 구역(55~65cm)을 말한다.

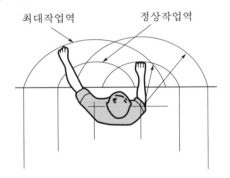

정상작업역과 최대작업역

●작업공간 포락면(Work space envelope)●
한 장소에 앉아서 작업활동을 수행 시 사용하는 공간

(2) 작업장 배치의 원칙
① 라인화
인간이나 기계의 흐름을 라인화하여야 한다.
② 집중화

공구, 자재, 제어기기는 사용할 위치 가까이에 둔다.

③ 기계화

운반기계를 활용한 집중화는 인간의 에너지소비를 절감한다.

④ 중복 부분은 제거하여야 한다.

⑤ 작업자가 잘 볼 수 있도록 조명을 설치하여야 한다.

⑥ 작업 중 자세변경이 용이하도록 작업대와 의자를 설치하여야 한다.

⑦ 낙하식 운반방법을 이용, 부품상자나 용기는 중력이송원리를 이용하여야 한다.

⑧ 모든 공구나 자재는 제 위치에 두어야 한다.

(3) 입식작업대의 높이

수평작업대의 정상작업영역은 상완을 자연스럽게 늘어뜨린 상태에서 전완을 뻗어 파악할 수 있는 영역을 말한다.

① 정밀작업

팔꿈치 높이보다 5~10cm 높게 설계한다.

② 일반작업

팔꿈치 높이보다 5~10cm 낮게 설계한다.

③ 중(重)작업

팔꿈치 높이보다 10~20cm 낮게 설계한다.

3 계단

① 계단 사고는 대부분 가정에서 일어난다.

② 사람의 걸음걸이, 기대 계단 높이를 고려하여 안전하게 설계하여야 한다.

(1) 계단의 설계기준

① 발판 깊이 28cm 이상, 계단 높이 10~18cm

② 적정 간격으로 손잡이 설치

③ 발판 표면은 미끄럼 방지조치

④ 인접 발판의 비균일성은 5mm 이내

(2) 유니버셜 디자인(Universal design)

인간의 능력이나 나이에 관계없이 다양한 사용자들이 쉽게 사용할 수 있는 환경 및 제품을 생산하기 위한 디자인을 말한다.

① 노인이나 장애인들과 같이 취약계층의 사람들을 고려하여 디자인하더라도 정상인들이

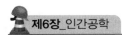

사용하기에 불편함이 없어야 한다.

② 건축물이나 현관 입구에 계단과 함께 완만한 경사램프를 설치하는 경우는 접근적 설계이지만, 모든 사람들이 함께 사용할 수 있는 한 가지 방법만 선택하여 계단을 없애고, 경사램프(ramp)만을 제공한다면 유니버셜 디자인이다.

4 의자 설계원칙

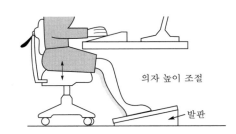

(1) 설계 시 고려사항

① 설비를 사용할 집단을 고려하여야 한다 : 학생용, 성인용 등

② 체중분포 : 체중이 좌골 결절에 실려야 편안하며, 등압선으로 표시한다.

③ 의자 좌판의 높이 : 5%tile(오금높이)을 적용한다.

④ 의자 좌판의 깊이와 폭 : 폭은 큰 사람을 기준으로 95%tile을 적용하고, 깊이는 작은 사람을 기준으로 5%tile을 적용한다.

④ 몸통의 안정을 유지하여야 한다.

⑤ 적절한 여유를 고려하여야 한다 : 신발 여유 포함

(2) 설계원칙

① 조절이 용이할 것

② 요추(요부) 전만을 유지할 것

③ 등근육의 정적부하를 낮출 것

④ 추간판에 가해지는 압력을 줄일 것

⑤ 일정한 자세고정을 줄일 것

07 근골격계질환

1 근골격계질환

(1) 정 의

반복적인 동작, 부적절한 작업자세, 무리한 힘의 사용, 날카로운 면과의 신체접촉, 진동 및 온도 등의 요인에 의하여 발생하는 건강장해로서, 목, 어깨, 허리, 상·하지의 신경·근육 및 그 주변 신체조직 등에 나타나는 질환을 말한다.

(2) 근골격계질환의 발생 원인

① 부적절한 작업자세

작업점이 너무 낮음, 과도한 뻗힘 자세, 목 굽힘 자세, 손 뻗침과 핀치 그립

② 반복동작

같은 근육을 반복하여 사용

③ 과도한 힘

부피가 클 때, 부적절한 자세로 작업할 때, 움직임 속도가 증가할 때, 취급하는 대상물이 미끄러울 때, 진동 시

④ 부족한 휴식시간

⑤ 신체적 압박

날카로운 면과 신체접촉

⑥ 추운 온도나 더운 온도의 작업환경, 차가운 물체와 접촉, 장시간 진동에 노출(전동 공구)

(3) 근골격계 부담작업의 종류

① 단순 반복작업 또는 인체에 과도한 부담을 주는 작업으로 작업량, 작업속도, 작업강도 및 작업장 구조에 따라 분류한다.

② 근골격계 부담작업에 해당되면 사업주는 유해요인조사, 작업환경개선, 의학적 조치, 유해성 주지 등을 실시한다.

③ 산업안전보건법에 의한 분류

㉠ 하루에 4시간 이상 집중적으로 자료입력 등을 위해 키보드 또는 마우스를 조작하는 작업

㉡ 하루에 총 2시간 이상 목, 어깨, 팔꿈치, 손목 또는 손을 사용하여 같은 동작을 반복하는 작업

㉢ 하루에 총 2시간 이상 머리 위에 손이 있거나, 팔꿈치가 어깨 위에 있거나, 팔꿈치

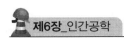

를 몸통으로부터 들거나, 팔꿈치를 몸통 뒤쪽에 위치하도록 하는 상태에서 이루어 지는 작업

ⓒ 지지되지 않은 상태이거나 임의로 자세를 바꿀 수 없는 조건에서 하루에 총 2시간 이상 목이나 허리를 구부리거나 트는 상태에서 이루어지는 작업

ⓜ 하루에 총 2시간 이상 쭈그리고 앉거나 무릎을 굽힌 자세에서 이루어지는 작업

ⓗ 하루에 총 2시간 이상 지지되지 않은 상태에서 1kg 이상의 물건을 한 손의 손가락으 로 집어 옮기거나, 2kg 이상에 상응하는 힘을 가하여 손가락으로 물건을 쥐는 작업

ⓢ 하루에 총 2시간 이상 지지되지 않은 상태에서 4.5kg 이상의 물건을 한 손으로 들 거나 동일한 힘으로 쥐는 작업

ⓞ 하루에 10회 이상 25kg 이상의 물체를 드는 작업

ⓩ 하루에 25회 이상 10kg 이상의 물체를 무릎 아래에서 들거나, 어깨 위에서 들거나, 팔을 뻗은 상태에서 드는 작업

ⓒ 하루에 총 2시간 이상, 분당 2회 이상 4.5kg 이상의 물체를 드는 작업

ⓚ 하루에 총 2시간 이상, 시간당 10회 이상 손 또는 무릎을 사용하여 반복적으로 충 격을 가하는 작업

(4) 근골격계 부담작업 평가방법

① NIOSH Lifting Guideline의 권장무게한계(Metric 기준)

$$RWL = 23 \times HM \times VM \times DM \times AM \times FM \times CM$$

여기서, HM : 수평계수

VM : 수직계수

DM : 거리계수

AM : 비대칭계수

FM : 빈도계수

CM : 커플링계수

LI = 현재 작업무게 / RWL , 여기서 LI ≧ 1이면 위험한 작업임

② OWAS(Ovako Working Posture Analysing System)

㉠ OWAS는 핀란드의 철강회사 Ovako Oy에서 Karhu 등에 의해 만들어진 자세분류 체계이며 작업자, 인간공학 전문가가 참여하여 개발(1970년대 초반)한 것이다.

㉡ 전신자세를 미리 만들어진 체계에 따라 분류하여 최종적으로 자세부하를 4단계로 평가하는 매우 간단한 자세분류 체계로, 사용하기가 매우 쉽다.

㉢ OWAS에서는 전신자세를 허리, 팔, 다리로 나누어 분류한다.

③ RULA(Rapid Upper Limb Assessment)

　㉠ RULA는 의류업과 VDU(Visual Display Unit) 작업을 기반으로 영국 노팅엄대학에서 개발한 상지자세분석에 초점이 맞춰진 자세분류 체계를 말한다.

　㉡ EU의 VDU 작업장의 최소안전 및 건강에 관한 요구기준과 영국의 직업 관련 상지질환 예방지침의 요구사항을 평가하는 데 사용된다.

　㉢ RULA는 한 번에 왼쪽 혹은 오른쪽 신체부위 중 한쪽에 적용한다.

④ REBA(Rapid Entire Body Assessment)

　㉠ RULA를 전신작업 분석용으로 확장한 것으로, RULA와 유사한 방식이다. 상지작업을 중심으로 한 RULA와 비교하여 간호사 등과 같이 예측하기 힘든 다양한 자세에서 이루어지는 서비스업에서의 전체적인 신체에 대한 부담정도와 유해인자에 대한 노출정도를 분석하기 위해 개발되었다.

　㉡ 단점으로는 RULA와 마찬가지로 개발 근거가 부족하고 사례연구가 부족하다는 것이다.

⑤ JSI(Job Strain Index)

　㉠ JSI는 인간공학적 작업분석의 도구로서 생리학 및 인체역학의 과학적 근거를 바탕으로 개발되었고, 검증방법을 통해서 의학적 진단 결과와의 유의점이 인정된다.

　㉡ 손목의 위험성만을 평가하고 있어 제한적인 작업에 대해서만 평가가 가능하고 손 또는 손목 부위에서 중요한 진동에 대한 위험요인은 배제된다.

　㉢ 주로 상지작업, 특히 손·손목을 중심으로 이루어지는 작업(전자조립업, 세탁업 등)에 유용하게 사용할 수 있다.

　㉣ 조립작업에서의 손·손목의 동작과 위치는 육안으로 판단하기 어려운 점이 많으므로, 비디오촬영을 하여 의심되는 작업과 움직임을 면밀히 분석하여야 한다.

08 작업조건과 환경조건

1 조명기계 및 조명수준

(1) 전체조명

조명기구를 일정한 높이와 간격으로 배치하여 작업장 전체를 균일하게 밝히는 조명방식으로, 주로 천장에 조명기구를 설치하는 방식이다.

(2) 국부조명

필요한 곳만을 조명하여 정밀한 작업 또는 시력을 집중하는 조명방식으로, 주로 작업대나 기계설비에 설치하는 방식이다.

(3) 직접조명

등기구를 직접 작업부위에 조명하여 조명의 효율을 높이는 방식이다.

① 반사갓을 이용하여 광속의 90~100%가 아래로 향하게 한다.

② 균일한 조명도를 얻기 어려우나 효율이 좋다.

③ 경제적이고 설치가 간편하다.

④ 눈부심이 심하고 그림자가 뚜렷하여 근로자의 눈 피로가 크다.

⑤ 국부적인 채광에 이용, 천장이 높거나 암색일 때 사용한다.

(4) 간접조명

등기구를 벽이나 천장에 조명시켜 반사된 조명을 이용, 조명의 효율은 상대적으로 낮으나 작업자의 피로도를 줄일 수 있다.

① 광속의 90~100%를 위로 향하게 하여 천장이나 벽에서 반사·확산시킨다.

② 균일한 조명을 얻을 수 있으나 효율이 낮아 경비가 많이 소요된다.

③ 빛이 은은하여 눈부심이 없고 그림자가 적다.

(5) 작업수준에 따른 조명수준

① 100fc : 보통 기계작업이나 편지 고르기 작업에 적당하다.

② 반사광은 눈부심이 발생하여 세밀한 작업에는 부적절하다.

③ 독서에는 간접조명이 적합하다.

2 반사율과 휘광

(1) 반사율(Reflectance)

① 표면에 도달하는 조명과 광속발산도와의 관계이다.

② 옥내 최적반사율 : 천장(80~90%), 벽(40~60%), 가구(25~45%), 바닥(20~40%)

③ 천장과 바닥의 반사비율은 3:1 이상을 유지하여야 한다.

(2) 휘광(Glare)

광원으로부터 직사휘광을 처리하는 방법은 다음과 같다.

① 광원의 휘도를 줄이고 광원의 수를 늘린다.

② 광원을 시선으로부터 멀리 위치시킨다.

③ 휘광원 주위를 밝게 하여 광속발산비를 줄인다.

④ 실드, 후드, 차양을 사용한다.

3 조도와 광도

(1) 조도

① 광원의 밝기에 비례하고 거리의 제곱에 반비례하며 반사체의 반사율과 상관없이 일정한 값을 갖는다.

$$조도 = \frac{광량}{거리^2} = \frac{Cd}{m^2}$$

② 1Lux는 1Cd의 점광원으로부터 1m 떨어진 구면에 비치는 빛의 밀도를 말한다.

(2) 반사율(%)

$$반사율 = \frac{광도}{조명}$$

(3) 대비(%)

$$대비 = \frac{배경광도 - 표적광도}{배경광도} = \frac{배경반사율 - 표적반사율}{배경반사율}$$

휘광은 대비를 낮추는 효과가 있다.

4 소음과 청력손실

(1) 청력손실

주파수 500Hz, 1,000Hz, 2,000Hz, 3,000Hz에서 평균 25dB 이상의 청력손실을 초래한 경우를 말한다.

(2) 소음성 난청에 영향을 미치는 요소

① 음압수준

높을수록 유해하다.

② 주파수

4,000Hz에서 청력손실이 가장 크다.

③ 소음의 특성

고주파음이 저주파음보다 유해하다.

④ 노출시간

강한 소음은 노출시간에 따라 청력손실이 증가하지만 약한 소음은 관계없다. 계속되는 노출이 간헐적인 노출보다 더 유해하다.

⑤ 개인의 감수성

개인차가 있다.

- C₅-dip
  ㉠ 4,000Hz 부근의 음에 대한 청력저하가 가장 심하게 생기는 현상을 말한다.
  ㉡ 일반적으로 회화에 사용되는 음은 300~3,000Hz이므로 초기 소음성 청력손실은 회화범위 이상의 주파수에서 생긴다. 따라서, 회화에 장해를 느끼지 못하다가 이후에 다른 주파수까지 진행되므로 대화가 부자연스러우면 난청이 많이 진행된 상태이다.
- 은폐효과(Masking effect) : 음의 한 성분이 다른 성분의 청각감지를 방해하는 현상(귀의 감수성 감소)으로 사무실의 프린터 소음 때문에 작업자 간의 대화가 어렵다. 다른 은폐음 때문에 가청역치가 높아진다.
- 변화감지역(JND, Just Noticeable Difference)
  ㉠ 주파수가 1,000Hz 이하(특히, 음의 강도가 높을 때)인 순음에 대하여 JND는 작다.
  ㉡ 주파수가 1,000Hz 이상되면 JND는 급격히 커진다.
  ㉢ JND가 작을수록 차원의 변화를 쉽게 검출할 수 있다.

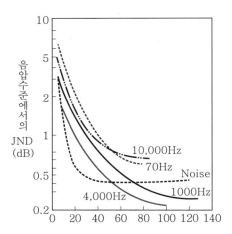

5 소음노출한계

(1) 소음작업의 정의

① 소음작업

하루 8시간 동안 85dB 이상의 소음이 발생하는 작업을 말한다.

② 근로자가 40년간 노출될 때 근로자의 절반은 500Hz, 1,000Hz, 2,000Hz, 3,000Hz에서 평균 청력손실이 25dB를 초과하지 않도록 보호해야 한다.

(2) 강렬한 소음작업의 노출한계

① 90dB 이상의 소음이 발생하는 작업 : 하루 8시간 이내

② 95dB 이상의 소음이 발생하는 작업 : 하루 4시간 이내

③ 100dB 이상의 소음이 발생하는 작업 : 하루 2시간 이내

④ 105dB 이상의 소음이 발생하는 작업 : 하루 1시간 이내

⑤ 110dB 이상의 소음이 발생하는 작업 : 하루 30분 이내

⑥ 115dB 이상의 소음이 발생하는 작업 : 하루 15분 이내

(3) 충격소음의 노출한계 : 140dB

(4) 노출기준

① OSHA의 표준허용 소음

소음수준 dB(A)	80	85	90	95	100	105	110	115	120
허용시간(Hour)	32	16	8	4	2	1	0.5	0.25	0.125

＊ 우리나라 고용노동부의 충격소음을 제외한 소음의 노출기준은 90~115dB까지이다.

② 충격소음의 노출기준

충격소음의 강도dB(A)	140	130	120
허용시간(Hour)	100	1,000	10,000

＊ 충격소음이란 최대음압수준이 120dB(A) 이상인 소음이 1초 이상 간격으로 발생하는 것

(5) 부분적 소음노출분량의 계산

$$부분적 소음노출분량 = \frac{소리수준에서 \ 실제 \ 소모된 \ 시간}{소리수준에서 \ 최대 \ 허용 \ 가능한 \ 시간}$$

(6) 소음작업의 종류

구 분	강렬한 소음작업						충격소음작업 (소음이 1초 이상의 간격으로 발생하는 작업)		
소음기준(dB)	90 이상	95 이상	100 이상	105 이상	110 이상	115 이상	120 초과	130 초과	140 초과
1일 발생시간 및 발생횟수	8시간 이상	4시간 이상	2시간 이상	1시간 이상	30분 이상	15분 이상	1만회 이상	1천회 이상	1백회 이상

6 열교환 과정과 열압박

(1) 열교환 과정

① 신체가 열적 평형 상태이면 열함량의 변화는 없으나 불균형 상태이면 체온이 상승하거나 하강한다.

② 열교환 과정은 기온이나 습도, 공기의 흐름, 주위의 표면온도에 영향을 받는다.

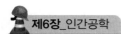

③ 작업자의 작업복은 열교환 과정에 크게 영향을 미친다.

④ 인간과 환경과의 열교환 과정(열균형 방정식)

$$S(열축적)=M(대사열)-E(증발)\pm R(복사)\pm C(대류)-W(한일)$$

(2) 열압박(Heat stress)

체온이 증가하면 대류, 복사, 땀 증발에 의해 열평형을 유지한다.

① 체심온도가 가장 우수한 피로지수이다.

② 체심온도가 38.8℃가 되면 기진하게 된다.

③ 실효온도가 증가할수록 육체작업 기능은 저하된다.

④ 열압박은 정신활동에도 악영향을 미친다.

⑤ 실효온도는 온도, 습도 및 공기유동이 신체에 미치는 열효과를 하나의 수치로 통합한 경험적 감각지수(무풍상태, 습도 100% 상태)이다.

⑥ 열중독증(Heat lllness)의 강도

열발진<열경련<열소모<열사병

7 고열과 한랭

(1) 고열작업의 종류

① 용광로, 평로, 전로 또는 전기로를 이용하여 광물 또는 금속을 제련하거나 정련

② 용선로 등으로 광물, 금속 또는 유리를 가열

③ 가열로 등으로 광물, 금속 또는 유리를 가열

④ 도자기 또는 기와 등을 소성

⑤ 광물을 배소 또는 소결

⑥ 가열된 금속을 운반, 압연 또는 가공

⑦ 녹인 금속을 운반 또는 주입

⑧ 녹인 유리로 유리제품을 성형

⑨ 고무에 황을 넣어 열처리

⑩ 열원을 사용하여 물건 등을 건조

⑪ 갱내에서 고열이 발생

⑫ 가열된 로를 수리

(2) 고열작업에서의 노출기준

작업휴식시간	경작업	중등작업	중작업
연속작업	30.0℃	26.7℃	25.0℃
매시간 75% 작업, 25% 휴식 (45분 작업, 15분 휴식)	30.6℃	28.0℃	25.9℃
매시간 50% 작업, 50% 휴식 (30분 작업, 30분 휴식)	31.4℃	29.4℃	27.9℃
매시간 25% 작업, 75% 휴식 (15분 작업, 45분 휴식)	32.3℃	31.1℃	30.0℃

(3) 고열작업 대책

　① 발생원

　　㉠ 발열체에 방열재 처리

　　㉡ 작업장 내의 공기를 환기(전체환기, 국소환기), 복사열 차단, 냉방장치 설치

　② 작업자

　　㉠ 방열보호구 착용(방열복, 냉각조끼, 수냉조끼, 후드 등)

　　㉡ 적성배치(비만, 심장질환, 피부질환, 발열성 질환, 45세 이상 고령자는 배치하지 않음), 고온순화, 작업량 경감(기계화, 자동화), 순환근무 및 충분한 휴식 제공

　③ 작업 및 작업장

　　㉠ 작업에 필요한 에너지소비 수준 감소

　　㉡ 저온에서 잦은 휴식시간 제공

　　㉢ 작업장 내에서 냉수와 소금 제공

　　㉣ 응급조치훈련 및 순응프로그램 실시

(4) 저온환경의 생리적 영향

혈관수축, 떨림, 동상, 저체온증, 풍냉지수(기온과 풍속에 대한 주관적 불쾌감)

　① 공기 온열조건 요소 : 대류, 전도, 복사, 증발

　② 적정온도에서 추운환경으로 바뀔 때의 현상

　　㉠ 직장의 온도가 약간 올라감.

　　㉡ 피부의 온도가 내려감.

　　㉢ 몸이 떨리고 소름이 돋음.

　　㉣ 피부를 경유하는 혈액순환량이 증가

　③ 고온에서의 생리적 반응

⊙ 피부혈관 확장으로 체열방출이 증가

ⓒ 순환혈액량이 증가하여 피부온도가 상승

ⓒ 땀이 나고 근육이 이완

ⓔ 호흡이 증가

ⓜ 체표면적의 증가

8 기압과 고도

일상생활에서도 대기 온도와 습도가 인간생활에 큰 영향을 미치지만 고지대 상주, 비행기 탑승, 잠수작업 등 특수한 환경에서 근무하는 사람에게는 기압문제도 크다.

9 운동과 방향감각

(1) 체성감각(Proprioceptor)

① 근육, 건, 뼈의 표면, 내장 외부조직 등 피하조직에 퍼져있는 감각을 말한다.

② 귓속 3반 고리관 안의 액체는 사람의 가속, 감속을 감지한다.

③ 전정낭의 아교질은 사람의 자세가 변하여 중력을 받으면 모상세포를 자극하여 가속, 감속의 감지를 보조한다.

④ 비행 중에 흔히 방향감각의 혼란 또는 현기증이 발생하는 것은 가속과 방향의 각 변위가 전정과 근육운동 감관을 자극하기 때문이다. 이때의 수직감은 지면보다는 비행기의 바닥을 기준으로 느끼게 되어 좌우경사를 과소평가하게 된다.

⑤ 비행기가 가속 시에는 뒤로 기운 것으로 느끼고 감속 시에는 앞으로 기운다고 느낀다. 착륙 시 감속으로 조종사는 앞으로 너무 기운 것 같이 느껴 활주로를 지나치기 쉬우므로 항공기 유도신호등이 필요하다.

10 진동과 가속도

(1) 전신진동장애

① 트랙터, 지게차, 트럭, 굴착기, 버스, 자동차, 기차, 농기계 등에 탑승하여 온몸으로 진동이 전달된다.

② 진동수가 클수록, 가속도가 클수록 전신장애와 진동감각이 증가한다.

③ 진동에 만성적으로 노출되면 천장골좌상, 신장 손상으로 혈뇨, 자각적 동요감, 불쾌감, 불안감, 동통이 발생한다.

④ 낮은 진동은 인간활동의 추적능력을 손상시켜 인간성능에 영향을 많이 미친다.

(2) 국부진동장애

① 전동톱, 핸드그라인더, 착암기, 압축해머, 바이브레이터 등 진동기계를 쥐고 작업하면 손가락에서부터 손목, 팔꿈치, 어깨에 전달되어 혈관신경계질환을 발생한다.

② 심한 진동을 받으면 뼈, 관절, 신경, 근육, 인대, 혈관 등 연부조직에 이상이 발생하여 관절염이 발생한다.

③ 손-팔 진동증후군(HAVS : Hand-Arm Vibration Syndrome)

㉠ 특정 작업에서 진동공구를 정기적으로 장시간 사용하면 진동증후군이 생긴다.

㉡ HAVS의 증상은 진동으로 인하여 손과 손가락으로 가는 혈관이 수축하여 손과 손가락이 하얗게 되며, 저리고 아프며 쑤시는 현상을 말한다.

㉢ 추운환경에서 진동을 유발하는 전동공구를 사용하는 경우 손가락의 감각과 민첩성이 떨어지고 혈류의 흐름이 원활하지 못하면 손 끝에 괴사가 일어난다.

④ 레이노 현상(Raynaud's phenomenon)

㉠ 진동공구를 사용하는 근로자들의 손가락에 있는 말초혈관 운동장애로 인하여 혈액순환이 저해되고 손가락이 창백해지며 통증을 느끼는 증상을 말한다.

㉡ 심한 국소진동을 받으면 뼈, 관절 및 신경, 근육, 건, 인대, 혈관 등 연부조직에 병변이 나타날 수 있으며 뼈에서의 탈석회화작용, 심할 때에는 양쪽 관절면 사이에 골편이 개재하기도 하고 건초염 등이 생기기도 한다.

(3) 진동종류에 따른 방지대책

① 전신진동

㉠ 진동발생원을 격리하여 원격제어를 한다.

㉡ 방진매트를 사용한다.

㉢ 지속적으로 장비를 수리하고 관리한다.

㉣ 진동저감 의자를 사용한다.

② 국소진동

㉠ 진동기준이 최저인 공구를 사용한다.

㉡ 방진공구, 방진장갑을 사용한다.

㉢ 연장을 잡는 악력을 감소시킨다.

㉣ 전동공구를 사용하지 않는 다른 방법으로 대체한다.

㉤ 추운 곳에서 진동공구의 사용을 자제하고 수공구 사용 시 손을 따뜻하게 유지시킨다.

③ 모든 진동

㉠ 진동에 대한 노출시간을 줄인다.

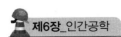

ⓒ 교대작업 및 휴식시간을 조절한다.

(4) 가속도

① 인체의 가속은 차를 탈 때 흔히 경험하지만 큰 영향은 없으나 우주선이나 초음속 항공기 탑승자에는 큰 영향을 미친다.

② 가속도는 물체의 운동변화율로, 인체의 영향은 주로 체중의 증가이다. 2G이면 2배의 체중을 느끼게 된다.

② 중력에 의한 자유낙하물체의 가속도는 $9.8m/s^2$이다.

③ 운동방향이 전후방인 선형가속도의 영향은 수직방향보다 덜하다.

09 작업환경과 인간공학

1 작업별 조도 및 소음 기준

(1) 작업별 조도기준

① 초정밀작업 : 750Lux 이상

② 정밀작업 : 300Lux 이상

③ 보통작업 : 150Lux 이상

④ 그 밖의 작업 : 75Lux 이상

2 소음의 처리

(1) 소음관리대책

① 소음원 제어

ㄱ 진동량과 진동 부분의 표면을 줄인다.

ㄴ 소음 발생을 감소시키기 위한 장비의 적절한 설계, 관리, 윤활을 한다.

ㄷ 차음벽을 설치한다.

ㄹ 급유, 불균형의 정비, 노후부품을 교환한다.

ㅁ 덮개, 장막을 사용한다.

ㅂ 탄력성 있는 재질의 공구를 사용한다.

② 전달경로에 대한 제어

ㄱ 소음원을 멀리 이동시킨다(경로 증가).

ㄴ 흡음재를 사용하여 반사음을 억제한다.

ㄷ 소음기, 차음벽을 이용한다.

㉣ 배경음을 사용한다.

③ 수음자에 대한 대책

㉠ 방음보호구를 착용(귀마개, 귀덮개 착용)한다.

㉡ 노출시간을 단축하고 적절한 휴식시간을 부여한다.

3 실효온도와 Oxford 지수

(1) 실효온도(감각온도, Effective temperature)

① 온도, 습도, 기류 등의 조건에 따라 인간의 감각을 통해 느끼는 온도로, 상대습도 100% 일 때의 건구온도에서 느끼는 것과 동일한 온도감을 말한다.

② 실효온도 결정요소

온도, 습도, 대류, 전도

③ 허용한계

정신작업(60~64°F), 경작업(55~60°F), 중작업(50~55°F)

(2) Oxford 지수

습건지수라고도 하며, WD = 0.85W(습구온도) + 0.15D(건구온도)이다.

10 산업심리와 심리검사

1 산업심리의 개요

(1) 산업심리학의 정의 및 목적

- 브럼(Blum)과 네일러(Naylor)

심리학적 사실과 원리 또는 이론들을 기업이나 산업체에서 근무하고 있는 사람들에 관한 문제에 적용하거나 확장하는 것이다.

- 직장 내 산업현장에서 심리학적 개념과 원리들을 설명하기 위해, 과학적인 탐구과정을 통하여 연구한 지식을 실제로 적용(실천)하는 학문이다.

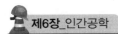

(2) 산업심리학의 분야

분 야	내 용
1. 선발과 배치	근로자들의 선발, 배치, 승진 등을 위한 측정방법의 개발과 검사에 관한 분야
2. 교육과 개발	직무수행을 개선하기 위한 근로자의 기술 향상 및 교육과 개발프로그램, 평가방법에 관한 분야
3. 직무수행평가	근로자들의 직무수행정도 및 직무수행이 조직에 기여하는 효용성이나 가치측정에 관한 분야
4. 조직개발(구조분석)	근로자 및 근로조직의 만족과 효율성의 극대화를 위해 조직의 구조를 분석, 조직 내에서 행동에 영향을 미치는 다양한 요인들에 관한 분야
5. 직업생활의 질적 수준	직무를 수행하는 근로자에게 보다 높은 의미부여와 만족감을 줄 수 있도록 직무를 재설계하는 분야
6. 인간공학	인간의 능력과 잘 조화되면서 효율적으로 조작할 수 있는 기계·설비 등의 작업체계를 설계하기 위한 분야

2 심리검사의 종류

(1) 심리검사의 종류

① 지능검사
② 적성검사
③ 학력검사
④ 흥미검사
⑤ 성격검사

(2) 심리검사의 구비조건(기준)

표준화	검사 관리를 위한 절차가 동일하고 검사조건이 같아야 한다.
객관성	검사 결과의 채점에 있어 공정한 평가가 이루어져야 한다.
규 준	검사 결과의 해석에 있어 상대적 위치를 결정하기 위한 척도이다.
신뢰성	검사 결과의 일관성을 의미하는 것으로 동일한 문항을 재측정할 경우 오차 값이 적어야 한다.
타당성	검사에 있어 가장 중요한 요소로 측정하고자 하는 것을 실제로 측정하고 있는가를 나타내는 것이다.

(3) 지능검사

① 지능의 정의

차원 높은 정신능력으로 학습이나 경험에 의해 지식을 획득하며 새로운 환경에 적응해 나가는 능력을 의미한다.

② 복합지능이론(하버드 대학 Gardner)

IQ점수의 한계를 초월하여 가지고 있는 인간의 잠재능력범위의 측정이다.

㉠ 언어적 지능

㉡ 논리수학적 지능

㉢ 공간적 지능

㉣ 신체운동 감각적 지능

㉤ 음악적 지능

㉥ 대인간 지능

㉦ 개인 내 지능

③ 지능의 척도

㉠ 비네(Binet)의 지능검사

$$IQ = \frac{MA(정신연령)}{CA(생활연령)}$$

㉡ 작업기능과 인간지능의 균형이 적합하고 직무에 알맞은 지능을 가진 자를 배치하는 것이 중요하다.

④ 지능검사의 활용

㉠ 학습지도

㉡ 진로지도

㉢ 특수아

(4) 성격검사

① Y-G(Guilford) 성격검사

㉠ A형(평균형): 조화적, 적응적

㉡ B형(우편형): 정서불안형, 활동적, 외향적(불안전, 적극형, 부적응)

㉢ C형(좌편형): 안정소극형(온순, 소극적, 안정, 내향적, 비활동)

㉣ D형(우하형): 안정적응 적극형(정서안정, 활동적, 사회적응, 대인관계 양호)

㉤ E형(좌하형): 불안정, 부적응 수동형(D형과 반대)

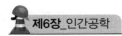

(5) 동 기(Motive)

능동적인 감각에 의한 자극에서 일어나는 사고의 결과로서 사람의 마음을 움직이는 원동력이다.

(6) 불안과 스트레스(Stress)

① 개 념

㉠ 주어진 직무의 요구와 개인의 기술 및 능력이 불일치하여 발생하는 환경과 개인의 부적합 관계를 말한다.

㉡ 조직심리학적 정의(조직 또는 직무스트레스)

• 일반적인 직무와 관련된 요소들이 인간의 신체적 또는 정신적(심리적)기능을 정상적으로 유지하지 못하도록 인간에게 영향을 미치는 상황을 말한다.

• 조직스트레스는 신체적, 정신적 건강뿐만 아니라 결근, 전직, 직무불만족, 직무성과와도 관련되어 직무 몰입 및 생산성 감소 등의 부정적인 반응을 초래한다.

② 스트레스의 발생요인

㉠ 직무의 디자인

과도한 업무부담, 휴식시간 부족, 긴 작업시간과 교대근무, 소모성이며 일상적 업무, 근로자의 기술을 이용하지 않는 것, 결정권이 거의 없다고 느끼는 것 등이 원인이 될 수 있다.

• 작업과부하

결근이나 편애로 인한 작업부하의 불균등한 분포는 스트레스를 야기할 수 있다. 기술사용이 낮거나 직무부하가 낮은 경우에 무료감이 생길 수 있다.

• 직무재량

직무재량도가 질병의 위험과 관련이 있다는 광범위한 연구가 존재한다. 직무디자인에 참여하는 것과 직무요구에 적응하려고 신중하게 노력하는 것은 스트레스 요인을 낮추고 높은 직무만족도로 이끌 가능성이 높다.

㉡ 경영방식

업무결정에 근로자의 참여부재, 조직 내 의사소통 부족, 가족친화적인 정책의 부재를 야기할 수 있다.

※ 스트레스를 야기하는 경영방식의 변화：소형화, 구조조정, 성과급 등

㉢ 대인관계

사회적 환경이 열악하고 동료 및 상사로부터의 지지 또는 도움의 부재, 괴롭힘 등이 발생할 수 있다.

ⓔ 업무 역할

직무기대가 갈등되거나 불확실함, 너무 많은 책임, 너무 많은 직함 등이 원인이 될 수 있다.

- 역할 모호성
- 역할 갈등
- 역할 불충분
- 역할 책임성

ⓜ 경력 염려

직업 불안정 및 성장, 진급, 또는 승진의 기회 부재가 원인이 될 수 있다.

ⓗ 환경조건

번잡함, 소음, 진동, 불량한 조명, 결함 있는 기계와 장비, 온도와 습도, 화학적 또는 생물학적 위험인자, 공기오염 또는 인간공학적 문제 등과 같은 불쾌 또는 위험한 물리적 조건, 부족한 복지시설과 같은 환경요소가 직무스트레스를 초래할 수 있다.

③ 스트레스의 증세

불안신경증 (노이로제)	명확한 대상이 없는 막연한 두려움이나 불안감이 나타나며 호흡촉진, 호흡곤란, 저림 등의 자율신경증상과 긴장감, 무력감을 수반한다.
강박신경증	강박사고나 강박행위 등을 직접 경험하게 되며 강박체험을 주증상으로 한다.
공포신경증	강박사고가 특정한 대상에 집중되어 나타나는 현상이다.
신체형 스트레스	정신적·사회적 스트레스 또는 갈등이 신체증상으로 나타나는 현상이다.
외상 후 스트레스	신체적인 손상 및 신체적·정신적 충격으로 생명을 위협하는 심각한 상황에 직면한 후 나타나는 정신적인 장애를 말한다.
공황스트레스	이유 없이 갑자기 불안이 극도로 심해지고 숨이 막히거나 심장이 두근거리고 죽을 것만 같은 극단적인 공포증세를 보이는 상태를 말한다.
해리신경증	극심한 스트레스나 천재지변과 같은 감당할 수 없는 심리적 부담으로 인해 관련된 모든 기억이 뇌의 이상 없이 의식으로부터 분리되어 기억상실이 되거나 의식의 한 부분이 다른 부분으로부터 분리, 해리되는 현상이다.
우울증	마음의 감기라고 할 정도로 매우 흔한 병이지만 원인은 정확히 밝혀지지 않고 있으며, 자살충동을 비롯하여 피해의식, 망상, 환청, 환각 등의 중증정신질환으로 발전할 수 있어 특별한 관리가 필요하다.

④ 스트레스 해소법

ⓐ 규칙적인 생활과 긍정적인 사고

ⓑ 충분한 수면과 휴식 및 명상의 시간

ⓒ 적절한 신체적 운동(산책, 조깅, 수영, 테니스 등)

ⓓ 자신에 맞는 취미생활 및 오락

ⓔ 유연성 및 근육이완(미용체조, 무용, 요가 등)

  ⑭ 필요시 전문의사의 상담과 지도

  ⑭ 보다 적극적이고 원활한 대인관계에 노력

  ◎ 자기 스스로의 변화에 노력(행동, 사고, 생활양식, 처해있는 환경)

*스트레스의 원인을 알고 분석하여 자신의 취향에 맞는 방법을 찾아 꾸준히 실천해 나가는 것이 중요함.

11 직업적성과 배치

1 직업적성의 분류

(1) 직업적성의 분류

직업적성의 종류	내 용
기계적 적성	• 손과 팔의 솜씨–신속, 정확한 능력 • 공간시각 능력–형상이나 크기를 정확히 판단 • 기계적 이해능력–공간시각능력, 지각속도, 기술적 지식 등이 결합된 것
사무적 적성	요구사항 : 지능, 지각속도, 정확성 사무적성이 높을수록 사무 또는 행정 계통의 직무희망

(2) 직무분석

 ① 목 적

  ㉠ 직무 재조직에 영향을 주어 능률적이고 효율적인 직무수행을 목적으로 한다.

  ㉡ 불필요한 시간과 노력을 제거한다.

  ㉢ 장비와 작업절차상의 관계를 파악한다.

  ㉣ 장비설계의 개선점을 제시하여 직무능률을 향상시킨다.

 ② 분석방법

  ㉠ 면접법   ㉡ 질문지법

  ㉢ 직접관찰법   ㉣ 혼합방식

  ㉤ 일지작성법   ㉥ 결정사건기법

(3) 업무평가

 ① 목 적

  ㉠ 선발기준의 타당화

  ㉡ 훈련의 필요성

  ㉢ 사원의 개발

ⓡ 승진·급여·전근·감원 등의 평가자료
② 업무평가 오류의 근원
  ㉠ 항상성 혹은 체계적 편견(평가자의 주관)
  ㉡ 후광효과
  ㉢ 최신 성적 오류
  ㉣ 평균화의 평정 오류

2 적성검사의 종류

(1) 적성검사
  ① 적성검사의 범위
    ㉠ 기초인간능력
    ㉡ 정신운동능력
    ㉢ 직무특유능력
    ㉣ 기계적능력
    ㉤ 시각기능적능력
  ② 적성검사의 종류

대 상 항 목		• 지능 • 형태식별능력 • 운동속도 • 시각과 수동력의 적응력 • 손작업능력
유형별 분류	시각적 판단검사	• 언어식별검사(Vocabulary) • 형태비교검사(Form matching) • 평면도판단검사(Two dimension space) • 공구판단검사(Tool matching) • 입체도판단검사(Three dimension space) • 명칭판단검사(Name comparison)
	정확도 및 기민성 검사 (정밀성 검사)	• 교환검사(Place) • 회전검사(Turn) • 조립검사(Assemble) • 분해검사(Disassemble)
	계산에 의한 검사	• 계산검사(Computation) • 수학응용검사(Arithmetic reason) • 기록검사(기호 또는 선의 기입)
	속도검사	타점속도검사(Speed test)
	직무적성도 판단검사	설문지법, 색채법, 설문에 의한 컴퓨터 방식

③ 적성검사의 주요소(9가지 적성 요인)

    ㉠ 지능(IQ)

    ㉡ 수리능력

    ㉢ 사무능력

    ㉣ 언어능력

    ㉤ 공간판단력

    ㉥ 형태지각능력

    ㉦ 운동조절능력

    ㉧ 수지조작능력

    ㉨ 수동작능력

(2) 적성검사의 내용과 구성

① 일반적 지능검사

② 특수지능검사

    특수한 지적능력(기억력, 감각적 판단능력, 언어적 능력 등)에 대한 검사

③ 운동능력검사

    수기적인 숙련이나 수족 또는 두 손의 협응적인 운동능력 등을 필요로 할 때 실시하는 검사

④ 특수기능검사

    특수지능검사와 운동능력검사를 복합시킨 검사

⑤ 성격검사

    목록법, 투영법, 작용검사법에 의한 성격진단법 등

⑥ 직업흥미검사

    목록방식에 의하여 어떤 종류의 직무 분야에 취미가 있는지 판단하는 방식

(3) 적성배치

① 배치를 위한 사전조사사항(배치방법)

작업의 특성파악		작업자의 특성파악	
• 환경조건	• 작업조건	• 지적능력	• 기능
• 작업내용	• 형태	• 성격	• 신체적 특성
• 법적 자격 및 제한		• 연령적 특성	• 업무수행력

② 배치 시 고려사항

　　㉠ 작업의 성질과 작업의 적정한 양을 고려하여 배치할 것

　　㉡ 기능의 정도를 파악하여 배치할 것

　　㉢ 공동작업 시에는 팀워크의 효율성을 증대시킬 수 있도록 인간관계를 고려하여 배치할 것

　　㉣ 질병자의 병력을 조사하여 근무로 인한 질병악화가 생기지 않도록 배치할 것

　　㉤ 법상 유자격자가 필요한 작업은 자격 및 경력을 고려하여 배치할 것

3 직무분석 및 직무평가

(1) 직무분석

① 직무에 관한 정보를 수집, 분석하여 직무의 내용과 직무를 담당하는 자의 자격요건을 체계화하는 활동을 말한다.

② 직무를 구성하는 3요소

　　㉠ 과업(Task)

　　㉡ 의무(Duty)

　　㉢ 책임(Responsibility)

(2) 직무분석의 방법 선정

① 방법의 선정기준

분석대상 직무의 성격, 수집자료의 용도, 주어진 분석조건 등에 따라 결정한다.

② 직무분석의 방법

　　㉠ 결정적 사건기법(Critical incident technique)

　　　• 목 적

　　　　평균 수준의 수행자와 우수한 수행자의 능력을 확인하기 위해 실시한다.

　　　• 방 법

　　　　특수한 환경에서 일하는 사람들이 사건의 원인이거나 원인이 될 수도 있었던 장비, 행위(Practice) 및 다른 사람에 관한 사항을 서면이나 구두로 보고한다.

　　㉡ 직접적인 안전 측정, 관찰(관찰법)

　　　많은 방법 중에서 가장 보편적이면서도 가장 효과적인 방법으로 직접 안전을 진단하고 참여하여 관찰하는 방법(실제 작업환경에서 종사자들을 관찰)이다.

ⓒ 기타 주요 직무분석의 방법

절차검토법, 면접법, 조사법, 설문지법, 작업일지법 등이 있다.

4 선발 및 배치

(1) 정 의

① 선 발

모집활동을 통해서 지원한 다수의 취업 희망자 중에서 직무요건에 적합한 사람을 결정하는 과정을 말한다.

② 배 치

어떤 직장 또는 직무에 어떠한 자질의 종업원을 어떻게 배치하는 것이 합리적인지를 결정하는 과정을 말한다.

(2) 선발결정 프로세스

예비조사→채용시험→채용면접→선발결정→건강검진

5 인사관리의 기초

(1) 정 의

조직의 목표달성을 위한 인사활동, 인적자원 확보, 보상, 유지개발을 계획, 조정, 지휘, 통제하는 관리체제이다.

(2) 인사관리의 주요기능

① 조직과 리더십

② 선발(선발시험 및 적성검사 등)

③ 배치(적성배치 포함)

④ 직무분석

⑤ 직무(업무)평가

⑥ 상담 및 노사 간의 이해

(3) 인사관리의 활동

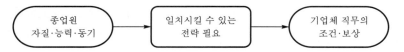

종업원
자질·능력·동기 → 일치시킬 수 있는
전략 필요 → 기업체 직무의
조건·보상

(4) 원만한 인사관리의 효과

　① 개인의 만족감

　② 장기적인 근속

　③ 출근율 향상

　④ 근로의욕 증진

　⑤ 품질 및 생산성 향상 등

(5) 인사상담

　① 인사상담의 기능

　　㉠ 조언

　　㉡ 재확신

　　㉢ 커뮤니케이션

　　㉣ 정서적 긴장의 이완

　　㉤ 사고의 명확화

　　㉥ 재입문 교육

　② 인사상담에 필요한 정보

　　㉠ 기업체에 관한 정보

　　㉡ 직업구조나 취업경향 등에 관한 정보

　　㉢ 개인적 및 사회적 정보

12 인간의 특성과 안전과의 관계

1 안전사고요인

(1) 정신상태

　① 정신상태는 인간감정의 반응으로 표현될 수 있어 근로자의 사기에 직접적 영향을 미친다.

　　㉠ 이직률

　　㉡ 습관성 결근

　　㉢ 작업능률의 저하 등

　② 정신상태의 변화를 효율적으로 관리하는 인간공학적 배려가 필요하다.

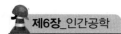

(2) 안전사고요인(정신적 요소)
　① 안전의식의 부족
　② 주의력의 부족
　③ 방심 및 공상
　④ 개성적 결함요소
　　㉠ 과도한 자존심 및 자만심
　　㉡ 다혈질 및 인내력 부족
　　㉢ 약한 마음
　　㉣ 도전적 성격
　　㉤ 감정의 장기지속성
　　㉥ 경솔성
　　㉦ 과도한 집착성
　　㉧ 배타성
　　㉨ 게으름
　⑤ 판단력의 부족 또는 그릇된 판단
　⑥ 정신력에 영향을 주는 생리적 현상
　　㉠ 극도의 피로
　　㉡ 시력 및 청각 기능의 이상
　　㉢ 근육운동의 부적합
　　㉣ 육체적 능력의 초과
　　㉤ 생리 및 신경계통의 이상

(3) 불안전한 행동
　① 불안전한 행동의 직접원인
　　㉠ 지식부족
　　㉡ 기능미숙
　　㉢ 태도불량
　　㉣ 휴먼에러(Human error)
　② 불안전한 행동의 배후요인

인적 요인	망 각	학습된 행동이 지속되지 않고 소실되는 현상(지속되는 것은 파지)
	소질적 결함	적성배치를 통한 안전관리대책 필요
	주변적 동작	의식 외의 동작으로 인한 위험성 노출
	의식의 우회	① 공상 ② 회상 등
	지름길 반응	지름길을 통해 목적장소에 빨리 도달하려고 하는 행위
	생략행위	① 예의범절과 태만심의 문제 ② 소정의 작업용구를 사용하지 않고 가까이 있는 용구로 변칙사용 ③ 보호구 미착용 ④ 정해진 작업순서를 빠뜨리는 경우 등
	억측판단	자기 멋대로 하는 주관적인 판단
	착오(착각)	설비와 환경의 개선이 선결조건
	피 로	① 능률의 저하 ② 생체의 타각적인 기능의 변화 ③ 피로의 자각 등의 변화
외적 (환경적) 요인 (4M)	인적 요인(Man)	인간관계 불량으로 작업의욕침체, 능률저하, 안전의식저하 등을 초래
	물적 요인 (Machine)	기계설비 등의 물적 조건, 인간공학적 배려 및 작업성, 보전성, 신뢰성 등을 고려
	환경적 요인 (Media)	① 작업의 내용, 방법 정보 등의 작업방법적 요인 ② 작업을 실시하는 장소에 관한 작업환경적 요인
	관리적 요인 (Management)	안전법규의 철저, 안전기준, 지휘감독 등의 안전관리 ① 교육훈련 ② 감독지도 불충분 ③적성배치 불충분

2 산업안전심리의 요소

(1) 안전활동계획

안전계획의 성공여부는 안전활동 대상자인 근로자들의 계획 수용에 달려 있으며, 이것은 심리적인 문제로 다섯 가지의 심리요소로 구분할 수 있다.

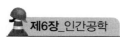

(2) 산업안전심리의 5대 요소

기 질	개인이나 집단 특유의 성질로서 심리학에서는 일반적인 감정의 경향으로 본 개인의 성질을 말함
동 기	• 개체의 행동을 일으키고 행동의 방향을 결정하며 행동을 지속하게 하는 개체의 내적인 요인 • 사람의 마음을 움직여 어떤 행동을 하게 하는 원동력 • 동기는 어떤 현상에 대한 긍정적 또는 부정적 방향으로 작용할 수 있으므로 안전교육을 통한 긍정적인 동기부여가 필요
습 관	• 여러 번 거듭하는 동안 몸에 배어 굳어 버린 성질(버릇) • 강화의 반복에 의해 확립되고 소거에 의해 제거 • 습관은 습득된 결과, 즉 학습의 결과이며 경험의 반복에 의해 형성
습 성	오랜 습관으로 인하여 굳어져 버린 성질
감 정	• 어떤 대상이나 상태에 따라 슬픔, 기쁨, 불쾌감 등에 해당하는 마음의 현상 • 사람의 감정은 안전과 밀접한 관련 　－ 순간적인 감정→불안전한 행동유발→사고 또는 재해로 연결 　－ 안전교육을 통하여 불안전한 행동을 유발하는 감정을 통제→안전작업 유도

3 착상심리

(1) 인간판단의 과오

① 인간의 생각은 항상 건전하고 올바르다고만 볼 수 없다.

② 착상심리란, 관례적으로 많은 사람이 믿고 있는 것으로 남녀 1,400명을 대상으로 한 실험은 판단상의 과오를 잘 보여주고 있다.

(2) 대표적인 착상심리의 예

잘못 생각하는 내용(착상심리)	남(%)	여(%)
1. 무당은 미래를 예측할 수 있다.	20	21
2. 인간의 능력은 태어날 때부터 동일하다.	21	24
3. 여자는 남자보다 지력이 열등하다.	11	8
4. 아래턱이 마른 사람은 의지가 약하다.	20	22
5. 눈동자를 자주 움직이는 사람은 정직하지 못하다.	23	36
6. 민첩한 사람은 느린 사람보다 착오가 많다.	26	26
7. 얼굴을 보면 지능 정도를 알 수 있다.	23	29

4 착 오

(1) 착오의 요인

종 류		내 용
인지과정의 착오	① 생리적, 심리적 능력의 한계 (정보수용 능력의 한계)	착시현상 등
	② 정보량 저장의 한계	처리 가능한 정보량 : 6bits/sec
	③ 감각차단현상(감성차단)	정보량 부족으로 유사한 자극 반복(계기비행, 단독비행 등)
	④ 심리적 요인	정서불안정, 불안, 공포 등
판단과정의 착오	① 합리화 ② 능력 부족 ③ 정보 부족 ④ 환경조건 불비	
조작과정의 착오	작업자의 기술능력이 미숙하거나 경험부족에서 발생	

(2) 착오로 인한 사고의 과정

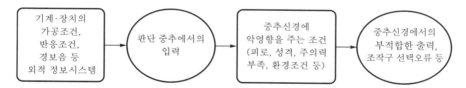

(3) 착오의 메커니즘

① 위치의 착오

② 순서의 착오

③ 패턴의 착오

④ 형상의 착오

⑤ 기억의 착오

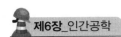

5 착 시

물체의 물리적인 구조가 인간의 감각기관인 시각을 통하여 인지한 구조와 현저하게 일치하지 않은 것으로 보이는 현상을 말한다.

학 설	그 림	현 상
Zoller의 착시		세로의 선이 굽어 보임.
Orbigon의 착시		안쪽 원이 찌그러져 보임.
Sander의 착시		두 점선의 길이가 다르게 보임.
Ponzo의 착시		두 수평선부의 길이가 다르게 보임.
Müller-Lyer의 착시	(a) (b)	a가 b보다 길게 보임. 실제는 a=b
Helmholz의 착시	(a) (b)	a는 세로로 길어 보이고, b는 가로로 길어 보임.
Hering의 착시	(a) (b)	a는 양단이 벌어져 보이고, b는 중앙이 벌어져 보임.
Kohler의 착시 (윤곽착오)		우선 평형의 호를 본 후 즉시 직선을 본 경우에 직선은 호의 반대방향으로 굽어 보임.
Poggendorf의 착시	(a) (c) (b)	a와 c가 일직선으로 보임. 실제는 a와 b가 일직선임.

6 착각현상(운동의 시지각)

(1) 종류(착각은 물리현상을 왜곡하는 지각현상)

자동운동	• 암실 내에 정지된 작은 광점이나 밤하늘의 별들을 응시하면 움직이는 것처럼 보이는 현상 • 발생하기 쉬운 조건 　－광점이 작을수록　　　　　－시야의 다른 부분이 어두울수록 　－광의 강도가 작을수록　　　－대상이 단순할수록
유도운동	• 실제로는 정지한 물체가 어느 기준 물체의 이동에 유도되어 움직이는 것처럼 느끼는 현상 • 주행 중인 자동차의 창문으로 길가의 가로수를 볼 때 가로수가 움직이는 것처럼 보이는 현상
가현운동	• 정지하고 있는 대상물이 빠르게 나타나거나 사라지는 것으로 인해 대상물이 운동하는 것으로 인식되는 현상(실제로 움직이지 않는 대상이 어떤 조건하에서 움직이는 것처럼 보이는 현상) • 영상영화기법, 운동

(2) 간결성의 원리

① 정 의

　㉠ 최소의 에너지로 원하는 목적을 달성하려고 하는 경향을 말한다.

　㉡ 착각, 착오, 생략 등으로 인한 사고의 심리적 요인이다.

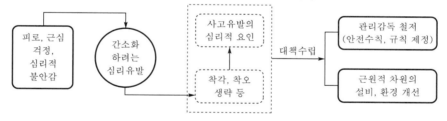

② 정보처리과정에서 간결성의 원리(미확인)

　㉠ 단락(생략)에 의한 경우

　㉡ 다른 출력(Out put)영역에서 지시가 빠져버리는 경우

　㉢ 피드백(Feed back)이 안 되고 통제되지 않는 경우

　㉣ 「…을 하지 않으면 안 된다」고 생각했을 뿐 실제로는 그것을 한 것으로 착각하는 경우

13 조직과 인간행동

1 인간관계

(1) 관리방식

① 종래의 관리방식

㉠ 전제적 방식

권력이나 폭력에 의한 생산성 향상방식이다.

㉡ 온정적 방식

가족주의적 관리방식(보호심이나 은혜 등)이다.

㉢ 과학적 방식

생산능률 향상을 위해 능률의 논리를 경영관리의 방법으로 체계화하는 방식이다.

② 종래의 관리방식의 문제점

㉠ 종업원을 기계로 취급

㉡ 물적·기술적·제도적 조직에 편중, 인간의 심리적 집단 무시

㉢ 능률주의, 생산성 향상, 이윤추구에 집중하여 종업원의 감정 경시

③ 인간관계 관리방식

㉠ 종업원을 경영의 협력자로 생각하며, 한 사람의 주체성을 가진 개인으로 파악, 항상 종업원의 입장에서 이해하려고 노력

㉡ 종업원의 경영참여 기회제공, 자율적인 협력체제 형성

㉢ 능률증진이나 생산성 향상에서 벗어나 종업원의 감정제고 및 경영에 관한 자율적인 협력에 동기부여

●메이요(Mayo)의 두 가지 인간관계 관리방식이론●

1. 테크니컬 스킬즈(Technical skills) : 사물을 처리함에 있어 인간의 목적에 유익하도록 처리하는 능력
2. 소셜 스킬즈(Social skills) : 사람과 사람 사이의 커뮤니케이션을 양호하게 하고 사람들의 요구를 충족시키면서 감정을 제고시키는 능력

＊ 근대 산업사회에서는 테크니컬 스킬즈가 중시되고 소셜 스킬즈가 경시되었음

(2) 테일러(F.W Taylor)의 과학적 관리법의 한계

① 긍정적인 면(생산성 향상)

시간과 동작 연구(Motion and time study)를 통하여 인간노동력을 과학적으로 합리화 함으로써 생상능률 향상에 이바지하였다.

② 부정적인 면(인간성 무시)

ⓐ 이익분배의 불균형성

ⓑ 경영자에 의한 계획의 실시로 경영독재성

ⓒ 노동조합의 반대요소(상반된 견해)

ⓓ 인간을 기계화하여 인적요소(개인차)의 무시

ⓔ 단순하고 반복적인 직무에만 적절

(3) 호손(Hawthorne)실험과 인간관계

① 시카고에 있는 서부전기회사의 호손(Hawthorn)공장에서 메이요(G.Elton Mayo)와 레슬리스버거(F.J Roethlisberger) 교수가 주축이 되어 3만 명의 종업원을 대상으로 종업원의 인간성을 과학적으로 연구한 실험이다.

순 서	실험내용	결 과
제1차 실험	조명실험(조명도가 작업능률에 미치는 영향)	생산성 향상의 요인은 될 수 있으나 절대적 요인 아님
제2차 실험	여러 가지 조건제시 (휴식, 간식제공, 근로시간단축 등)	예상과 상이한 결과
제3차 실험	면접실험(인간적인 면 파악)	개인의 감정이 중요한 역할
제4차 실험	뱅크의 권선작업실험	비공식조직의 존재와 중요성 인식
결 론	조직 내에서 인간관계론에 대한 중요성 강조 및 비공식적인 조직 중시 →생산능률 향상을 가져올 수 있음	

② 생산성 및 작업능률 향상에 영향을 주는 것은 물리적인 환경조건(조명, 휴식시간, 임금 등)이 아니라 인간적 요인(비공식집단, 감정 등)의 인간관계가 절대적인 요인으로 작용한다.

(4) 인간관계관리기법

제안제도	• 경영참가의식 높임 • 직무에 만족하여 근로의욕 향상	• 양호한 인간관계 유지
사기조사	• 개인 및 집단의 감정조사	• 근로의욕에 많은 영향
인사상담제도	• 지시적	• 비지시적
문호개방정책	• 비효율적인 방법으로 소규모기업에 적용	
심리적, 사회적 기법	• 감수성 훈련 • 그리드(Grid)훈련(도구를 이용한 실험실 훈련) • 집단역학(어떤 한 집단구조가 생산성을 향상) • 소시오메트리(집단구성원 간의 위치분석)	

2 사회행동의 기초

(1) 부적응

① 부적응의 유형

망상 인격	자기주장이 강하고 빈약한 대인관계
순환 인격	울적한 상태에서 명랑한 상태로 상당히 장기간에 걸쳐 기분변동
분열 인격	폐쇄적, 수줍음, 사교를 싫어하는 형태. 친밀한 인간관계 회피
폭발 인격	갑자기 예고 없이 노여움 폭발, 흥분 잘하고 과민성, 자기행동의 합리화
강박 인격	양심적, 우유부단, 욕망제지, 타인으로부터 인정받기를 지나치게 원함(완전주의)
기 타	히스테리인격, 소극적·공격적 인격, 무력인격, 부적합인격, 반사회적 인격 등

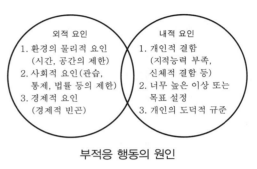

부적응 행동의 원인

② 부적응의 현상

ㄱ 주관적 : 괴로움이나 불만

ㄴ 객관적 : 능률저하, 사고 및 재해

(2) 의식수준의 단계

단 계 (Phase)	의식상태	주의작용	생리적상태	신뢰성	뇌파 패턴
제0단계	무의식, 실신	0(Zero)	수면, 뇌발작	0(Zero)	γ
제1단계	의식 흐림 (Subnormal), 의식 몽롱함	활발치 못함(Inactive)	단조로움, 피로, 졸음, 술취함	낮다. (0.9 이하)	θ
제2단계	이완 상태 (Normal, Relaxed) 정상 (느긋한 기분)	Passive, 마음이 안쪽으로 향함, 수동적	안정 기거, 휴식 시, 정례 작업 시(정상작업 시)일반 적으로 일을 시작할 때 안정된 행동	다소 높다. (0.99~0.99999)	α
제3단계	상쾌한 상태 (Normal, Clear) 정상 (분명한 의식)	Active, 앞으로 향하는 주의· 시야도 넓다. 능동적	판단을 동반한 행동, 적극 활동 시 가장 좋은 의식수 준 상태, 긴급이상사태를 의식할 때	매우 높다. (0.999999 이상)	β
제4단계	과긴장 상태 (Hypernormal, Excited)	판단정지, 주의의 치우침	긴급방위반응, 당황해서 Panic(감정흥분 시 당황 한 상태)	낮다. (0.9 이하)	파 또는 전자파

(3) 일의 난이도에 따른 정보처리채널(5단계)

반사채널	위급한 상황에 대처하기 위해 대뇌와 관계없이 일어나는 무의식적인 반사
주시하지 않고 처리되는 작업	이미 학습된 간단한 조작행위이며 동시에 다른 정보처리도 가능한 단계
단순 반복작업	정보처리 순서를 미리 알고 있는 정상적인 작업 (동시에 다른 정보처리 불가능)
동적의지 결정	정보 순서를 미리 알지 못하며 상황에 따라 동적인 의지결정이 필요한 조작 (비정상적인 작업)
문제해결	미경험 상황에 대처하기 위한 창의력이 필요한 조작(보관된 기억만으로는 처리 불가)

(4) 성장과 발달에 관한 이론

생득설 (Galton)	인간의 지식이나 관념 및 표상은 본래 태어날 때부터 공통적으로 갖추어져 있으며, 성장 발달의 원동력이 개체 내의 유전적 특성에 있다는 학설(유전론자의 입장)
경험설 (Watson)	발달원동력이 개체 밖의 환경에 영향이 있다는 이론으로 학습을 중요시하며, 개인의 물리적, 심리적 환경요인의 작용을 주원인으로 보는 학설(환경론자의 입장)
상호작용(폭주)설 (Stern)	유전과 환경의 상호작용(내적인 생득적 소질과 외적인 환경의 상호작용의 결과)에 의해 발달이 이루어진다고 보는 학설
체제설 (Lewin)	유전과 환경 및 자아의 역동 관계에 의해 발달이 이루어진다고 인식하는 학설로서 내부적 소인과 환경적 요인이 고차원적으로 작용하여 하나의 새로운 체계를 이루는 역동적 과정 레빈(Lewin)의 행동공식 , 인간의 행동은 사람과 환경의 함수관계

3 인간관계 메커니즘

동일화	다른 사람의 행동양식이나 태도를 투입하거나 다른 사람 가운데서 자기와 비슷한 것을 발견하게 되는 것(자녀가 부모의 행동양식을 자연스럽게 배우는 것 등)
투사	자기 마음속의 억압된 것을 다른 사람의 것으로 생각하게 되는 것 (대부분 증오, 비난같은 정서나 감정이 표현되는 경우가 많음)
커뮤니케이션	여러 가지 행동양식이 기호를 매개로 하여 한 사람으로부터 다른 사람에게 전달되는 과정으로 언어, 손짓, 몸짓, 표정 등(형태는 하향식, 상향식, 수평적, 대각적인 방향)
모방	다른 사람의 행동이나 판단을 표본으로 하여 그것과 같거나 비슷한 행위로 재현하거나 실행하려는 것(어린아이가 부모의 행동을 흉내내는 것 등)
암시	다른 사람으로부터의 판단이나 행동을 무비판적으로 논리적, 사실적 근거 없이 받아들이는 것(다수 의견이나, 전문가, 권위자, 존경하는 사람 등의 행동이나 판단 등)

4 집단행동

(1) 집단목표 수용의 결정요소

① 성취에 대한 욕구 충족도

② 목표의 명확성

③ 응집성

④ 참여성

(2) 집단역학에서의 개념(집단의 효과)

집단규범 (집단표준)	① 집단의 행동을 규제하는 틀을 의미하며 자연발생적으로 성립 ② 사보타지(Sabotage) : 작업방법의 변경 등에 대한 저항으로 나타나는 현상
집단목표	공식적인 집단은 집단이 지향하고 이룩해야 할 목표를 설정해야 함
집단의 응집력	집단에 머무르게 하고 집단활동의 목표달성을 위한 효율을 극대화하는 것
집단결정	구성원의 행동사항이나 구조 및 시설의 변경을 필요로 할 때 실시하는 의사결정 (집단결정을 통하여 구성원의 저항심을 제거하고 목표지향적 행동유지)

(3) 집단연구 방법

① 집단역학적 접근방법

집단이란 유사성이 있는 구성원의 모임이나 집합체가 아니라 구성원의 상호의존성에 의해 형성되므로 상호의존성에 관하여 연구하는 접근방법이다.

② 사회측정적 연구방법

㉠ 집단 내에서 개인 상호 간의 감정상태와 관심도를 측정→집단구조와 사회적 관계의 관련성 연구

㉡ 소시오메트리(Sociometry)

사회측정법으로 집단에 있어 각 구성원 사이의 견인과 배척관계를 조사하여 어떤 개인의 집단 내에서의 관계나 위치를 발견하고 평가하는 방법(집단의 인간관계를 조사하는 방법)

㉢ 소시오그램(Sociogram)

소시오메트리를 복잡한 도면(상호 간의 관계를 선으로 연결)으로 나타내는 것

㉣ 소시오그램의 유용성

• 하위집단 발견→집단의 구조파악, 집단 내 개인 위치 변경에 도움

• 고립자와 상호 배척자 발견→교육과 지도를 통하여 원만한 인간관계 형성 및 유지→사기진작 및 만족도 향상

㉢ 소시오메트리의 실시절차

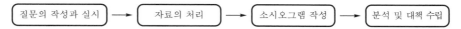

질문의 작성과 실시 → 자료의 처리 → 소시오그램 작성 → 분석 및 대책 수립

(4) 집단역학에서의 행동

　① 통제있는 집단행동

　　㉠ 관습

　　㉡ 제도적 행동

　　㉢ 유행

　② 비통제의 집단행동

　　㉠ 군중(Crowd)

　　㉡ 모브(Mob)

　　㉢ 패닉(Panic)

　　㉣ 심리적 전염(Mental epidemic)

5 인간의 일반적인 행동특성

(1) 레빈(K.Lewin)의 행동법칙

　① 인간의 행동

$$B=f(P,\ E)$$

여기서, B : Behavior(인간의 행동)

　　　　f : Function(함수관계), $P\cdot E$에 영향을 줄 수 있는 조건

　　　　P : Person(연령, 경험, 심신상태, 성격, 지능 등)

　　　　E : Environment(심리적 환경-인간관계, 작업환경, 설비적 결함 등)

〈레빈의 이론〉

인간의 행동(B)은 인간이 가진 능력과 자질, 즉 개체(P)와 주변의 심리적 환경(E)과의 상호 함수관계에 있다.

　② 심리학적 사태(생활공간)

심리학적 사태(S)=개체(P)+심리학적 환경(P)

　　㉠ 개체와 심리학적 환경의 통합체를 심리학적 사태라 한다.

　　㉡ 인간의 행동(B)은 심리학적 사태에 많은 영향을 받는다.

　　㉢ P와 E에 의해 생겨나는 심리학적 사태를 '심리학적 생활공간'(Psychological life

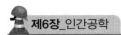

space) 또는 '생활공간'이라 하며 다음의 식으로 표현한다.

$$B=f(P,\ L,\ S)$$

〈레빈의 이론〉

인간의 행동은 인간의 자질과 환경에 의해 형성된 심리학적 생활공간의 구조에 따라 결정된다.

③ 요약하면, 인간의 행동은 다양하게 변할 수 있는 인간 측 요인 P와 환경 측 요인 E에 의해서 나타나는 현상이므로 행동(B)은 항상 변할 수 있다. 따라서 안전에 벗어나는 불안전한 행동이 나타날 수 있으며, 이것을 예방하기 위해서는 P와 E의 적절한 통제와 제어를 통해 안전한 상태를 유지할 수 있다.

즉, 인간행동의 위험성을 예방하기 위해서는 인간 측의 요인과 함께 환경 측의 요인도 함께 바로 잡아야 한다.

(2) 인간의 동작특성

외적 조건	① 동적 조건(대상물의 동적인 성질로서 최대요인) ② 정적 조건(높이, 폭, 길이, 두께, 크기 등) ③ 환경조건(기온, 습도, 조명, 분진 등의 물리적 환경조건)
내적 조건	① 생리적 조건(피로, 긴장 등) ② 경력 ③ 개인차

(3) 인간의 심리적인 행동특성

① 주의의 일점집중

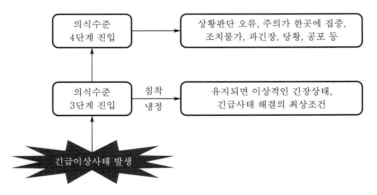

② 리스크 테이킹(Risk taking)

㉠ 객관적인 위험을 자기 편한대로 판단하여 의지결정을 하고 행동에 옮기는 현상이다.

ⓛ 안전태도가 양호한 자는 Risk taking 정도가 적다.

ⓒ 안전태도 수준이 같은 경우 작업의 달성동기, 성격, 일의 능률, 적성배치, 심리상태 등 각종 요인의 영향으로 Risk taking의 정도는 변한다.

③ 기타의 행동특성

ⓐ 순간적인 경우의 대피방향은 좌측(우측에 비해 2배 이상)방향이다.

ⓑ 동조행동

소속집단의 행동기준이나 원칙을 지키고 따르려고 하는 행동을 말한다.

ⓒ 좌측보행

자유로운 상태에서 보행할 경우 좌측벽면 쪽으로 보행하는 경우가 많다.

ⓓ 근도반응

정상적인 경로가 있음에도 지름길을 택하는 현상을 말한다.

ⓔ 생략행위

객관적 판단력의 약화로 나타나는 현상을 말한다.

●실수 및 과오의 원인●
- 능력 부족
- 주의 부족
- 환경조건 부적당

14 재해빈발성 및 행동과학

1 사고경향

(1) 사고의 경향설(Greenwood)

① 사고의 대부분은 소수의 근로자에 의해 발생되었으며 사고를 낸 사람이 또다시 사고를 발생시키는 경향이 있다는 설이다.

② 성 격

ⓐ 사고경향성인 사람

소심한 사람, 도전적 성격

ⓑ 사고경향성이 아닌 사람

침착하고 숙고형인 사람

(2) 사고빈발자의 정신특성

지능과 사고	• 지능에 따른 사고의 관련성은 적으며 직종에 따라 차별화 • 지적 능력이 많이 소요될수록→지능 측정에 의한 선발이 효과적, 지적 능력이 적게 소요될수록→지능 측정에 의한 선발은 효율성 저하
성격특성과 사고 (사고빈발자)	• 정서적 불안정, 사회적 부적응, 충동적·외향적 성격 등 • 허영적, 쾌락추구적, 도덕적 결벽성 결여 등의 성격
감각운동기능과 사고	• 시각기능의 결함자는 사고 발생 비율이 높게 나옴. • 반응동작(운동능력)과 사고의 관련성(일관성이 부족)→일반적으로 반응속도 자체보다 반응의 정확도가 더 중요 • 지각과 운동능력과의 불균형은 사고유발 가능성 높음(지각속도가 느리거나, 지각의 정확성이 불량한데 동작은 빠른 경우→사고 발생률 증가)

(3) 작업표준(표준안전작업방법)

개 념	작업의 안전, 능률 등을 고려하여 작업내용, 작업조건, 사용재료, 사용설비, 작업방법 및 관리, 이상 발생 시 처리방법 등에 관한 기준을 규정하는 것으로 작업기준이라고도 함
목 적	안전과 능률의 향상 및 품질, 관리, 생산 등의 효율성 증대
종 류	기술기준(공정별로 품질 및 안전에 영향을 줄 수 있는 기술적 요인에 대한 요구조건), 작업순서, 작업지도서, 작업지시서, 작업요령 등
내 용	적용범위, 작업방법, 작업시간, 안전작업을 위한 주의사항, 작업조건 등
구비조건	• 작업의 표준설정은 실정에 적합할 것 • 무리, 불균형, 낭비가 없는 좋은 작업의 표준일 것 • 표현은 구체적으로 나타낼 것 • 생산성과 품질의 특성에 적합할 것 • 이상 시 조치기준에 관하여 설정할 것 • 다른 규정 등에 위배되지 않을 것

2 성격의 유형

(1) 성 격

① 정 의

환경에 대한 개인의 적응을 특정짓는 비교적 일관성 있고 독특한 행동양식을 말한다.

② 공통적인 고려사항

㉠ 포괄성

개인의 특성, 능력, 신념, 태도, 동기, 습관 등이 모두 포함된다.

㉡ 독특성

사람은 누구나 다른 사람과 비교하여 알아볼 수 있는 독특한 특징이 있다.

③ 성격의 결정요인

㉠ 생물학적 요인

신생아 때부터의 성질인 기질상의 차이가 있다는 것은 유전적 요인이 영향이다.

㉡ 환경적 요인(경험)

다양한 환경적 요인이나 개인마다 다른 경험에 의해서 성격이 형성된다.

(2) 성격의 유형론

① 크레치머(Kretchmer)의 체격유형론

㉠ 체격과 성격과의 밀접한 관련성을 주장하였다.

㉡ 분 류

비만형	조울성 기질(조울증), 감정과 기분의 변화가 주기적으로 변동, 쾌활, 외향적
세장형	분열성 기질, 대인적·사회적 접촉기피, 냉정적, 회피적

② 셸던(Sheldon)의 체격유형론

㉠ 성격형성에 생물학적 인자가 결정적인 역할을 한다고 주장하였다.

㉡ 분 류

내배엽형	비만형, 이완된 자세, 사교적, 반응이 느림.
중배엽형	골격과 근육이 발달, 자기주장적, 권력과 모험 추구, 공격적, 정열적
외배엽형	가늘고 긴 형, 감각기관과 신경계통 발달, 금욕주의, 예민, 사교회피, 만성적 피로

③ 융(Jung)의 형성론

㉠ 성격에만 유형이 있는 것이 아니라 심리적 특징에도 유형이 있다고 주장하였다(심리유형론).

㉡ 분 류

외향적	심리적 에너지가 외부로 지향, 개방적, 사교적, 새로운 변화에 적응
내향적	심리적 에너지가 내부세계로 지향, 비사교적, 자폐적 성향, 주관적인 사고

3 재해빈발성

(1) 재해빈발설

기회설	개인의 문제가 아니라 작업 자체에 위험성이 많기 때문 →교육훈련 실시 및 작업환경 개선대책
암시설	재해를 한 번 경험한 사람은 정신적으로나 심리적으로 압박을 받게 되어 상황에 대한 대응능력이 떨어져 재해가 빈발
빈발경향자설	재해를 자주 일으키는 소질적 결함요소를 가진 근로자가 있다는 설

(2) 재해누발자 유형

미숙성 누발자	• 기능미숙 • 작업환경 부적응
상황성 누발자	• 작업 자체가 어렵기 때문 • 기계설비에 결함 존재 • 주위 환경상 주의력 집중 곤란 • 심신에 근심, 걱정이 있기 때문
습관성 누발자	• 경험한 재해로 인하여 대응능력 약화(겁쟁이, 신경과민) • 여러 가지 원인으로 슬럼프(Slump) 상태
소질성 누발자	• 개인의 소질 중 재해원인 요소를 가진 자(주의력 부족, 소심한 성격, 저지능, 흥분, 감각운동 부적합 등) • 특수한 성격의 소유자로서 재해 발생 소질 소유자

4 동기부여

(1) 인간의 행동과 동기부여

① 인간행동의 기본모델

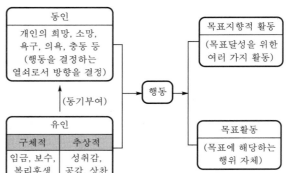

ㄱ 동 기

행동을 일으키게 하는 요인으로, 외부적인 자극에 의한 요인이나 내적 요인을 말한다.

ㄴ 동기부여

동기를 유발시키는 일로서 동기로 인하여 발생한 행동을 유지시키고 추구하는 목표로 방향을 잡아서 이끌어 나가는 과정이다.

② 동기부여(Motivation)방법

ㄱ 안전의 근본이념을 인식시킨다.

ㄴ 안전목표를 명확히 설정한다.

ㄷ 결과의 가치를 알려준다.

ㄹ 상과 벌을 준다.

ㅁ 경쟁과 협동을 유도한다.

ㅂ 동기유발의 최적 수준을 유지하도록 한다.

(2) 동기부여이론

① 매슬로우(Abraham Maslow)의 욕구(위계이론)

ⓐ 생리적 욕구(제1단계)

기아, 갈증, 호흡, 배설, 성욕 등

ⓑ 안전의 욕구(제2단계)

안전을 기하려는 욕구

ⓒ 사회적 욕구(제3단계)

소속 및 애정에 대한 욕구(친화욕구)

ⓓ 자기존경의 욕구(제4단계)

자기존경의 욕구로 자존심, 명예, 성취, 지위에 대한 욕구(승인의 욕구)

ⓔ 자아실현의 욕구(제5단계)

잠재적인 능력을 실현하고자 하는 욕구(성취욕구)

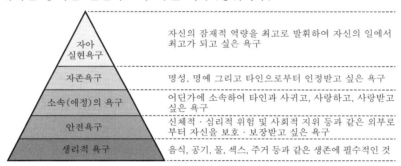

② 맥그리거(D.McGregor)의 X, Y이론

ⓐ X, Y이론

X이론	Y이론
인간불신감	상호신뢰감
성악설	성선설
인간은 본래 게으르고 태만, 수동적, 남에게 지배받기를 즐김.	인간은 본래 부지런하고 근면, 적극적, 일을 스스로 자기 책임하에 자주적으로 처리
저차원적 욕구(물질욕구)	고차원적 욕구(정신욕구)
명령, 통제에 의한 관리	목표통합과 자기통제에 의한 관리
저개발국형	선진국형
보수적, 자기본위, 자기방어적이고, 어리석기 때문에 선동되고 변화와 혁신을 거부	자아실현을 위해 스스로 목표를 달성하려고 노력
조직의 욕구에 무관심	조직의 방향에 적극적으로 관여하고 노력
권위주의적 리더십	민주적 리더십

ⓛ X, Y이론의 관리처방

X이론의 관리처방(독재적 리더십)	Y이론의 관리처방(민주적 리더십)
• 권위주의적 리더십의 확보 • 경제적 보상체계의 강화 • 세밀한 감독과 엄격한 통제 • 상부책임제도의 강화(경영자의 간섭) • 설득, 보상, 벌, 통제에 의한 관리	• 분권화에 의한 권한의 위임 • 민주적 리더십의 확립 • 직무확장 • 비공식적 조직의 활용 • 목표에 의한 관리 • 자체 평가제도의 활성화 • 조직목표달성을 위한 자율적인 통제

③ 허즈버그(Herzberg)의 위생동기이론

위생요인(직무환경, 저차원적 욕구)	동기유발요인(직무내용, 고차원적 욕구)
• 조직의 정책과 방침 • 작업조건 • 대인관계 • 임금, 신분, 지위 • 감독 등(생산능력의 향상 불가)	• 직무상의 성취 • 인정 • 성장 또는 발전 • 책임의 증대 • 직무내용 자체(보람된 직무) 등(생산능력 향상 가능)

요 인 ＼ 욕 구	욕구충족이 되지 않을 경우	욕구충족이 될 경우
위생요인(불안요인)	불만 느낌	만족감 느끼지 못함
동기유발요인(만족요인)	불만 느끼지 않음	만족감 느낌

④ 알더퍼(Alderfer)의 ERG이론

생존(존재)욕구 (Existence)	유기체의 생존과 유지에 관련, 의식주와 같은 기본욕구 포함(임금, 안전한 작업조건)
관계욕구 (Relation)	타인과의 상호작용을 통하여 만족을 얻으려는 대인욕구(개인 간 관계, 소속감)
성장욕구 (Growth)	개인의 발전과 증진에 관한 욕구, 주어진 능력이나 잠재능력을 발전시킴으로써 충족(개인의 능력개발, 창의력 발휘)

※ 매슬로우와 알더퍼 이론의 차이점 : ERG이론은 위계적 순위를 강조하지 않음.

⑤ 데이비스(Davis)의 동기부여이론

인간의 성과×물적인 성과=경영의 성과

ⓐ 지식(Knowledge)×기능(Skill)=능력(Ability)

ⓛ 상황(Situation)×태도(Attitude)=동기유발(Motivation)

ⓒ 능력(Ability)×동기유발(Motivation)=인간의 성과(Human performance)

결론적으로 경영에 있어 인간의 역할은 매우 중요한 부분을 차지하고 있으며, 이러한 인간적인 부분에 중대한 영향을 미치는 요소가 동기유발(Motivation)이다.

⑥ 맥클랜드(McClelland)의 성취동기이론

　ㄱ 특 징

- 성취 그 자체에 만족한다.
- 목표설정을 중요시하고 목표를 달성할 때까지 노력한다.
- 자신이 하는 일의 구체적인 진행 상황을 알기 원한다(진행 상황과 달성 결과에 대한 피드백).
- 적절한 모험을 즐기고 난이도를 잘 절충한다.
- 동료관계에 관심을 갖고 성과지향적인 동료와 일하기를 원한다.

　ㄴ 성취동기이론의 모델

- 어려운 일을 성취하려는 것, 스스로 능력을 성공적으로 발휘함으로써 자긍심을 높이려는 것 등에 관한 욕구
- 성공에 대한 강한 욕구를 가지고, 책임을 적극적으로 수용하며, 행동에 대한 즉각적인 피드백을 선호
- 리더가 되어 남을 통제하는 위치에 서는 것을 선호
- 타인들로 하여금 자기가 바라는 대로 행동하도록 강요하는 경향
- 다른 사람들과 좋은 관계를 유지하려고 노력
- 타인들에게 친절하고 동정심이 많고 타인을 도우며 즐겁게 살려고 하는 경향

　ㄷ 욕구이론의 상호관련성

자아실현의 욕구	동기요인	성취욕구	성장욕구
존중의 욕구		권력욕구	관계욕구
사회적 욕구		친화욕구	
안전의 욕구	위생요인		존재욕구
생리적 욕구			
※매슬로우의 욕구이론	허즈버그의 2요인이론	맥클랜드의 성취동기이론	알더퍼의 ERG이론

⑦ 아담스(Adams)의 공정성 이론

　ㄱ 직무에 있어서 투입에 대한 산출의 비율이 타 종업원과 일치할 때 공정성이 존재하고 불일치할 때 불공정성이 존재한다.

ⓒ 불공정성이 지각될 때 공정성 회복을 위해 긴장이 유발되며 불공정성이 클수록 긴
장이 커진다.

⑧ 런드스테트(Sven Lundstedt)의 Z이론

ⓐ 맥그리거의 X이론(권위형)과 Y이론(민주형)은 인간해석을 이분화한 것으로 인간은
그렇게 단순한 것이 아니라 복잡한 면이 있다는 걸 강조하기 위해 Z이론(자유방임
형)을 제시한다.

ⓑ Z이론의 인간해석

- 인간은 조직의 규율과 제도의 억압된 상황에서 사는 것을 원치 않는다.
- 인간은 선천적으로 과학적 탐구정신을 가지고 있어 모든 상황에 의문을 제기하
고 실험하여 새로운 것을 발견하고 또 발전시켜 나간다.

⑨ 샤인(Edgat.H.Schein)의 복잡한 인간관

시대적 변천에 따른 인간모형의 변화순서

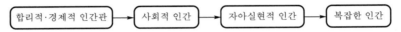

(3) 직무만족

① 직무만족도의 영향

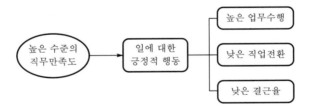

② 직무만족도가 높은 개인의 특성

ⓐ 연령에 따라 증가한다.

ⓑ 여성보다 남성이 높다.

ⓒ 직무수준과 직무연한에 따라 증가한다.

* 직무만족도는 성격과 관련해서는 연관성이 없고 지능과는 무관(직무 자체가 하려는 의욕이 생기는 것이며 지
능에 따라 의욕이 변하는 것은 아니라고 가정)

③ 직무만족에 관한 이론

ⓐ 콜만(Collman)의 일관성 이론

- 자기존중을 높이는 사람은 만족상태를 유지하기 위해 더 높은 성과를 올리며 일
관성을 유지하여 사회적으로 존경받는 직업을 선택한다.
- 자기존중을 낮게 하는 사람은 자기의 이미지와 일치하는 방식으로 행동한다.

ⓑ 브롬(Brom)의 기대이론(3가지 원리)

- 성취(P)는 모티베이션(M)과 능력(A)의 기능상 곱의 함수

$$P=f(M\times A)$$

- 모티베이션(Motivation)은 유의성(Valence)과 기대(Expectancy)와의 기능상 곱의 함수

$$M=f(V_1\times E)$$

- 유의성(V_1)은 보상과 관련된 유의성(V_2)과 수단성(I)의 기능상 곱의 함수

$$V_1=(V_2\times I)$$

- 동기부여는 자발적인 활동대안 중에서 선택을 관리하는 과정으로 대부분의 행동은 개인의 자발적 통제하에 있으며, 그 결과에 의해 동기가 부여된다는 이론이다.

ⓒ 로크(Loke)의 목표설정이론

의식적인 목표 또는 의도와 업무 수행 간의 관계에서 인간은 이성적이며 의식적으로 행동한다는 가정에 근거한 동기이론이다.

5 주의와 부주의

(1) 주 의

① 주의의 특성

선택성	동시에 두 개 이상의 방향에 집중하지 못한다(중복집중 불가).
변동성	고도의 주의는 장시간 동안 지속될 수 없다.
방향성	한 지점에 주의를 집중하면 주변 다른 곳의 주의는 약해진다(주시점만 인지).

- 주 의 : 행동하고자 하는 목적에 의식수준이 집중하는 심리상태
- 부주의 : 목적수행을 위한 행동전개 과정 중 목적에서 벗어나는 심리적·육체적인 변화의 현상으로, 바람직하지 못한 정신상태를 총칭

* 작업상황에 따라서 주의력의 집중과 배분이 적절하게 이루어져야 인적오류(휴먼에러)예방에 효과적임.

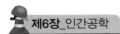

② 주의의 조건

외적 조건	• 자극의 대소(주의의 가치는 면적의 제곱근에 비례) • 자극의 강도 • 자극의 신기성(새로운 것) • 자극의 반복 • 자극의 운동 • 자극의 대비
내적 조건	• 욕구 • 흥미 • 기대 • 자극의 의미

(2) 부주의

① 부주의의 개념(특성)

㉠ 부주의는 불안전한 행동뿐만 아니라 불안전한 상태에서는 통용된다.

㉡ 부주의란 말은 결과를 표현한다.

㉢ 부주의에는 발생 원인이 있다.

㉣ 부주의와 유사한 현상 구분

착각이나 인간능력의 한계를 초과하는 요인에 의한 동작 실패는 부주의에서 제외된다.

㉤ 부주의는 무의식 행위나 그것에 가까운 의식의 주변에서 행해지는 행위의 한정이다.

② 부주의의 원인 및 대책

구 분	원 인	대 책
외적 원인	작업, 환경조건 불량	환경정비
	작업순서 부적당	작업순서 조절
	작업강도	작업량, 시간, 속도 등의 조절
	기상조건	온도, 습도 등의 조절
내적 원인	소질적 요인	적성배치
	의식의 우회	상담
	경험부족 및 미숙련	교육
	피로도	충분한 휴식
	정서 불안정 등	심리적 안정 및 치료

③ 부주의 현상

의식의 단절 (무의식)	의식수준 제0단계(Phase 0)의 상태(특수한 질병의 경우)
의식의 우회(부주의)	의식수준 제1단계(Phase 1)의 상태(걱정, 고뇌, 욕구불만 등)
의식수준의 저하	의식수준 제2단계(Phase 2) 이하의 상태(심신피로 또는 단조로운 작업 시)
의식의 혼란	외적 조건의 문제로 의식이 혼란되고 분산되어 작업에 잠재된 위험요인에 대응할 수 없는 상태(자극이 애매모호하거나 너무 강하거나 약할 때)
의식의 과잉 (과긴장 상태)	의식수준이 제4단계(Phase 4)인 상태 (돌발사태 및 긴급이상사태로 주의의 일점집중 현상 발생)

15 집단관리와 리더십

1 리더십의 유형

(1) 리더십의 개요

① 개 념

㉠ 슈뢰터(L.C.Schroeter)

사람들이 최상의 상황에서 주어진 과업을 수행하게 하는 활력요소이다.

㉡ 탄넨바움(R.Tannenbaum)

특정한 상황에서 특정한 목표를 달성하기 위하여 커뮤니케이션 등을 사용하여 이루어지는 사람 간의 영향력이다.

㉢ 일반적으로 정리하면 공통의 목표를 달성하기 위해 모든 사람들이 따라올 수 있도록 영향을 주는 것이다.

㉣ 리더십이란, 주어진 상황에서 목표달성을 위해 리더와 추종자 그리고 상황에 의한 변수의 결합으로써 아래와 같은 함수로 표현할 수 있다.

$$L=f(l, f, s)$$

여기서, L : Leadership

l : Leader(리더)

f : Follower(추종자)

s : Situation(상황)

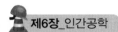

② 인간행동의 변화

    ㉠ 변화의 메커니즘

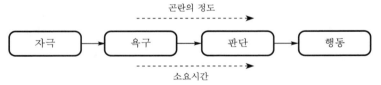

인간의 변화에 필요한 소요시간과 곤란도

    ㉡ 변화의 전개과정

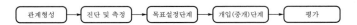

③ 관리자에게 필요한 기능

    ㉠ 기술적 기능

    ㉡ 인간관계적 기능

    ㉢ 개념적 기능

    *세가지 기능은 경영자(㉡㉢), 감독자(㉠㉡), 관리자(㉠㉡㉢)에게 어느 정도씩 모두 혼합되어 있어야 함.

④ 리더에게 주어진 권한의 역할

조직이 리더에게 부여하는 권한	보상적 권한	적절한 보상을 통해 효과적인 통제를 유도(임금, 승진 등)
	강압적 권한	적절한 처벌을 통해 효과적인 통제를 유도(승진탈락, 임금삭감, 해고 등)
	합법적 권한	조직에서 정하고 있는 규정에 의해 주어진 지도자의 권리를 합법화
리더 자신이 자신에게 부여하는 권한 (부하직원들의 존경심)	위임된 권한	지도자가 추구하는 계획과 목표를 부하직원이 자신의 것으로 받아들여 공감하고 자발적으로 참여
	전문성의 권한	조직의 목표달성에 필요한 전문적인 지식의 정도. 부하직원들이 전문성을 인정하면 지도자에 대한 신뢰감이 향상되고 능동적으로 업무에 스스로 동참

(2) 리더십이론

특성이론	리더 자신이 가지고 있는 개인적 특성 중에서 어떠한 특성들이 성공적인 리더가 되는 데 기여하는가를 찾아내고자 하는 이론
상황이론	리더십은 그것이 수행되는 과정에서 항상 특정한 환경조건이 주어지며 이러한 환경과 사람과의 상호작용에 의해 이루어진다는 이론
2차원이론	리더의 행동에는 '생산 및 과업지향' 리더십(독재적 경향)과 '인간지향' 리더십(민주적 경향)의 두 가지 기본적인 형태가 있다고 주장하는 이론

(3) 리더십의 유형

유 형	개 념	특 징
독재적(권위주의적) 리더십(맥그리거의 X이론 중심)	• 부하직원의 정책결정참여 거부 • 리더의 의사에 복종강요(리더중심) • 집단구성원의 행위는 공격적 아니면 무관심 • 집단구성원 간의 불신과 적대감	리더는 생산이나 효율의 극대화를 위해서 완전한 통제를 하는 것이 목표
민주적 리더십 (맥그리거의 Y이론 중심)	• 집단토론이나 집단결정을 통하여 정책 결정 (집단중심) • 리더나 집단에 대하여 적극적인 자세로 행동	참여적인 의사결정 및 목표설정(리더와 부하직원 간의 협동과 상호 의사소통이 필요)
자유방임형 (개방적) 리더십	• 집단구성원(종업원)에게 완전한 자유를 주고 리더의 권한행사는 없음 • 집단구성원 간의 합의가 안 될 경우 혼란 야기(종업원 중심)	리더는 자문기관으로서의 역할만하고 부하직원들이 목표와 정책 수립

(4) 리더십의 결정요인(리더십 행동에 영향을 미치는 요소)

리더(지도자)	• 가치 체계 • 부하에 대한 신뢰도 정도 • 리더 자신의 성향 • 불확실한 상황에서 가지는 안정감
부하(추종자)	• 부하의 성격 • 부하의 기대
상 황	• 조직의 유형 • 집단의 능률성 • 문제 그 자체 및 시간의 긴박감

(5) 리더십의 기법

① 기법의 형태

독재적 리더십	• 부하를 강압적으로 지배하고, 인위적인 술수를 사용 • 관대한 대우를 할 수 있으나 의사결정권은 경영자가 가짐 • 조직의 목표가 바로 개인의 목표
자유방임적 리더십	• 의사결정의 책임을 부하들에게 전가 • 문제해결의 속도가 느리고 업무회피 현상 • 자신감을 갖고 문제해결을 시도하는 경우도 있음
통합적(참여적) 리더십	• 경영자는 상위계층의 경영자 또는 기업 외부와 교량 역할 • 부하들의 당면 문제를 해결할 수 있도록 지원하는 역할 • 발생할 수 있는 갈등은 건전하고 창조적인 방향 • 독재적 스타일에서는 비건설적이며 과업 성과 감소

② 기법의 선택

　　㉠ 위기상황 : 독재적인 유형

　　㉡ 안정적 상황 : 자유방임적 유형

③ 직업상담(카운슬링)

　　㉠ 상담순서

　　　• 5단계

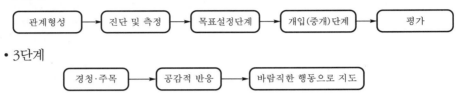

관계형성 → 진단 및 측정 → 목표설정단계 → 개입(중개)단계 → 평가

　　　• 3단계

경청·주목 → 공감적 반응 → 바람직한 행동으로 지도

　　㉡ 상담방법

　　　• 비지시적 카운슬링(로저스, C.R.Rogers)

　　　　문제를 피상담자 스스로 해결할 수 있도록 기회를 제공(상담자는 경청 및 격려 위주)하는 것

　　　• 지시적 카운슬링

　　　　피상담자의 문제해결에 상담자가 적극적인 역할(경청→결정→동기부여)을 하는 것

　　　• 절충적 카운슬링(협조적 카운슬링)

　　　　비지시적 카운슬링과 지시적 카운슬링 병용(상담자 및 피상담자의 상호 대등관계)하는 것

　　㉢ 개인적 상담기술

　　　• 직접 충고

　　　　작업태도가 불량하거나 안전수칙을 이행하지 않는 작업자를 대상으로 작업현장에서 많이 활용하는 방법이다.

　　　• 설득적 방법

　　　• 설명적 방법

2 헤드십(Headship)

(1) 헤드십의 개념

① 집단 내에서 내부적으로 선출된 지도자를 리더십이라 하며, 반대로 외부에 의해 지도자가 선출되는 경우 헤드십이라 한다.

② 헤드십의 권한

　　㉠ 부하들의 활동 감독

ⓛ 부하들의 지배

ⓒ 처벌

(2) 헤드십과 리더십의 구분

구 분	권한 부여 및 행사	권한 근거	상관과 부하와의 관계 및 책임귀속	부하와의 사회적 간격	지휘 형태
헤드십	위에서 위임하여 임명	법적 또는 공식적	지배적 상사	넓다.	권위주의적
리더십	아래로부터 동의에 의한 선출	개인능력	개인적인 경향 상사와 부하	좁다.	민주주의적

3 사기와 집단역학

(1) 집단적응(집단행동의 기본형태)

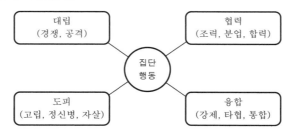

(2) 모랄 서베이(Morale survey)

① 기대효과

ⓖ 경영관리개선의 자료수집

ⓛ 근로자의 심리, 욕구 파악→불만 해소→근로의욕 향상

ⓒ 근로자의 정화작용 촉진

② 주요방법

ⓖ 통계에 의한 방법(결근, 지각, 사고율 등)

ⓛ 사례연구법

ⓒ 관찰법

ⓔ 실험연구법

ⓜ 태도조사법(의견조사) : 질문지법, 면접법, 집단토의법 등

(3) 퍼스낼리티(개성, 성격) (Personality)

① 정 의

어떤 상황에 대해 일관성 있는 행동양식을 보이는 개인의 기질이나 성격, 능력 등을 말

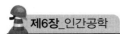

한다.

② 특 징

    ㉠ 개인의 특징을 나타내는 개인만의 개성

    ㉡ 표면상으로는 어느 정도 안정된 상태 유지

    ㉢ 선천적인 유전적 기질과 환경 및 사회적 학습요인의 상호작용 과정에서 형성

    ㉣ 일상생활에서의 주변적, 피상적 퍼스낼리티와 특정 상황에서의 핵심적 퍼스낼리티로 구성

③ 형성요인

④ 구 조

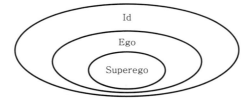

    ㉠ 프로이드(S.Freud)

      • 인간의 행동을 자극하고 통제하는 세 가지인 본능(Id), 자아(Ego), 초자아(Superego)의 구조에 대해 설명하였다.

      • 인간의 행동을 관찰하여 어느 영역에서 기인된 것인지를 추정(인간의 행동은 실제 연령과 무관함)한다.

    ㉡ 영역에 따른 행동

본능(Id)	본능적이고 충동적인 행동
자아(Ego)	논리적, 이성적, 합리적 행동
초자아(Superego)	도덕과 양심에 따른 도덕적, 윤리적 행동

(4) 욕구저지(욕구불만)

① 욕구저지의 상황요인

객관적 (환경적 요인)	외적 결여	욕구만족의 대상이 존재하지 않음.
	외적 상실	욕구를 만족시켜 오던 대상이 사라짐.
	외적 갈등	외부 조건으로 인하여 심리적 갈등 발생
주관적 (내적 요인)	내적 결여	개체에 욕구만족의 능력과 자질 부재
	내적 상실	개체의 능력 상실
	내적 갈등	개체 내 압력으로 인해 심리적 갈등 발생

② 욕구저지반응

공격가설	공격방향	외벌반응	사람이나 상황 등 외부로 공격
		내벌반응	자기 자신의 책임을 느껴 자기 스스로에게 공격
		무벌반응	공격을 회피하는 현상
	욕구저지를 일으키는 장해에 대한 반응	장해우위형	장해 자체에 강조점
		자아방위형	욕구저지로 불만에 빠진 자아방위를 강조
		욕구고집형	포기하지 못하고 욕구충족을 강조
퇴행가설	욕구저지는 높은 긴장상태를 유발하게 되며 자아영역이 붕괴→원시적 단계로 퇴행		
고착가설	욕구저지는 학습행동과 상이한 고착반응을 발생시킴(자포자기 등)		

16 생체리듬과 피로

1 피로의 증상 및 대책

(1) 개념

① 정의

여러 가지 원인에 의해 신체적 혹은 정신적으로 지치거나 약해진 상태로서 작업능률의 저하, 항상성의 혼란 등이 일어나는 상태를 말한다.

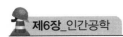

② 종 류

급성·만성	급성피로	보통의 휴식에 의해 회복되는 것으로 지속시간이 6개월 미만
	만성피로	특별한 질병 없이 충분한 휴식에도 불구하고 6개월 이상 피로감을 느끼게 되는 현상
정상·병적	정상(생리적)피로	휴식과 수면으로 회복이 가능한 피로
	병적 피로	축적된 피로로 인하여 병적인 증세로 발전
육체적·정신적	육체적 피로	육체적으로 근육에서 일어나는 피로(신체피로)
	정신적 피로	정신적 긴장에 의한 중추신경계의 피로

③ 피로의 3증상

구 분	주관적 피로	객관적 피로	생리적(기능적) 피로
현 상	① 피로감을 느끼는 자각증세 ② 지루함과 단조로움, 무력감 등을 동반 ③ 주위산만, 불안초조, 직무수행 불가	① 작업 성과의 저하(생산의 양과 질의 저하) ② 피로로 인한 느슨한 작업자세로 나타나는 하품, 잡담, 기타 불필요한 행동으로 인한 손실시간 증가로 생산성 저하	• 작업능력 또는 생리적 기능의 저하 • 생리적, 기능적 피로를 대상으로 검사하기 위해 인체의 생리상태를 검사 ① 말초신경계에 나타나는 반응의 패턴 ② 정보수용계 또는 중추신경계에 나타나는 반응의 패턴 ③ 대뇌 피질에 나타나는 반응의 패턴
대 책	적성배치, 작업조건의 변화, 작업환경개선	충분한 휴식시간으로 생산성을 높여야 함.	충분한 휴식으로 피로회복

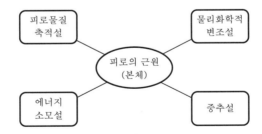

④ 피로의 3대 특징

   ⊙ 능률이 저하된다.

   ⊙ 생체의 타각적인 기능이 변화한다.

   ⊙ 피로의 자각 등 변화가 발생한다.

(2) 피로의 발생 원인

   ① 피로의 요인

      ⊙ 개체의 조건

신체적·정신적 조건, 체력, 연령, 성별, 경력 등이 영향을 미친다.

   ⓛ 작업조건

     • 질적조건 : 작업강도(단조로움, 위험성, 복잡성, 심적·정신적 부담 등)

     • 양적조건 : 작업속도, 작업시간

   ⓒ 환경조건

     온도, 습도, 소음, 조명시설 등

   ⓔ 생활조건

     수면, 식사, 취미활동 등

   ⓜ 사회적 조건

     대인관계, 통근조건, 임금과 생활수준, 가족 간의 화목 등

② 기계측 인자와 인간측 인자

기계측 인자	• 기계의 종류 • 조작 부분의 배치 • 기계의 색채	• 조작 부분에 대한 감촉 • 기계에 대한 쉬운 이해
인간측 인자	• 정신상태 • 생리적 리듬 • 작업시간 • 작업환경 등	• 신체적 상태 • 작업내용 • 사회환경

(3) 피로에 대한 대책

① 충분한 휴식

   ㉠ 작업의 성질과 강도에 따라서 휴식시간이나 횟수가 결정되어야 한다.

   ㉡ 휴식시간 산출공식(작업에 대한 평균 에너지값이 4kcal/분이라 할 경우, 이 단계를 넘으면 휴식시간이 필요)

$$R=\frac{60분\times(E-4)}{E-1.5}$$

  여기서, R : 휴식시간(분)

       E : 작업 시 평균 에너지소비량(kcal/분)

       60분 : 총 작업시간

       1.5kcal/분 : 휴식시간 중의 에너지소비량

   ㉢ 작업에 대한 평균 에너지값 산출

     • 보통 사람의 1일 소비에너지 : 약 4,300kcal/day

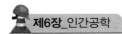

- 기초대사와 여가에 필요한 에너지 : 2,300kcal/day
- 작업 시 소비에너지 : (4,300−2,300)＝2,000kcal/day
- 1일 작업시간 : 8시간(480분)
- 작업에 대한 평균 에너지값 : 2,000kcal/day÷480분＝약 4kcal/분(기초대사를 포함한 상한값은 약 5kcal/분)

② 허시(Alfred Bay Hershey)의 피로방지대책(피로의 성질에 따른 경감법칙)

    ㉠ 신체적 활동에 의한 피로

       활동을 제한하는 목적 외의 동작배제, 기계력 사용, 작업교대 및 작업 중 휴식

    ㉡ 정신적 노력에 의한 피로

       충분한 휴식 및 양성훈련

    ㉢ 신체적 긴장에 의한 피로

       운동이나 휴식을 통하여 긴장해소

    ㉣ 정신적 긴장에 의한 피로

       용의주도하고 현명하며, 동정(動靜)적인 작업계획 수립 및 불필요한 마찰 배제

    ㉤ 환경과의 관계에 의한 피로

       작업장 내에서의 부적절한 관계배제, 가정이나 생활의 위생에 관한 교육 실시

    ㉥ 영양 및 배설의 불충분

       조식, 중식 등의 식습관 관리, 건강식품 준비, 신체위생에 관한 교육, 운동의 필요성에 관한 홍보

    ㉦ 질병에 의한 피로

       신속히 필요한 의료서비스를 받게 하는 일, 보건상 유해한 작업조건 개선, 적당한 예방법의 교육

    ㉧ 기후에 의한 피로

       온도, 습도, 환기량의 조절

    ㉨ 단조로움이나 권태감에 의한 피로

       일의 가치인식, 동작교대 시 교육 및 휴식 등

2 피로의 측정법

(1) 피로의 측정 방법 및 항목(피로판정법)

검사방법	검사항목	측정 방법 및 기기
생리적 방법	근력, 근활동 반사역치 대뇌피질 활동 호흡순환 기능 인지역치	근전계(EMG) 술역 측정기(PSR) 뇌파계(EEG) 플리커 검사 심전계(ECG) 청력검사(Audiometer), 근점거리계
심리학적 방법	변별역치 정신작업 피부(전위)저항 동작분석 행동기록 연속반응시간 집중유지기능 전신자각증상	피부전기반사(GSR) CMI, THI 등 Holygraph(안구운동측정 등) 전자계산 Kleapelin가산법 표적, 조준, 기록장치
생화학적 방법	혈색소농도, 요단백, 요 배설량	광도계, 요단백 침전, 혈청 굴절률계, Na, K, Cl 의 상태변동 측정

(2) 생리학적 측정법(생리적인 변화)

정적 근력작업	에너지대사량과 맥박수의 상관성, 근전도(EMG) 등
동적 근력작업	에너지대사량, 산소소비량 및 호흡량, 맥박수, 근전도 등
신경적 작업	매회 평균 호흡진폭, 맥박수, 피부전기반사(GSR) 등
심적 작업	플리커값 등

- 작업부하나 피로 등의 측정 시 : 호흡량, 근전도, 플리커값 등 사용
- 긴장감 측정 시 : 맥박수, GSR 등 사용

- 근전도(EMG : Electromyogram)
  근육이 수축할 때 근섬유에서 생기는 활동전위를 유도하여 증폭·기록한 근육활동의 전위차(말초신경에 전기자극)
- ENG(Electroneurogram)
  신경활동 전위차
- 심전도(ECG : Electrocardiogram)
  심장근육의 전기적 변화를 전극을 통해 유도, 심전계에 입력·증폭·기록한 것
- 피부전기반사(GSR : Galvanic Skin Reflex)
  작업부하의 정신적 부담이 피로와 함께 증대하는 현상을 전기저항의 변화로서 측정한 것, 정신전류현상이라고도 함.
- 플리커값
  정신적 부담이 대뇌피질에 미치는 영향을 측정한 값

(3) 자각적 방법

일본산업위생협회의 산업피로연구회가 작성한 자각증상 조사표를 많이 사용한다(피로도를 평정척도로 사용하여 자기평정하는 방법).

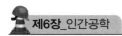

(4) 타각적 방법

① 플리커(Flicker)법

융합한계빈도(Critical fusion frequency of flicker)

CFF법이라고도 하는데 사이가 벌어진 회전하는 원판으로 들어오는 광원의 빛을 단속시켜 연속광으로 보이는지 단속광으로 보이는지 경계에서의 빛의 단속주기를 플리커치라고 하여 피로도 검사에 이용한다.

② 연속색명호칭법(Color naming test, Blocking검사)

㉠ 정신활동을 계속하는 것이 일시적으로 저해되는 현상(Blocking현상)을 이용한 검사

㉡ 적, 황, 청, 백, 흑의 5가지 색을 1cm²의 색지로 각 20매씩 총 100매를 준비

㉢ 결 과

피로의 정도가 매우 큰 경우	• 시간이 평균보다 많이 걸림 • 정정 시 일시적으로 멈춤현상(Blocking현상) 발생 • 호칭이 틀리거나 빠졌는데도 알지 못함
극도의 피로상태	호칭을 중도에서 포기할 경우

3 작업강도와 피로

(1) 작업강도(에너지대사율, R.M.R)

① 작업강도는 휴식시간과 밀접한 관련이 있으며, 이 두 가지 조건의 적절한 조절은 작업의 능률과 생산성에 큰 영향을 줄 수 있다. 따라서, 작업의 강도에 따라 에너지소모가 다르게 나타나므로 에너지대사율은 작업강도의 측정에 유효한 방법이다.

② 산출식

$$RMR = \frac{작업\ 시\ 소비에너지 - 안정\ 시\ 소비에너지}{기초대사\ 시\ 소비에너지} = \frac{작업대사량}{기초대사량}$$

③ 작업 시 소비에너지작업 중에 소비한 산소의 소비량으로 측정

안정 시 소비에너지·의자에 앉아서 호흡하는 동안 소비한 산소의 소모량 기초대사량·체표면적 산출식과 기초대사량 표에 의해 산출 한다.

$$A = H^{0.725} \times W^{0.425} \times 72.46$$

여기서, A: 몸의 표면적(cm²), H: 신장(cm), W: 체중(kg)

(2) RMR에 따른 작업강도단계

0~2 RMR	경작업	정신작업(정밀작업, 감시작업, 사무적인 작업 등)
2~4 RMR	중작업(中)	손끝으로 하는 상체작업 또는 힘이나 동작 및 속도가 작은 하체작업
4~7 RMR	중작업(重), 강작업	힘이나 동작 및 속도가 큰 상체작업 또는 일반적인 전신작업
7 RMR 이상	초중작업	과격한 작업에 해당하는 전신작업

- RMR 7 이상은 되도록 기계화하고 RMR 10 이상은 반드시 기계화하여야 한다.
- 작업의 지속시간 : RMR 3 : 3시간 지속 가능, RMR 7 : 약 10분간 지속 가능

4 생체리듬(Biorhythm)

(1) 생체리듬의 어원

① 바이오리듬의 어원은 생명(생활)을 의미하는 Bio와 규칙적인 율동을 의미하는 Rhythm이라는 그리스어가 결합하여 만들어진 단어로 인간의 생리적 주기 또는 리듬에 관한 이론이다.

② 처음에는 환자의 치료목적이 주가 되었던 바이오리듬은 점차 일상생활로 보급되어 다양하게 활용되었으며, 현재는 산업현장에서 근로자들의 재해를 예방하는 데 많이 응용되고 있다.

(2) 생체리듬의 종류 및 특성

육체적(신체적) 리듬 (Physical cycle)	몸의 물리적인 상태를 나타내는 리듬으로, 질병에 저항하는 면역력, 각종 체내 기관의 기능, 외부 환경에 대한 신체의 반사작용 등을 알아볼 수 있는 척도로서 23일의 주기
감성적 리듬 (Sensitivity cycle)	기분이나 신경계통의 상태를 나타내는 리듬으로 창조력, 대인관계, 감정의 기복 등을 알아볼 수 있으며 28일의 주기
지성적 리듬 (Intellectual cycle)	집중력, 기억력, 논리적인 사고력, 분석력 등의 기복을 나타내는 리듬으로 주로 두뇌활동과 관련된 리듬으로 33일의 주기

5 위험일

(1) 정 의

① 3가지의 서로 다른 리듬은 안정기(+)와 불안정기(−)를 교대로 반복하면서 사인(Sine)곡선을 그리며 반복되는데 (+)에서 (−)로 또는 (−)에서 (+)로 변하는 지점을 영(Zero) 또는 위험일이라 한다.

② 위험일은 평소보다 뇌졸중이 5.4배, 심장질환의 발작이 5.1배, 자살은 6.8배나 높게 나타난다.

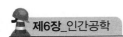

③ 바이오리듬의 변화

　㉠ 주간감소, 야간증가 : 혈액의 수분, 염분량

　㉡ 주간상승, 야간감소 : 체온, 혈압, 맥박수

　㉢ 특히 야간에는 체중감소, 소화불량, 말초신경 기능저하, 피로의 자각증상 증대 등의
　　현상이 나타난다.

　㉣ 사고 발생률이 가장 높은 시간대

　　• 24시간 업무 중 : 03~05시 사이

　　• 주간 업무 중 : 오전 10~11시, 오후 15~16시 사이

(2) 바이오리듬과 안전의 관련성

① 바이오리듬을 안전계획수립 및 무재해운동에 효율적으로 활용함으로써 근로자의 관심
　과 참여를 유도하고 나아가서는 사고나 재해예방 및 근로자의 안전의식을 향상시키는
　계기로 만들 수 있다.

② 개인별 리듬을 분석하여 위험일에 해당하는 근로자의 작업 일정 및 시간, 업무내용, 휴
　무일 등의 변화를 통하여 위험대처능력을 사전에 교육하고 불안전요인을 사전에 제거
　하여 심리적 안정 및 사고예방에 큰 효과를 가져올 수 있으므로 많은 활용이 기대된다.

산업안전관리론

제7장

산업재해조사 및 원인분석

1. 재해조사

2. 재해 원인분석

3. 산재분류 및 통계분석

01 재해조사

1 재해조사의 목적

(1) 목 적

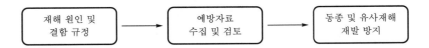

| 재해 원인 및 결함 규정 | → | 예방자료 수집 및 검토 | → | 동종 및 유사재해 재발 방지 |

(2) 용어의 정의

① 사고(Accident)

재해를 발생시키는 원인을 말한다.

- 산업사고

불안전한 행동이나 상태가 선행되어 고의성 없이 작업을 방해하거나 일의 능률을 저하시키며, 직간접으로 인명이나 재산상의 손실을 가져올 수 있는 사건을 말한다. 모든 사고는 어떤 원인인자에 의해 발생하며, 이 원인인자는 부상 혹은 재산상의 물적 손실을 초래하기도 하는데, 결국 이러한 원인인자가 제거 또는 수정 가능하면 사고는 미연에 방지 또는 예방할 수 있다.

② 재해(Loss injury)

사고의 결과로 발생하는 인명의 상해나 재산상의 손실을 가져올 수 있는 계획되지 않거나 예상하지 못한 사건을 말한다.

- 상해

인명의 상해를 수반하는 경우

- 아차사고(무상해사고, Near miss, Near accident)

인명의 상해나 물적 손실 등 일체의 피해가 없는 사고, 위기일발(Close calls)→버드(Frank E. Bird 미국의 보험학자)는 위험순간으로 정의하였다.

③ 산업재해(Industry injury and disease)

㉠ 산업안전보건법상의 정의

근로자가 업무에 관계되는 건설물·설비·원재료·가스·증기·분진 등에 의하거나 작업 기타 업무에 기인하여 사망 또는 부상하거나 질병에 걸리는 것을 말한다.

㉡ 산업재해보상보험법상의 업무상 재해와 동의어

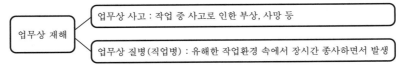

| 업무상 재해 | 업무상 사고 : 작업 중 사고로 인한 부상, 사망 등 |
| | 업무상 질병(직업병) : 유해한 작업환경 속에서 장시간 종사하면서 발생 |

ⓒ 통제를 벗어난 에너지의 광란으로 인하여 발생한 인명과 재산상의 피해현상을 말한다.

1. 산업안전보건법상 재해의 기준 4일 이상의 요양을 요하는 부상 또는 질병에 걸리는 것

2. 중대재해

　　1) 사망자가 1명 이상 발생한 재해

　　2) 3개월 이상의 요양을 요하는 부상자가 동시에 2명 이상 발생한 재해

　　3) 부상자 또는 직업성 질병자가 동시에 10명 이상 발생한 재해

3. 산업재해의 국제적인 정의

　　1) ILO(국제노동기구)에서 채택된 정의 : 사고 또는 재해란 사람이 물체나 물질 또는 타인과 접촉하거나 사람이 각종의 물체 및 작업조건에 놓여짐으로써, 또는 사람의 동작으로 인하여 사람의 상해를 동반하는 사건이 일어나는 것

　　2) 하인리히(H.W. Heinrich)에 의한 정의 : 사고 또는 재해란 대상물, 물질이나 사람의 작용과 반작용 혹은 재해로 인하여 부수적으로 생기는 결과와 같은 비계획적이고 통제되지 않은 사건

4. 산업재해의 통상적 분류

　　1) 통계적 분류

　　　　① 사망 : 업무로 인하여 목숨을 잃게 되는 경우

　　　　② 중상해 : 부상으로 인하여 8일 이상 휴업을 하는 경우

　　　　③ 경상해 : 부상으로 인하여 1일 이상 7일 이하의 휴업을 하는 경우

　　2) 국제노동기구(ILO)에 의한 분류

　　　　① 사망 : 사고로 사망하거나 혹은 부상의 결과로서 사망한 경우

　　　　② 영구 전노동불능 상해 : 신체장해등급 제1급~제3급

　　　　③ 영구 일부노동불능 상해 : 신체장해등급 제4급~제14급

　　　　④ 일시 전노동불능 상해 : 신체장해가 남지 않는 일반적인 휴업재해

　　　　⑤ 일시 일부노동불능 상해 : 작업시간 중에 일시적으로 업무를 떠나 치료를 받는 정도의 상해

　　　　⑥ 구급처치상해 : 응급처치 또는 의료조치를 받아 부상당한 다음 날 정상적으로 작업을 할 수 있는 정도의 상해

2 재해조사 시 유의사항

(1) 조사상 유의사항

　① 사실을 수집한다. 그 이유는 뒤로 미룬다.

　② 목격자가 발언하는 사실 이외의 추측의 말은 참고로 한다.

　③ 조사는 신속히 행하고 2차 재해의 방지를 도모한다.

④ 사람, 설비, 환경의 측면에서 재해요인을 도출한다.

⑤ 제3자의 입장에서 공정하게 조사하며, 그러기 위해 조사는 2인 이상이 한다.

⑥ 책임 추궁보다 재발방지를 우선하는 기본태도를 견지한다.

(2) 조사방법 및 유의사항

대부분의 사업장에서 사용하는 양식은 4M의 원칙에 근거한다.

4M : 인간(Man), 기계 · 설비(Machine), 작업방법 · 환경(Media), 관리(Management)

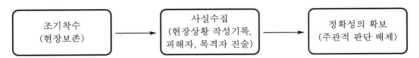

(3) 재해조사의 순서

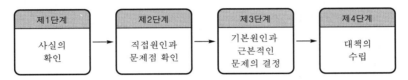

3 재해 발생 시 조치사항

(1) 재해 발생 시 조치순서

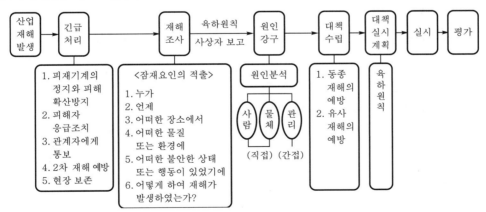

(2) 산업재해 발생보고

① 보고요령(육하원칙, 5W 1H)

재해 발생의 원인 확정에 관계되는 것으로 매우 중요하면서도 재해의 규모나 형태 및 특수성 등으로 인해 그 규명이 매우 까다롭고 어렵다.

㉠ 누가(Who)　　　　　　　　　　㉡ 언제(When)

ⓒ 어디서(Where)　　　　　　ⓔ 왜(Why)

ⓜ 어떻게 하여(How)　　　　　ⓗ 무엇을 하였는가(What)

② 산업재해 보고방법 및 내용

산업재해 보고	대상재해	사망자 또는 3일 이상의 휴업을 요하는 부상을 입거나 질병에 걸린 자가 발생한 때
	보고방법	재해가 발생한 날부터 1개월 이내에 산업재해조사표를 작성하여 관할 지방노동관서의 장에게 제출(단, 중대재해는 지체 없이 보고)
산업재해 발생 시 기록 보존해야 할 사항		1. 사업장의 개요 및 근로자의 인적사항 2. 재해 발생의 일시 및 장소 3. 재해 발생의 원인 및 과정 4. 재해 재발방지 계획
중대재해 발생 시 보고	보고방법	중대재해 발생 사실을 알게된 때에는 지체 없이 관할 지방노동관서의 장에게 전화·모사전송 기타 적절한 방법에 의하여 보고
	보고사항	1. 발생개요 및 피해상황 2. 조치 및 전망 3. 기타 중요한 사항

02 재해 원인분석

1 재해의 원인분석

(1) 재해 원인분석

① 개별적 원인분석

ⓐ 개개의 재해를 하나하나 분석하고 상세하게 원인규명을 하는 것이다.

ⓑ 특별재해나 중대재해 원인분석에 적합하다.

ⓒ 재해 발생건수가 적은 중소기업에 적합하다.

② 통계적 원인분석

ⓐ 파레토도

ⓑ 특성요인도

ⓒ 크로스 분석

ⓓ 관리도 등

③ 문답방식에 의한 재해 원인분석

ⓐ 관리상의 결함요인을 찾고자 할 때 사용한다.

ⓑ 흐름도(Flow-chart)에 의한 문답방식으로 피드백(Feed back)이 가능하다.

④ 사고의 본질적 특성

사고의 시간성	사고는 공간적인 것이 아니라 시간적인 것이다.
우연성 중의 법칙성	우연히 발생하는 것처럼 보이는 사고도 알고 보면 분명한 직접원인 등의 법칙에 의해 발생한다.
필연성 중의 우연성	인간의 시스템은 복잡하여 필연적인 규칙과 법칙이 있다 하더라도 불안전한 행동 및 상태, 또는 착오, 부주의 등의 우연성이 사고 발생의 원인을 제공하기도 한다.
사고의 재현 불가능성	사고는 인간의 안전의지와 무관하게 돌발적으로 발생하며 시간의 경과와 함께 상황을 재현할 수는 없다.

(2) 재해 발생의 원인

① 사고 발생의 메커니즘

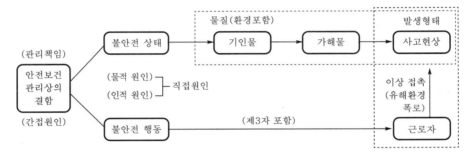

② 재해원인의 연쇄관계

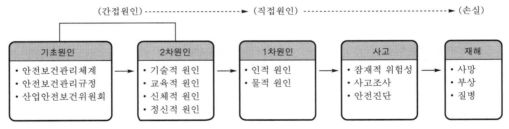

• 사고의 발생과 그 원인과의 관계는 필연적 인과관계
• 손실과 사고와의 관계는 우연적 인과관계

③ 재해의 발생형태(등치성 이론)

구 분	내 용
단순자극형	상호 자극에 의하여 순간적으로 재해가 발생하는 유형으로, 재해가 일어난 장소와 그 시기에 일시적으로 요인이 집중(집중형이라고도 함)
연쇄형	하나의 사고요인이 또 다른 사고요인을 일으키면서 재해를 발생시키는 유형 (단순연쇄형과 복합연쇄형)
복합형	단순자극형과 연쇄형의 복합적인 발생유형

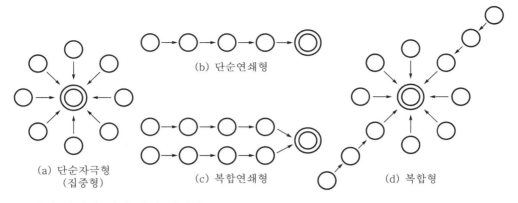

(a) 단순자극형
(집중형)

(b) 단순연쇄형

(c) 복합연쇄형

(d) 복합형

④ 여러 형태의 재해 발생 연쇄관계

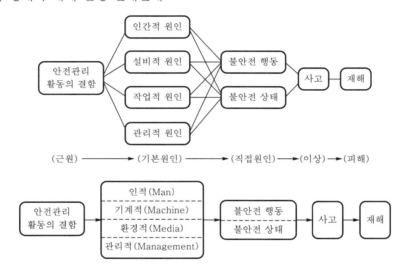

2 재해 발생의 원인

① 불안전한 행동과 상태(직접원인)

㉠ 불안전한 행동의 분류

물질 및 기계·설비의 부적절한 사용·관리	방호장치의 제거 및 무효화, 설비기능의 임의 변경, 결함요인이 있는 기계·설비의 사용, 안전조치 없이 유해·위험물질 사용 등
작업수행 불량 및 절차의 미준수	안전한 작업절차 미준수, 안전수칙을 무시한 작업수행, 위험상황에 대한 조치 불이행, 무의식적인 작업수행 등
구조물·공구 등의 위험한 방치	기계·설비 등을 불안전 상태로 방치, 위험한 상태의 확인 미흡, 작업장 바닥 및 공간의 정리정돈 불량 등
불안전한 작업자세	기계작업을 대신하는 무리한 인력작업, 부적당한 작업공간에서의 무리한 작업, 부적절한 운반작업, 불안전한 자세의 작업 등
작업수행 중 과실	의도적으로 행하지 않은 작업상 발생할 수 있는 여러 가지 형태의 과실

복장 보호구의 잘못 사용	보호구의 미사용, 작업에 부적절한 보호구 선택, 복장 보호구를 규정대로 착용하지 않은 경우 등
불필요한 행위 및 동작 또는 무모한 행동	적절한 기구 및 도구를 사용하지 않고 작업, 안전지역을 벗어나는 행위, 작업과 무관한 행동으로 인한 위험, 동력전도장치에 접근하는 행위 등
기타 분류 불능	이상의 불안전한 행동으로 분류할 수 없는 경우

ⓒ 불안전한 상태의 분류

물체 및 설비 자체의 결함	설계 불량, 정비 불량, 조립 결함 및 노후화, 사용 기계설비의 오작동, 고장요인에 대한 수리가 안 된 상태로 사용 등
방호조치의 부적절	방호 불충분, 방호장치 미설치, 방호장치의 결함, 안전표지의 결함 및 미설치, 규격에 맞지 않는 방호장치 설치 등
작업통로 등 장소의 불량 및 위험	작업발판 불량 및 미설치, 작업공간 부적절, 안전한 통로 미확보, 작업장소의 정리정돈 미비 등
물체, 기계설비 등의 취급상 위험	물체 적재방법 불량, 부적절한 기계·기구의 취급, 무리한 인력작업, 부적당한 공구선택 및 용도 외 사용 등
작업환경 등의 결함	환기 불량, 부적당한 조명, 부적당한 온·습도, 유해한 광선, 강렬한 소음·진동, 유해물질의 누출, 기타 불량한 환경요인 등
작업공정·절차의 결함	작업방법 불량, 생산공정 결함, 안전한 작업순서 및 절차 미수립 등
보호구 성능 및 착용상태 불량	지정된 보호구 미착용 및 미지급, 보호구 자체 성능 결함 및 미검정 보호구, 보호구 착용상태 불량 등
작업상 기타 잠재위험 요인	자연 환경적 위험, 도로교통의 위험요인, 연약지반의 위험성, 신체적·정신적 결함요인 등
기타 분류 불능	이상의 불안전한 상태로 분류할 수 없는 경우

ⓒ 불안전한 행동과 상태의 분류

불안전한 상태	물자체의 결함, 안전방호장치의 결함, 복장·보호구의 결함, 물의 배치 및 작업장소 불량, 작업환경의 결함, 생산공정의 결함, 경계 표시·설비의 결함 기타
불안전한 행동	위험장소에 접근, 안전방호장치의 기능제거, 복장·보호구의 잘못 사용, 기계·기구의 잘못 사용, 운전 중인 기계장치에 손질, 불안전한 속도조작, 위험물 취급 부주의, 불안전한 상태 방치, 불안전한 자세동작, 감독 및 연락 불충분 기타

② 3E 시정책의 분류(간접원인)

기술적 원인	•건물·기계 등의 설계 불량 •구조·재료의 부적합	•생산공정의 부적당 •점검 및 보존 불량
교육적 원인	•안전지식 및 경험의 부족 •경험훈련의 미숙 •유해·위험작업의 교육 불충분	•작업방법의 교육 불충분 •안전수칙의 오해
관리적 원인	•안전관리조직 결함 •작업준비 불충분 •안전수칙 미제정	•작업지시 부적당 •인원배치(적정배치) 부적당 •작업기준의 불명확

03 산재분류 및 통계분석

1 산업재해의 분류 및 통계 계산식

(1) 산업재해

근로자가 업무에 관계되는 건설물, 설비, 원재료, 가스, 증기, 분진 등에 의하거나 작업 또는 그 밖의 업무로 인하여 사망 또는 부상하거나 질병에 걸리는 것을 말한다.

① 중대재해
  ㉠ 사망자가 1명 이상 발생한 재해
  ㉡ 3개월 이상의 요양이 필요한 부상자가 동시에 2명 이상 발생한 재해
  ㉢ 부상자 또는 직업성 질병자가 동시에 10명 이상 발생한 재해

(2) 재해통계 계산식

㉠ 재해율

$$재해율 = \frac{재해자\ 수}{근로자\ 수} \times 100$$

㉡ 연천인율

$$연천인율 = \frac{재해자\ 수}{연평균\ 근로자\ 수} \times 1,000$$

㉢ 도수율(빈도율)

$$도수율 = \frac{재해건\ 수}{총근로시간\ 수} \times 10^6$$

② 사망만인율

$$사망만인율 = \frac{사망자\ 수}{근로자\ 수} \times 10^4$$

⑩ 강도율

$$강도율 = \frac{근로손실일\ 수}{연\ 근로시간\ 수} \times 1,000$$

⑪ 평균강도율 : 재해 1건당 근로손실일수

$$평균강도율 = \frac{강도율}{도수율} \times 1,000$$

⑦ 환산강도율 : 평생 근무 시 근로손실일수

$$환산강도율 = 강도율 \times 1,000$$

⑥ 환산도수율 : 평생 근무 시 재해건수

$$환산도수율 = \frac{도수율}{10}$$

⑦ 종합재해지수 : 기업 간 위험도 비교

$$종합재해지수 = \sqrt{도수율 \times 강도율}$$

2 재해 관련 통계의 정의, 종류 및 계산

(1) 재해율

① 재해(백분)율

㉠ 근로자 100명당 발생하는 재해자 수의 비율을 말한다.

㉡ 구하는 식

$$재해(백분)율 = \frac{재해자\ 수}{근로자\ 수} \times 100$$

② 연천인율

㉠ 근로자 1,000명당 연간 발생하는 재해자 수를 말한다.

㉡ 구하는 식

$$연천인율 = \frac{연간\ 재해자\ 수}{연평균근로자\ 수} \times 1,000$$

ⓒ 예제 : 1년간 평균 500명의 상시근로자를 채용하고 있는 업체에서 연간 2명의 재해자가 발생하였다면 연천인율은 얼마인가?

$$연천인율 = \frac{연간\ 재해자\ 수}{연평균\ 근로자\ 수} = \frac{2}{500} \times 1,000 = 4$$

ⓔ 연천인율 4란 그 작업장의 수준으로 연간 1,000명의 근로자가 근로할 경우 4명의 재해자가 발생한다는 뜻이다.

③ 도수율, 빈도율(FR ; Frequency Rate of injury)

㉠ 산업재해의 빈도를 나타내는 단위이다.

㉡ 근로자의 수나 가동시간을 고려한 것으로 재해 발생 정도를 나타내는 국제적 표준 척도로 사용한다.

㉢ 연간 근로시간 합계 100만 시간당 재해 발생건수를 말한다.

㉣ 구하는 식

$$도수(빈도)율(FR) = \frac{재해건수}{연간\ 총근로시간수} \times 1,000,000$$

㉤ 예제 : 500인의 근로자를 채용하고 있는 사업장에서 연간 20건의 재해가 발생하였다면 도수(빈도)율은 얼마인가?

$$도수(빈도)율 = \frac{20건}{500인 \times 2,400(300일 \times 8시간)} \times 1,000,000 = 16.67$$

㉥ 도수(빈도)율 16.67은 1,000,000인시(man·hour) 근로하는 동안 16.67건의 재해가 발생한다는 의미이다.

1. 연간 총 근로시간수 산출
   - 1일 : 8시간 기준(1주 : 48시간 기준)
   - 1개월 : 25일 기준
   - 1년 : 300일 기준(1년 : 50주 기준), 300일×8시간=2,400시간
2. 평생 근로시간수 산출
   - 평생 근로연수 : 정년퇴직을 60세로 보면 약 40년
   - 연간 근로시간수 : 2,400시간
   - 연간 시간 외 근로시간 : 100시간
   - 평생 근로시간수 : (300일×8시간×40년)+(100시간×40년)=100,000시간
3. 빈도율과 연천인율과의 상관관계(근로자 1인당 연간 근로시간을 2,400시간으로 계산)
   도수율(빈도율)=연천인율/2.4, 연천인율=도수율×2.4
4. 사망 및 영구 전노동불능 상해의 근로손실일수(7,500일) 산출 근거
   - 재해로 인한 사망자의 평균 연령 : 30세
   - 근로 가능한 연령 : 55세
   - 1년간 근로일수 : 300일
   따라서, 근로손실일수 25년×300일=7,500일

④ 강도율(SR ; Severity Rate of injury)

㉠ 재해의 경중(강도) 정도를 손실일수로 나타내는 통계이다.

㉡ 근로시간 1,000시간당 재해에 의해 잃어버린 근로손실일수이다.

㉢ 구하는 식

$$강도율(SR) = \frac{근로손실일수}{연간\ 총근로시간수} \times 1,000$$

㉣ 예제 : 연간 500명의 근로자를 두고 있는 사업장에서 2건의 휴업재해로 인하여 160일의 손실이 발생하고, 3건의 재해로 인하여 사망 1명과 장해등급 3급이 2명 발생하였다면 강도율은 얼마인가?

$$강도율 = \frac{근로손실일수}{연간\ 총근로시간수} \times 1,000 = \frac{7,500 + (7,500 \times 2) + \left(160 \times \frac{300}{365}\right)}{500 \times 2,400} \times 1,000$$
$$= 18.86$$

㉤ 강도율 18.86은 1,000인시 근로하는 동안 산업재해로 인하여 18.86일간의 근로손실이 발생하였다는 뜻이다.

㉥ 우리나라의 근로손실일수 산정기준

• 사망 및 영구 전노동불능(신체장해등급 1~3급) : 7,500일

• 영구 일부노동불능(근로손실일수 산정요령)

(단위 : 일)

구분	사망	장해등급												
		1~3	4	5	6	7	8	9	10	11	12	13	14
근로손실일수	7,500	7,500	5,500	4,000	3,000	2,200	1,500	1,000	600	400	200	100	50

• 일시적 노동불능 : 휴업일수 × 300/365

㉦ 평균강도율

$$평균강도율 = \frac{강도율}{빈도율} \times 1,000$$

(2) 환산재해율

① 환산도수율(F)과 환산강도율(S)

㉠ 환산도수율

평생 근로(10만시간)하는 동안 발생할 수 있는 재해건수이다.

㉡ 환산강도율

평생 근로(10만시간)하는 동안 발생할 수 있는 근로손실일수이다.

ⓒ 구하는 식

$$환산도수(빈도)율(F)=도수(빈도)율\times\frac{100,000}{1,000,000}=도수율\times\frac{1}{10}(건)$$

$$환산강도율(S)=강도율\times\frac{100,000}{1,000}=강도율\times100(일)$$

$$\frac{S}{F}=재해\ 1건당\ 근로순실일수$$

ⓔ 예제 : 우리나라의 전년도 도수(빈도)율이 5.42, 강도율이 2.53이라면 환산도수(빈도)율과 환산강도율은 얼마인가?

- 환산도수율 : 5.42×1/10=0.54회
- 환산강도율 : 2.53×100=253일
- 재해 1건당 근로손실일수 : 468.52일

ⓜ 우리나라 근로자는 누구나 입사하여 퇴직하기까지 평생근로하는 동안 평균 0.54회 부상을 당하고 1인 평균 253일의 근로손실일을 가져오며, 재해 1건당 468.52일의 근로손실이 발생한다는 뜻이다.

② 건설업의 환산재해율 및 상시근로자 수

ⓞ 건설업의 환산재해율

$$환산재해율=\frac{환산재해자\ 수}{상시근로자\ 수}\times1,000$$

ⓛ 건설업의 상시근로자 수

ⓒ 사망자에 대한 가중치 부여(부상재해자의 10배)대상에서 제외되는 경우

- 교통사고 또는 고혈압 등 개인지병에 의한 경우
- 폭풍·폭우·폭설 등 천재지변에 의한 경우
- 해당 사고와 관련하여 법원의 판결 등에 의하여 사업주(수급인, 하수급인, 장비 임대 및 설치·해체·물품납품 등에 관한 계약을 체결한 사업주 포함)의 무과실이 인정되는 경우
- 해당 건설작업과 직접 관련이 없는 제3자의 과실에 의한 경우
- 기타 취침·운동·휴식 중의 사고 등 건설작업과 직접 관련이 없는 경우

(3) 기타 재해 관련 공식

① 종합재해지수(Frequency Severity Indicator : FSI)

ⓞ 재해 빈도의 다소와 상해 정도의 강약을 종합하여 나타내는 방식으로 직장과 기업

의 성적지표로 사용한다.

$$FSI=\sqrt{\text{도수(빈도)율}\times\text{강도율}}$$

② Safe-T-Score

㉠ 과거의 안전성적과 현재의 안전성적을 비교·평가하는 방식

㉡ 안전에 관한 중대성의 차이를 비교하고자 사용하는 방식

$$\text{Safe-T-Score}=\dfrac{FR(\text{현재})-FR(\text{과거})}{\sqrt{\dfrac{FR(\text{과거})}{\text{총근로시간수(현재)}}\times1,000,000}}$$

㉢ 결과가 +이면 나쁜 기록이고, −이면 과거에 비해 좋은 기록이다.

- +2.00 이상 : 과거보다 심하게 나쁨
- +2.00~−2.00 : 과거에 비해 심각한 차이없음
- −2.00 이하 : 과거보다 좋아짐

③ 안전활동률

㉠ 1,000,000시간당 안전활동건수(안전활동의 결과를 정량적으로 표시하는 기준)이다.

$$\text{안전활동율}=\dfrac{\text{안전활동건수}}{\text{연간근로시간수}\times\text{평균 근로자 수}}\times10^6$$

㉡ 안전활동건수에 포함되어야 할 항목

- 실시한 안전개선 권고수
- 안전조치한 불안전 작업수
- 불안전한 행동 적발건수
- 불안전한 물리적 상태 지적건수
- 안전회의건수
- 안전홍보건수

3 재해손실비용의 종류 및 계산

(1) 하인리히(H.W.Heinrich) 방식(1 : 4원칙)

① 직접비와 간접비

직접비(법적으로 지급되는 산재보험급여)		간접비(직접비를 제외한 모든 비용)
요양급여	요양비 전액 (진찰, 약제, 처치·수술 기타 치료, 의료시설 수용, 간병, 이송 등)	인적 손실 물적 손실 생산손실 임금손실 시간손실 등
휴업급여	1일당 지급액은 평균임금의 100분의 70에 상당하는 금액	
장해급여	장해등급에 따라 장해보상연금 또는 장해보상일시금으로 지급	
간병급여	요양급여를 받은 자가 치유 후 간병이 필요하여 실제로 간병을 받는 자에게 지급	
유족급여	근로자가 업무상 사유로 사망한 경우 유족에게 지급 (유족보상연금 또는 유족보상일시금)	
상병보상 연금	요양개시 후 2년이 경과된 날 이후에 다음의 상태가 계속되는 경우 지급 • 부상 또는 질병이 치유되지 아니한 상태 • 부상 또는 질병에 의한 폐질의 정도가 폐질등급 기준에 해당	
장례비	평균임금의 120일분에 상당하는 금액	

*기타 : 장해특별급여, 유족특별급여(민법에 의한 손해배상청구 가능)

② 직접 손실비용

> 직접 손실비용 : 간접 손실비용=1 : 4(1대 4의 경험법칙)
> 재해 손실비용=직접비+간접비=직접비×5

③ 업종별 재해손실금 비용 비율 적용

ㄱ 경공업 분야 1 : 4

ㄴ 중공업 분야 1 : 10~1:20

(2) 버즈(F.E.Birds)의 방식(간접비의 빙산원리)

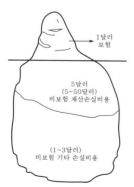

직접비(1)	간접비(5)	
보험비	비보험 재산 손실비용	비보험 기타 손실비용
상해사고와 관련되는 의료비 또는 보상비	쉽게 측정 (보험 미가입) ① 건물 손실 ② 기구 및 장비 손실 ③ 제품 및 재료 손실 ④ 조업 중단 및 지연	양 측정 곤란 (보험 미가입) ① 시간조사 ② 교육 ③ 임대 등
1	5~50	1~3

(3) 시몬즈(Simonds) 방식

① 총 재해비용 산출방식

= 보험 Cost×비보험 Cost

= 산재보험료+A×(휴업상해건수)+B×(통원상해건수)+C×(응급처치건수)

+D×(무해사고건수)

* A, B, C, D(상수)는 상해정도별 재해에 대한 비보험 코스트의 평균액(산재보험금을 제외한 비용)
* 사망과 영구 불능상해는 재해범주에서 제외됨.

〈재해사고의 분류(예시)〉

분류	내용
휴업상해	영구 부분노동불능, 일시 전노동불능
통원상해	일시 부분노동불능, 의사의 조치를 요하는 통원상해
응급처치	20달러 미만의 손실 또는 8시간 미만의 휴업 손실상해
무상해사고	의료조치를 필요로 하지 않는 경미한 상해, 사고 및 무상해 사고 (20달러 이상의 재산손실 또는 8시간 이상의 손실사고)

② 구성항목

보험 Cost	비보험 Cost
1. 보험금 총액 2. 보험회사의 보험에 관련된 제경비와 이익금	1. 작업중지에 따른 임금손실 2. 기계설비 및 재료의 손실비용 3. 작업중지로 인한 시간손실 4. 신규 근로자의 교육·훈련비용 5. 기타 제경비

③ 시몬즈와 하인리히 방식의 차이점

㉠ 시몬즈는 보험 Cost와 비보험 Cost로, 하인리히는 직접비와 간접비로 구분하였다.

㉡ 산재보험료와 보상금의 차이

시몬즈는 보험 Cost에 가산, 하인리히는 가산하지 않았다.

㉢ 간접비와 비보험 Cost는 같은 개념이나 구성항목에 차이가 있다.

㉣ 시몬즈는 하인리히의 1:4 방식을 전면 부정하고 새로운 산정방식인 평균치법을 채택하였다.

(4) 콤페스(P.C Compes)의 방식

① 직접비용과 간접비용 외에 기업의 활동능력이 상실되는 손실도 감안해야 한다고 주장하였다.

② 전체 재해손실 : 공동비용(불변)+개별비용(변수)

구 분	공동비용	개별비용
항 목	• 보험료 • 안전보건팀 유지비용 • 기타(기업의 명예, 안전성 등)	• 작업중단으로 인한 손실비용 • 수리대책에 필요한 비용 • 치료에 소요되는 비용 • 사고조사에 필요한 비용 등

3 재해통계 분류방법

(1) 분류방법

통계적 분류	사 망	업무로 인하여 목숨을 잃게 되는 경우
	중상해	부상으로 인하여 8일 이상 휴업을 하는 경우
	경상해	부상으로 인하여 1일 이상 7일 이하의 휴업을 하는 경우
국제노동 기구(ILO) 에 의한 분류	사 망	사고 혹은 부상의 결과로서 사망한 경우
	영구 전노동불능 상해	부상 결과 근로자로서의 근로기능을 완전히 잃은 경우 (신체장해등급 제1급~제3급)
	영구 일부 노동불능 상해	부상 결과 신체의 일부, 즉, 근로기능의 일부를 상실한 경우 (신체장해등급 제4급~제14급))
	일시 전노동불능 상해	의사의 진단에 따라 일정기간 근로를 할 수 없는 경우 (신체장해가 남지 않는 일반적 휴업재해)
	일시 일부 노동불능 상해	의사의 진단에 따라 부상 다음 날 혹은 그 이후에 정규근로에 종사할 수 없는 휴업재해 이외의 경우 (일시적으로 작업시간 중에 업무를 하면서 치료를 받는 정도의 상해)
	구급처치상해	응급처치 혹은 의료조치를 받아 부상당한 다음 날 정규근로에 종사 할 수 있는 경우

(2) 재해통계 도표

① 파레토도(Pareto diagram)

㉠ 관리대상이 많은 경우 최소의 노력으로 최대의 효과를 얻을 수 있는 방법이다.

㉡ 분류항목을 큰 값에서 작은 값의 순서로 도표화하는데 편리하다.

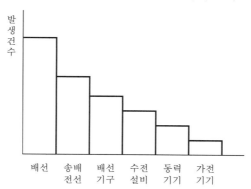

② 특성요인도

　㉠ 특성과 요인의 관계를 세분하여 연쇄관계를 나타내는 방법이다.

　㉡ 원인요소와의 관계를 상호의 인과관계만으로 결부시킨다.

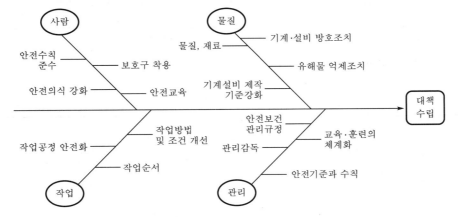

③ 크로스(Cross) 분석

　두 가지 또는 그 이상의 요인이 서로 밀접한 상호관계를 유지할 때 사용되는 방법이다.

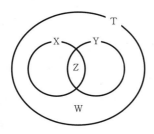

T : 전체 재해건수
X : 인적 원인으로 발생한 재해건수
Y : 물적 원인으로 발생한 재해건수
Z : 두 가지 원인이 함께 겹쳐 발생한 재해건수
W : 인적 원인과 물적 원인 어느 원인도 관계없이 일어난 재해

④ 관리도

　재해 발생건수 등의 추이파악을 하고 목표관리를 행하는 데 필요한 월별 재해 발생건수를 그래프화하여 관리구역을 설정하고 관리하는 방법이다.

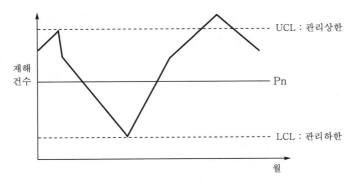

UCL : Upper Control Limit
LCL : Low Control Limit
Pn : 중심선

⑤ 원형도표 유형

파이형

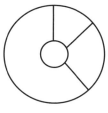

도너츠형

4 재해사례 분석절차

(1) 재해사례 연구방법의 목적

① 재해 원인을 규명하여 대책을 수립한다.

② 재해방지 원칙을 습득하여 안전보건활동을 실천한다.

③ 참가자의 안전에 관한 사고를 깊게 하거나 태도의 변화를 유도한다.

순서	구분		내용	
전제 조건	재해상황 파악		1. 발생 일시, 장소 3. 상해상황 5. 가해물, 기인물 7. 피해자 특성 등	2. 업종, 규모 4. 물적 피해 6. 사고의 형태
1단계	사실의확인	사람에 관한 사항	1. 작업명과 그 내용 3. 재해자 인적사항	2. 공동 작업자의 역할 4. 불안전 행동 유무 등
		물질에 관한 사항	1. 레이아웃 3. 복장, 보호구 5. 불안전 상태 유무	2. 물질, 재료 4. 방호장치
		관리에 관한 사항	1. 안전보건관리규정 3. 관리·감독 상황 5. 연락, 보고 등	2. 작업표준 4. 순찰, 점검, 확인
		재해 발생까지 의 경과	1. 객관적인 표현 2. 육하원칙:언제·어디서·누가·무엇을·왜·어떻게할 것인가, 할 수 있는가, 하였는가?	
2단계	문제점 발견		1. 기준에서 벗어난 사실을 문제점으로 하고 그 이유를 명확히 2. 관계법규, 사내규정, 안전수칙 등의 관계 검출 3. 관리자 및 책임자의 직무, 권한 등에 대하여 평가, 판단	
3단계	근본적 문제점의 결정 (재해원인)		1. 파악된 문제점 중 재해의 중심적 원인을 설정 2. 문제점을 인적·물적·관리적인 면에서 결정 3. 재해원인 결정(관리적 책임에 비중)	
4단계	대책의 수립		1. 동종재해 예방대책 2. 유사재해 예방대책 3. 대책의 실시계획 수립(육하원칙)	

(2) 재해사례 연구의 기준

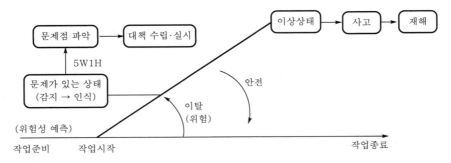

(3) 재해 분류 및 분석

① 미국표준협회(ANSI)

ㄱ 상해의 종류

ㄴ 상해의 부위

ㄷ 가해물

ㄹ 사고의 형태

ㅁ 불안전한 상태

ㅂ 기인물

ㅅ 불안전한 행동

② 국제노동기구(ILO)의 재해원인 분류

분류항목	내 용
재해형태	추락, 낙하 등
매개물	기계류, 운송 및 기중 장비, 기타 장비, 재료, 물질, 작업환경 등
재해의 성격	골절, 외상, 타박상 등
상해 부위	머리, 손, 발 등

③ 상해의 종류별 분류

분류항목	세부항목
골 절	뼈가 부러진 상해
동 상	저온물 접촉으로 생긴 동상상해
부 종	국부의 혈액순환 이상으로 몸이 퉁퉁 부어오르는 상해
찔 림	칼날 등 날카로운 물건에 찔린 상해
타박상(뼘)	타박·충돌·추락 등으로 피부표면보다는 피하조직 또는 근육부를 다친 상해
절 단	신체부위가 절단된 상해
중독·질식	음식·약물·가스 등에 의한 중독이나 질식된 상해

분류항목	세부항목
찰과상	스치거나 문질러서 벗겨진 상해
베 임	창, 칼 등에 베인 상해
화 상	화재 또는 고온물 접촉으로 인한 상해
뇌진탕	머리를 세게 맞았을 때 장해로 일어난 상해
익 사	물 등에 익사된 상해
피부병	직업과 연관되어 발생 또는 악화되는 피부질환
청력장해	청력이 감퇴 또는 난청이 된 상태
시력장해	시력이 감퇴 또는 실명된 상해
기 타	분류 불능 시 상해명칭 기재

④ 재해 발생 형태별 분류

분류항목	세부항목
떨어짐(추락)	사람이 건축물, 비계, 기계, 사다리, 계단, 경사면, 나무 등에서 떨어지는 경우
넘어짐(전도)	사람이 평면상으로 넘어졌을 경우(과속, 미끄러짐 포함)
부딪침(충돌)	사람이 정지물에 부딪친 경우
깔림·뒤집힘	물체가 쓰러져 사람이 깔리거나 물체와 함께 뒤집히는 경우(운송수단 포함)
물체에 맞음	물건이 주체가 되어 사람이 맞은 경우
무너짐(붕괴)	적재물, 비계, 건축물이 무너진 경우
끼 임(협착)	물건에 끼워진 상태, 말려든 상태
감전(전류접촉)	전기 접촉이나 방전에 의해 사람이 충격을 받은 경우
폭 발	압력의 급격한 발생 또는 개방으로 폭음을 수반한 팽창이 일어나는 경우
파 열	용기 또는 장치가 물리적인 압력에 의해 파열한 경우
화 재	화재로 인한 경우를 말하며 관련 물체는 발화물을 기재
불균형 및 무리한 동작	무거운 물건을 들다 허리를 삐거나 부자연스런 자세 또는 동작의 반동으로 상해를 입은 경우
이상온도·물체접촉	고온이나 저온에 접촉한 경우
유해물 접촉	유해물 접촉으로 중독되거나 질식된 경우
기 타	구분 불능 시 발생형태를 기재할 것

⑤ 산업재해조사표상의 상해종류 및 재해 발생 형태 분류

상해종류(질병명)	골절, 절단, 타박상, 찰과상, 중독, 질식, 화상, 감전, 뇌진탕, 고혈압, 뇌졸중, 피부염, 진폐, 수근관증후군 등
재해 발생 형태	추락, 낙하·비래, 협착, 전도·전복, 충돌·접촉, 이상온도 노출, 유해·위험물질 노출, 화재, 폭발, 감전 등

⑥ 기인물과 가해물

　㉠ 기인물

　　재해 발생의 주원인이며 재해를 가져오게 한 근원이 되는 기계, 장치, 물질 또는 환경 등(불안전한 상태)을 말한다.

　㉡ 가해물

　　직접 사람에게 접촉하여 피해를 주는 기계, 장치, 물질(物) 또는 환경 등을 말한다.

산업안전관리론

제8장
산업안전보건 관계법규

1. 산업안전보건법
2. 산업안전보건법 시행령
3. 산업안전보건법 시행규칙

01 산업안전보건법

1 산업안전보건법의 개요

(1) 산업안전보건법의 개요

① 산업안전보건법

산업재해예방을 위한 기본적인 제도, 사업주·노무를 제공하는자 및 정부가 행할 사업수행의 근거규범을 설정한 특별법이다.

② 산업안전보건법 시행령

산업안전보건법, 제도시행 대상 범위·종류 등을 설정한 대통령령이다.

③ 산업안전보건법 시행규칙

법 및 시행령에서 위임한 사항 등에 대해 구체적인 절차 및 방법을 설정한 고용노동부령이다.

④ 고시·예규·훈령

고용노동부장관이 정하는 행정규칙을 말한다.

⑤ 지침·표준(하부 행정절차 규칙)

기본법(헌법)			
산업안전보건법(법률)			법 령
산업안전보건법 시행령(대통령령)			
고용노동부령(3개)			
산업안전보건법 시행규칙	산업안전보건기준에 관한 규칙	유해·위험작업의 취업제한에 관한 규칙	
기술상의 지침 및 작업환경의 표준(고시), 예규, 훈령			행정규칙

(2) 산업안전보건법의 보호법익

① 노무를 제공하는자의 생명을 보호한다.

② 노동력의 손실을 방지한다.

③ 생산성 향상에 기여한다.

④ 국가의 경제발전에 기여한다.

(3) 산업안전보건법의 특성

① 강행성

② 사업주 규제성(근로자 보호)

③ 기술성

④ 복잡성

2 제1장 총칙

(1) 법의 목적(법 제1조)

산업안전보건법의 목적은 산업안전 및 보건에 관한 기준을 확립하고, 그 책임의 소재를 명확하게 하여 산업재해를 예방하고 쾌적한 작업환경을 조성함으로써 노무를 제공하는 자의 안전과 보건을 유지·증진시키는 데 있다.

※ 산업안전보건법·령·규칙의 원문 검색 Tip

www.kosha.or.kr (안전보건공단)-자료마당-법령/지침 정보-법령, 규칙 바로보기 또는 www.law.go.kr(국가법령정보센터)

(2) 용어 정의(법 제2조)

① "산업재해"란

노무를 제공하는 자가 업무에 관계되는 건설물·설비·원재료·가스·증기·분진 등에 의하거나 작업 또는 그 밖의 업무로 인하여 사망 또는 부상하거나 질병에 걸리는 것을 말한다.

② "중대재해"란

산업재해 중 사망 등 재해 정도가 심하거나 다수의 재해자가 발생한 경우로서 고용노동부령으로 정하는 재해를 말한다.

③ "근로자"란

「근로기준법」에 따른 근로자를 말한다.

④ "사업주"란

근로자를 사용하여 사업을 하는 자를 말한다.

⑤ "근로자대표"란

근로자의 과반수로 조직된 노동조합이 있는 경우에는 그 노동조합을, 근로자의 과반수로 조직된 노동조합이 없는 경우에는 근로자의 과반수를 대표하는 자를 말한다.

⑥ "도급"이란

명칭에 관계없이 물건의 제조·건설·수리 또는 서비스의 제공, 그 밖의 업무를 타인에게 맡기는 계약을 말한다.

⑦ "도급인"이란

물건의 제조·건설·수리 또는 서비스의 제공, 그 밖의 업무를 도급하는 사업주를 말한다. 다만, 건설공사발주자는 제외한다.

⑧ "수급인"이란

도급인으로부터 물건의 제조·건설·수리 또는 서비스의 제공, 그 밖의 업무를 도급받은 사업주를 말한다.

⑨ "관계수급인"이란

도급이 여러 단계에 걸쳐 체결된 경우에 각 단계별로 도급받은 사업주 전부를 말한다.

⑩ "건설공사발주자"란

건설공사를 도급하는 자로서 건설공사의 시공을 주도하여 총괄·관리하지 아니하는 자를 말한다. 다만, 도급받은 건설공사를 다시 도급하는 자는 제외한다.

⑪ "건설공사"란

다음 중 어느 하나에 해당하는 공사를 말한다.

㉠ 「건설산업기본법」 제2조제4호에 따른 건설공사

㉡ 「전기공사업법」 제2조제1호에 따른 전기공사

㉢ 「정보통신공사업법」 제2조제2호에 따른 정보통신공사

㉣ 「소방시설공사업법」에 따른 소방시설공사

㉤ 「문화재수리 등에 관한 법률」에 따른 문화재수리공사

⑫ "안전보건진단"이란

산업재해를 예방하기 위하여 잠재적 위험성을 발견하고 그 개선대책을 수립할 목적으로 고용노동부장관이 지정하는 자가 실시하는 조사·평가를 말한다.

⑬ "작업환경측정"이란

작업환경 실태를 파악하기 위하여 해당 근로자 또는 작업장에 대하여 사업주가 측정계획을 수립한 후 시료를 채취하고 분석·평가하는 것을 말한다.

(3) 적용범위(법 제3조)

산업안전보건법은 모든 사업에 적용한다. 다만, 유해·위험의 정도, 사업의 종류, 사업장의 상시근로자 수(건설공사의 경우에는 건설공사 금액을 말함) 등을 고려하여 대통령령으로 정하는 종류의 사업 또는 사업장에는 이 법의 전부 또는 일부를 적용하지 아니할 수 있다.

(4) 정부의 책무(법 제4조)

① 정부는 이 법의 목적을 달성하기 위하여 다음 각 호의 사항을 성실히 이행할 책무를 진다.

㉠ 산업안전 및 보건 정책의 수립 및 집행

㉡ 산업재해예방 지원 및 지도

ⓒ 「근로기준법」 제76조의2에 따른 직장 내 괴롭힘 예방을 위한 조치기준 마련, 지도 및 지원

ⓔ 사업주의 자율적인 산업안전 및 보건 경영체제 확립을 위한 지원

ⓜ 산업안전 및 보건에 관한 의식을 북돋우기 위한 홍보·교육 등 안전문화 확산 추진

ⓗ 산업안전 및 보건에 관한 기술의 연구·개발 및 시설의 설치·운영

ⓢ 산업재해에 관한 조사 및 통계의 유지·관리

ⓞ 산업안전 및 보건 관련 단체 등에 대한 지원 및 지도·감독

ⓩ 그 밖에 노무를 제공하는 자의 안전 및 건강의 보호·증진

② 정부는 위와 같은 정부의 책무를 효율적으로 수행하기 위한 시책의 마련, 또한 필요시 한국산업안전보건공단, 그 밖의 관련 단체 및 연구기관에 행정적·재정적 지원을 할수 있다.

(5) 사업주 등의 의무(법 제5조)

① 사업주는 다음의 사항을 이행함으로써 특수형태근로종사자와 물건의 수거, 배달 등을 하는자를 포함한 근로자의 안전과 건강을 유지·증진시키는 한편, 국가의 산업재해예방 정책에 따라야 한다.

ㄱ 이 법과 이 법에 따른 명령으로 정하는 산업재해예방을 위한 기준을 지킬 것

ㄴ 근로자의 신체적 피로와 정신적 스트레스 등을 줄일 수 있는 쾌적한 작업환경을 조성하고 근로조건을 개선할 것

ㄷ 해당 사업장의 안전보건에 관한 정보를 근로자에게 제공할 것

② 다음의 어느 하나에 해당하는 자는 설계·제조·수입 또는 건설을 할 때 이 법과 이 법에 따른 명령으로 정하는 기준을 지켜야 하고, 발주·설계·제조·수입 또는 건설에 사용되는 물건으로 인하여 발생하는 산업재해를 방지하기 위하여 필요한 조치를 하여야 한다.

ㄱ 기계·기구와 그 밖의 설비를 설계·제조 또는 수입하는 자

ㄴ 원재료 등을 제조·수입하는 자

ㄷ 건설물을 발주·설계·건설하는 자

(6) 근로자의 의무(법 제6조)

근로자는 이 법과 이 법에 따른 명령으로 정하는 산업재해예방을 위한 기준을 지켜야 하며, 사업주 또는 근로감독관, 공단 등 관계인이 실시하는 산업재해예방에 관한 조치에 따라야 한다.

(7) 산업재해예방에 관한 기본계획의 수립·공표(법 제7조)

① 고용노동부장관은 산업재해예방에 관한 기본계획을 수립하여야 한다.

② 고용노동부장관은 위에서와 같이 수립한 기본계획을 산업재해보상보험에 따른 산업재해보상보험 및 예방심의위원회의 심의를 거쳐 공표하여야 한다. 이를 변경하려는 경우에도 또한 같다.

(8) 협조 요청 등(법 제8조)

① 고용노동부장관은 산업재해예방 기본계획을 효율적으로 시행하기 위하여 필요하다고 인정할 때에는 관계 행정기관의 장 또는 「공공기관의 운영에 관한 법률」에 따른 공공기관의 장에게 필요한 협조를 요청할 수 있다.

② 행정기관(고용노동부는 제외함)의 장은 사업장의 안전 및 보건에 관하여 규제를 하려면 미리 고용노동부장관과 협의하여야 한다.

③ 행정기관의 장은 고용노동부장관이 협의과정에서 해당 규제에 대한 변경을 요구하면 이에 따라야 하며, 고용노동부장관은 필요한 경우 국무총리에게 협의·조정사항을 보고하여 확정할 수 있다.

④ 고용노동부장관은 산업재해예방을 위하여 필요하다고 인정할 때에는 사업주, 사업주단체, 그 밖의 관계인에게 필요한 사항을 권고하거나 협조를 요청할 수 있다.

⑤ 고용노동부장관은 산업재해예방을 위하여 중앙행정기관의 장과 지방자치단체의 장 또는 공단 등 관련 기관·단체의 장에게 다음과 같은 정보 또는 자료의 제공 및 관계 전산망의 이용을 요청할 수 있다. 이 경우 요청을 받은 중앙행정기관의 장과 지방자치단체의 장 또는 관련 기관·단체의 장은 정당한 사유가 없으면 그 요청에 따라야 한다.

ㄱ 「부가가치세법」 및 「법인세법」에 따른 사업자등록에 관한 정보

ㄴ 「고용보험법」에 따른 근로자의 피보험자격의 취득 및 상실 등에 관한 정보

ㄷ 그 밖에 산업재해예방사업을 수행하기 위하여 필요한 정보 또는 자료로서 대통령령으로 정하는 정보 또는 자료

(9) 산업재해예방 통합정보시스템 구축·운영 등(법 제9조)

① 고용노동부장관은 산업재해를 체계적이고 효율적으로 예방하기 위하여 산업재해예방 통합정보시스템을 구축·운영할 수 있다.

② 고용노동부장관은 산업재해예방 통합정보시스템으로 처리한 산업안전 및 보건 등에 관한 정보를 고용노동부령으로 정하는 바에 따라 관련 행정기관과 공단에 제공할 수 있다.

(10) 산업재해 발생건수 등의 공표(법 제10조)

① 고용노동부장관은 산업재해를 예방하기 위하여 대통령령으로 정하는 사업장의 근로자 산업재해 발생건수, 재해율 또는 그 순위 등(이하 "산업재해 발생건수 등"이라 함)을 공표하여야 한다.

② 고용노동부장관은 도급인의 사업장(도급인이 제공하거나 지정한 경우로서 도급인이 지배·관리하는 대통령령으로 정하는 장소를 포함함) 중 대통령령으로 정하는 사업장에서 관계수급인 근로자가 작업을 하는 경우에 도급인의 산업재해 발생건수 등에 관계수급인의 산업재해 발생건수 등을 포함하여 공표하여야 한다.

③ 고용노동부장관은 산업재해 발생건수 등을 공표하기 위하여 도급인에게 관계수급인에 관한 자료의 제출을 요청할 수 있다. 이 경우 요청을 받은 사람은 정당한 사유가 없으면 이에 따라야 한다.

(11) 산업재해예방 시설의 설치·운영(법 제11조)

고용노동부장관은 산업재해예방을 위하여 다음 각 호의 시설을 설치·운영할 수 있다.

① 산업안전 및 보건에 관한 지도시설, 연구시설 및 교육시설
② 안전보건진단 및 작업환경측정을 위한 시설
③ 노무를 제공하는 사람의 건강을 유지·증진하기 위한 시설
④ 그 밖에 산업재해예방을 위한 시설

(12) 산업재해예방의 재원(법 제12조)

다음 중 어느 하나에 해당하는 용도에 사용하기 위한 재원(財源)은 「산업재해보상보험법」에 따른 산업재해보상보험 및 예방기금에서 지원한다.

① 산업재해예방 시설의 설치와 그 운영에 필요한 비용
② 산업재해예방 관련 사업 및 비영리법인에 위탁하는 업무 수행에 필요한 비용
③ 그 밖에 산업재해예방에 필요한 사업으로서 고용노동부장관이 인정하는 사업의 사업비

(13) 기술 또는 작업환경에 관한 표준(법 제13조)

① 고용노동부장관은 산업재해예방을 위하여 다음과 같은 조치와 관련된 기술 또는 작업환경에 관한 표준을 정하여 사업주에게 지도·권고할 수 있다.

㉠ 기계·기구와 그 밖의 설비를 설계·제조 또는 수입하는 자, 원재료 등을 제조, 수입하는 자, 건설물을 발주·설계·건설하는 자가 산업재해를 방지하기 위하여 하여야 할 조치

㉡ 안전조치 및 보건조치에 따라 사업주가 하여야 할 조치

② 고용노동부장관은 기술 또는 작업환경에 관한 표준을 정할 때 필요하다고 인정하면 해당 분야별로 표준제정위원회를 구성·운영할 수 있다.

3 안전보건관리체제 등

(1) 이사회 보고 및 승인 등(법 제14조)

① 「상법」에 따른 주식회사 중 상시근로자 500명 이상을 사용하는 회사 및 건설산업기본법에 따라 공시된 시공능력의 순위가 1천위 이내의 건설회사의 대표이사는 매년 회사의 안전 및 보건에 관한 계획을 수립하여 이사회에 보고하고 승인을 받아야 한다.
　　㉠ 안전보건에 관한 경영방침
　　㉡ 안전보건관리 조직의 구성, 인원 및 역할
　　㉢ 안전보건 관련 예산 및 시설 현황
　　㉣ 안전보건에 관한 전년도 활동실적 및 다음 연도 활동계획

(2) 안전보건관리책임자의 책무(법 제15조)

① 사업장의 산업재해예방 계획의 수립에 관한 사항
② 안전보건관리규정의 작성 및 변경에 관한 사항
③ 근로자의 안전보건교육에 관한 사항
④ 작업환경측정 등 작업환경의 점검 및 개선에 관한 사항
⑤ 근로자의 건강진단 등 건강관리에 관한 사항
⑥ 산업재해의 원인조사 및 재발방지대책 수립에 관한 사항
⑦ 산업재해에 관한 통계의 기록 및 유지에 관한 사항
⑧ 안전장치 및 보호구 구입 시의 적격품 여부 확인에 관한 사항
⑨ 그 밖에 근로자의 유해·위험 방지조치에 관한 사항으로서 고용노동부령으로 정하는 사항

(3) 관리감독자(법 제16조)

① 사업주는 사업장의 관리감독자(사업장의 생산과 관련되는 업무와 그 소속 직원을 직접 지휘·감독하는 직위에 있는 사람)에게 산업안전·보건에 관한 업무로서 안전·보건 점검 등의 업무를 수행하도록 하여야 한다.
② 관리감독자가 있는 경우에는 「건설기술진흥법」에 따른 안전관리책임자 및 안전관리담당자를 각각 둔 것으로 본다.

(4) 안전관리자 등(법 제17조)

① 사업주는 사업장에 안전관리자를 두어 안전에 관한 기술적인 사항에 관하여 사업주 또는 안전보건관리책임자를 보좌하고 관리감독자에게 지도·조언하는 업무를 수행하게 하여야 한다.

② 안전관리자를 두어야 할 사업의 종류·규모, 안전관리자의 수·자격·업무·권한·선임방법, 그 밖에 필요한 사항은 대통령령으로 정한다.

③ 고용노동부장관은 산업재해예방을 위하여 필요한 경우로서 고용노동부령으로 정하는 사유에 해당하는 경우에는 사업주에게 안전관리자를 정수 이상으로 늘리거나 교체할 것을 명할 수 있다.

④ 대통령령으로 정하는 사업의 종류 및 사업장의 상시근로자 수에 해당하는 사업장의 사업주는 고용노동부장관으로부터 지정받은 안전관리 업무를 전문적으로 수행하는 기관(이하 "안전관리전문기관"이라 함)에 안전관리자의 업무를 위탁할 수 있다.

(5) 보건관리자 등(법 제18조)

① 사업주는 사업장에 보건관리자를 두어 사업장의 보건에 관한 기술적인 사항에 관하여 사업주 또는 관리책임자를 보좌하고 관리감독자에게 지도·조언하는 업무를 수행하게 하여야 한다.

② 보건관리자를 두어야 하는 사업의 종류와 사업장의 상시근로자 수, 보건관리자의 수·자격·업무·권한·선임방법, 그 밖에 필요한 사항은 대통령령으로 정한다.

③ 고용노동부장관은 산업재해예방을 위하여 필요한 경우로서 고용노동부령으로 정하는 사유에 해당하는 경우에는 사업주에게 보건관리자를 정수 이상으로 늘리거나 교체할 것을 명할 수 있다.

④ 대통령령으로 정하는 사업의 종류 및 사업장의 상시근로자 수에 해당하는 사업장의 사업주는 지정받은 보건관리 업무를 전문적으로 수행하는 기관(이하 "보건관리전문기관"이라 함)에 보건관리자의 업무를 위탁할 수 있다.

(6) 안전보건관리담당자(법 제19조)

① 사업주는 사업장에 안전 및 보건에 관하여 사업주를 보좌하고 관리감독자에게 지도·조언하는 업무를 수행하는 사람을 두어야 한다. 다만, 안전관리자 또는 보건관리자가 있거나 이를 두어야 하는 경우에는 그러하지 아니한다.

② 안전보건관리담당자를 두어야 하는 사업의 종류와 사업장의 상시근로자 수, 안전보건관리담당자의 수·자격·업무·권한·선임방법, 그 밖에 필요한 사항은 대통령령으로 정한다.

③ 고용노동부장관은 산업재해예방을 위하여 필요한 경우로서 고용노동부령으로 정하는 사유에 해당하는 경우에는 사업주에게 안전보건관리담당자를 정수 이상으로 늘리거나 교체할 것을 명할 수 있다.

④ 대통령령으로 정하는 사업의 종류 및 사업장의 상시근로자 수에 해당하는 사업장의 사업주는 안전관리전문기관 또는 보건관리전문기관에 안전보건관리담당자의 업무를 위탁할 수 있다.

(7) 안전관리자 등의 지도·조언(법 제20조)

사업주, 안전보건관리책임자 및 관리감독자는 다음과 같은 어느 하나에 해당하는 자가 사업장의 안전 또는 보건에 관한 기술적인 사항에 관하여 지도·조언하는 경우에는 이에 상응하는 적절한 조치를 하여야 한다.

① 안전관리자

② 보건관리자

③ 안전보건관리담당자

④ 안전관리전문기관 또는 보건관리전문기관(해당 업무를 위탁받은 경우에 한정함)

(8) 안전관리전문기관 등(법 제21조)

① 안전관리전문기관 또는 보건관리전문기관이 되려는 자는 대통령령으로 정하는 인력·시설 및 장비 등의 요건을 갖추어 고용노동부장관의 지정을 받아야 한다.

② 고용노동부장관은 안전관리전문기관 또는 보건관리전문기관에 대하여 평가하고 그 결과를 공개할 수 있다. 이 경우 평가의 기준·방법 및 결과의 공개에 필요한 사항은 고용노동부령으로 정한다.

③ 안전관리전문기관 또는 보건관리전문기관의 지정 절차, 업무 수행에 관한 사항, 위탁받은 업무를 수행할 수 있는 지역, 그 밖에 필요한 사항은 고용노동부령으로 정한다.

④ 고용노동부장관은 안전관리전문기관 또는 보건관리전문기관이 다음 중 어느 하나에 해당할 때에는 그 지정을 취소하거나 6개월 이내의 기간을 정하여 그 업무의 정지를 명할 수 있다. 다만, ㉠과 ㉡에 해당할 때에는 그 지정을 취소하여야 한다.

㉠ 거짓이나 그 밖의 부정한 방법으로 지정을 받은 경우

㉡ 업무정지기간 중에 업무를 수행한 경우

㉢ 전문기관 지정 요건을 충족하지 못한 경우

㉣ 지정받은 사항을 위반하여 업무를 수행한 경우

㉤ 그 밖에 대통령령으로 정하는 사유에 해당하는 경우

⑤ 전문기관 지정이 취소된 자는 지정이 취소된 날부터 2년 이내에는 각각 해당 안전관리

전문기관 또는 보건관리전문기관으로 지정받을 수 없다.

(9) 산업보건의(법 제22조)

① 사업주는 근로자의 건강관리나 그 밖에 보건관리자의 업무를 지도하기 위하여 사업장에 산업보건의를 두어야 한다. 다만, 「의료법」에 따른 의사를 보건관리자로 둔 경우에는 그러하지 아니한다.

② 산업보건의를 두어야 하는 사업의 종류와 사업장의 상시근로자 수 및 산업보건의의 자격·직무·권한·선임방법, 그 밖에 필요한 사항은 대통령령으로 정한다.

(10) 명예산업안전감독관(법 제23조)

① 고용노동부장관은 산업재해예방활동에 대한 참여와 지원을 촉진하기 위하여 근로자, 근로자단체, 사업주단체 및 산업재해예방 관련 전문단체에 소속된 사람 중에서 명예산업안전감독관을 위촉할 수 있다.

② 사업주는 명예산업안전감독관에 대하여 직무 수행과 관련한 사유로 불리한 처우를 해서는 아니 된다.

③ 명예산업안전감독관의 위촉 방법, 업무, 그 밖에 필요한 사항은 대통령령으로 정한다.

(11) 산업안전보건위원회(법 제24조)

① 사업주는 사업장의 안전 및 보건에 관한 중요 사항을 심의·의결하기 위하여 사업장에 근로자위원과 사용자위원이 같은 수로 구성되는 산업안전보건위원회를 구성·운영하여야 한다.

② 사업주는 다음과 같은 사항에 대해서 산업안전보건위원회의 심의·의결을 거쳐야 한다.

ㄱ 사업장의 산업재해예방계획의 수립, 안전보건관리규정의 작성 및 변경, 작업환경 등 작업환경의 점검 및 개선, 근로자 건강진단 등 건강관리, 산업재해에 관한 통계의 기록 및 유지에 관한 사항

ㄴ 산업재해의 원인조사 및 재발방지대책 수립에 관한 사항 중 중대재해에 관한 사항

ㄷ 유해하거나 위험한 기계·기구·설비를 도입한 경우 안전 및 보건 관련 조치에 관한 사항

ㄹ 그 밖에 해당 사업장 근로자의 안전 및 보건을 유지·증진시키기 위하여 필요한 사항

③ 산업안전보건위원회는 대통령령으로 정하는 바에 따라 회의를 개최하고 그 결과를 회의록으로 작성하여 보존하여야 한다.

④ 사업주와 근로자는 산업안전보건위원회가 심의·의결한 사항을 성실하게 이행하여야 한다.

⑤ 산업안전보건위원회는 이 법, 이 법에 따른 명령, 단체협약, 취업규칙 및 안전보건관리규정에 반하는 내용으로 심의·의결해서는 아니 된다.

⑥ 사업주는 산업안전보건위원회의 위원에게 직무 수행과 관련한 사유로 불리한 처우를 해서는 아니 된다.

⑦ 산업안전보건위원회를 구성하여야 할 사업의 종류 및 사업장의 상시근로자 수, 산업안전보건위원회의 구성·운영 및 의결되지 아니한 경우의 처리방법, 그 밖에 필요한 사항은 대통령령으로 정한다.

(12) 안전보건관리규정의 작성 등(법 제25조)

① 사업주는 사업장의 안전 및 보건을 유지하기 위하여 다음의 사항이 포함된 안전보건관리규정을 작성하여야 한다.

  ㉠ 안전 및 보건에 관한 관리조직과 그 직무에 관한 사항

  ㉡ 안전보건교육에 관한 사항

  ㉢ 작업장의 안전 및 보건관리에 관한 사항

  ㉣ 사고조사 및 대책 수립에 관한 사항

  ㉤ 그 밖에 안전 및 보건에 관한 사항

② 안전보건관리규정은 단체협약 또는 취업규칙에 반할 수 없다. 이 경우 안전보건관리규정 중 단체협약 또는 취업규칙에 반하는 부분에 관하여는 그 단체협약 또는 취업규칙으로 정한 기준에 따라야 한다.

③ 안전보건관리규정을 작성하여야 할 사업의 종류, 사업장의 상시근로자 수 및 안전보건관리규정에 포함되어야 할 세부적인 내용, 그 밖에 필요한 사항은 고용노동부령으로 정한다.

(13) 안전보건관리규정의 작성·변경 절차(법 제26조)

사업주는 안전보건관리규정을 작성하거나 변경할 때에는 산업안전보건위원회의 심의·의결을 거쳐야 한다. 다만, 산업안전보건위원회가 설치되어 있지 아니한 사업장의 경우에는 근로자대표의 동의를 받아야 한다.

(14) 안전보건관리규정의 준수(법 제27조)

사업주와 근로자는 안전보건관리규정을 지켜야 한다.

(15) 다른 법률의 준용(법 제28조)

안전보건관리규정에 관하여 이 법에서 규정한 것을 제외하고는 그 성질에 반하지 아니하는

범위에서 「근로기준법」 중 취업규칙에 관한 규정을 준용한다.

4 안전보건교육

(1) 근로자에 대한 안전보건교육(법 제29조)

① 사업주는 소속 근로자에게 고용노동부령으로 정하는 바에 따라 정기적으로 안전보건교육을 실시하여야 한다.

② 사업주는 근로자(건설 일용근로자는 제외함)를 채용할 때와 작업내용을 변경할 때에는 그 근로자에게 고용노동부령으로 정하는 바에 따라 해당 작업에 필요한 안전보건교육을 하여야 한다.

③ 사업주는 근로자를 유해하거나 위험한 작업에 채용하거나 그 작업으로 작업내용을 변경할 때에는 안전보건교육 외에 고용노동부령으로 정하는 바에 따라 유해하거나 위험한 작업에 필요한 안전보건교육을 추가로 하여야 한다.

④ 사업주는 안전보건교육을 고용노동부장관에게 등록한 안전보건교육기관에 위탁할 수 있다.

(2) 근로자에 대한 안전보건교육의 면제 등(법 제30조)

① 사업주는 다음 중 어느 하나에 해당하는 경우에는 안전보건교육의 전부 또는 일부를 하지 아니할 수 있다.

㉠ 사업장의 산업재해 발생 정도가 고용노동부령으로 정하는 기준에 해당하는 경우

㉡ 근로자가 노무를 제공하는 자의 건강을 유지·증진하기 위한 시설에서 건강관리에 관한 교육 등 고용노동부령으로 정하는 교육을 이수한 경우

㉢ 관리감독자가 산업안전 및 보건 업무의 전문성 제고를 위한 교육 등 고용노동부령으로 정하는 교육을 이수한 경우

② 사업주는 해당 근로자가 채용 또는 변경된 작업에 경험이 있는 등 고용노동부령으로 정하는 경우에는 안전보건교육의 전부 또는 일부를 하지 아니할 수 있다.

(3) 건설업 기초안전보건교육(법 제31조)

① 건설업의 사업주는 건설 일용근로자를 채용할 때에는 그 근로자로 하여금 안전보건교육기관이 실시하는 안전보건교육을 이수하도록 하여야 한다. 다만, 건설 일용근로자가 그 사업주에게 채용되기 전에 안전보건교육을 이수한 경우에는 그러하지 아니한다.

② 건설업 기초안전보건교육의 시간·내용 및 방법, 그 밖에 필요한 사항은 고용노동부령으로 정한다.

(4) 안전보건관리책임자 등에 대한 직무교육(법 제32조)

① 사업주는 다음과 같은 해당하는 사람에게 안전보건교육기관에서 직무와 관련한 안전보건교육을 이수하도록 하여야 한다. 다만, 다음 각 호에 해당하는 사람이 다른 법령에 따라 안전 및 보건에 관한 교육을 받는 등 고용노동부령으로 정하는 경우에는 안전보건교육의 전부 또는 일부를 하지 아니할 수 있다.

  ㉠ 안전보건관리책임자
  ㉡ 안전관리자
  ㉢ 보건관리자
  ㉣ 안전보건관리담당자
  ㉤ 다음과 같은 전문기관에서 안전과 보건에 관련된 업무에 종사하는 사람
   • 안전관리전문기관
   • 보건관리전문기관
   • 건설재해예방전문지도기관
   • 안전검사기관
   • 자율안전검사기관
   • 석면조사기관

② 안전보건교육의 시간·내용 및 방법, 그 밖에 필요한 사항은 고용노동부령으로 정한다.

(5) 안전보건교육기관(법 제33조)

① 근로자 안전보건교육, 건설업 기초안전보건교육 또는 안전보건관리책임자 등 안전보건교육을 하려는 자는 대통령령으로 정하는 인력·시설 및 장비 등의 요건을 갖추어 고용노동부장관에게 등록하여야 한다. 등록한 사항 중 대통령령으로 정하는 중요한 사항을 변경할 때에도 또한 같다.

② 고용노동부장관은 등록한 자(이하 "안전보건교육기관"이라 함)에 대하여 평가하고 그 결과를 공개할 수 있다. 이 경우 평가의 기준·방법 및 결과의 공개에 필요한 사항은 고용노동부령으로 정한다.

③ 안전보건교육기관 등록 절차 및 업무 수행에 관한 사항, 그 밖에 필요한 사항은 고용노동부령으로 정한다.

④ 안전보건교육기관에 대해서는 안전관리전문기관 또는 보건관리전문기관의 지정취소 및 재지정 기준을 준용한다. 이 경우 "안전관리전문기관 또는 보건관리전문기관"은 "안전보건교육기관"으로, "지정"은 "등록"으로 본다.

5 유해·위험 방지조치

(1) 법령 요지 등의 게시 등(법 제34조)

사업주는 이 법과 이 법에 따른 명령의 요지 및 안전보건관리규정을 각 사업장의 근로자가 쉽게 볼 수 있는 장소에 게시하거나 갖추어 두어 근로자에게 널리 알려야 한다.

(2) 근로자대표의 통지 요청(법 제35조)

근로자대표는 사업주에게 다음 각 호의 사항을 통지하여 줄 것을 요청할 수 있고, 사업주는 이에 성실히 따라야 한다.

① 산업안전보건위원회(노사협의체를 구성·운영하는 경우에는 노사협의체를 말한다)가 의결한 사항

② 안전보건진단 결과에 관한 사항

③ 안전보건개선계획의 수립·시행에 관한 사항

④ 도급인의 이행사항

⑤ 물질안전보건자료에 관한 사항

⑥ 작업환경측정에 관한 사항

⑦ 그 밖에 고용노동부령으로 정하는 안전 및 보건에 관한 사항

(3) 위험성평가의 실시(법 제36조)

① 사업주는 건설물, 기계·기구·설비, 원재료, 가스, 증기, 분진, 근로자의 작업행동 또는 그 밖의 업무로 인한 유해·위험요인을 찾아내어 부상 및 질병으로 이어질 수 있는 위험성의 크기가 허용 가능한 범위인지를 평가하여야 하고, 그 결과에 따라 이 법과 이 법에 따른 명령에 따른 조치를 하여야 하며, 근로자에 대한 위험 또는 건강장해를 방지하기 위하여 필요한 경우에는 추가적인 조치를 하여야 한다.

② 사업주는 위험성평가 시 고용노동부장관이 정하여 고시하는 바에 따라 해당 작업장의 근로자를 참여시켜야 한다.

③ 사업주는 위험성평가의 결과와 조치사항을 고용노동부령으로 정하는 바에 따라 기록하여 보존하여야 한다.

④ 위험성평가의 방법, 절차 및 시기, 그 밖에 필요한 사항은 고용노동부장관이 정하여 고시한다.

(4) 안전보건표지의 설치·부착(법 제37조)

① 사업주는 유해하거나 위험한 장소·시설·물질에 대한 경고, 비상시에 대처하기 위한 지시·안내 또는 그 밖에 근로자의 안전 및 보건 의식을 고취하기 위한 사항 등을 그림, 기

호 및 글자 등으로 나타낸 표지를 근로자가 쉽게 알아 볼 수 있도록 설치하거나 부착하여야 한다. 이 경우 「외국인근로자의 고용 등에 관한 법률」에 따른 외국인근로자를 사용하는 사업주는 안전보건표지를 고용노동부장관이 정하는 바에 따라 해당 외국인근로자의 모국어로 작성하여야 한다.

② 안전보건표지의 종류, 형태, 색채, 용도 및 설치·부착 장소, 그 밖에 필요한 사항은 고용노동부령으로 정한다.

(5) 안전조치(법 제38조)

사업주는 다음 중 어느 하나에 해당하는 위험으로 인한 산업재해를 예방하기 위하여 필요한 조치를 하여야 한다.

　　㉠ 기계·기구, 그 밖의 설비에 의한 위험

　　㉡ 폭발성, 발화성 및 인화성 물질 등에 의한 위험

　　㉢ 전기, 열, 그 밖의 에너지에 의한 위험

② 사업주는 굴착, 채석, 하역, 벌목, 운송, 조작, 운반, 해체, 중량물 취급, 그 밖의 작업을 할 때 불량한 작업방법 등에 의한 위험으로부터 산업재해를 예방하기 위하여 필요한 조치를 하여야 한다.

③ 사업주는 근로자가 다음 중 어느 하나에 해당하는 장소에서 작업을 할 때 발생할 수 있는 산업재해를 예방하기 위하여 필요한 조치를 하여야 한다.

　　㉠ 근로자가 추락할 위험이 있는 장소

　　㉡ 토사·구축물 등이 붕괴할 우려가 있는 장소

　　㉢ 물체가 떨어지거나 날아올 위험이 있는 장소

　　㉣ 천재지변으로 인한 위험이 발생할 우려가 있는 장소

④ 사업주가 하여야 하는 안전조치에 관한 구체적인 사항은 고용노동부령으로 정한다.

　　※ 위 안전상의 조치는 아래 보건조치와 구분할 수 있도록 주의!

(6) 보건조치(법 제39조)

사업주는 사업을 할 때 다음의 건강장애를 예방하기 위하여 필요한 조치를 하여야 한다.

① 원재료·가스·증기·분진·흄(fume, 열이나 화학반응에 의하여 형성된 고체증기가 응축되어 생긴 미세입자를 말한다)·미스트(mist)·산소결핍·병원체 등에 의한 건강장해

② 방사선·유해광선·고온·저온·초음파·소음·진동·이상기압 등에 의한 건강장해

③ 사업장에서 배출되는 기체·액체 또는 찌꺼기 등에 의한 건강장해

④ 계측감시(計測監視), 컴퓨터 단말기 조작, 정밀공작 등의 작업에 의한 건강장해

⑤ 단순 반복작업 또는 인체에 과도한 부담을 주는 작업에 의한 건강장해

⑥ 환기·채광·조명·보온·방습·청결 등의 적정기준을 유지하지 아니하여 발생하는 건강
  장해

(7) 근로자의 안전조치 및 보건조치 준수(법 제40조)
근로자는 사업주가 한 안전조치 및 보건조치사항을 지켜야 한다.

(8) 고객의 폭언 등으로 인한 건강장해 예방조치(법 제41조)
① 사업주는 주로 고객을 직접 대면하거나 「정보통신망 이용촉진 및 정보보호 등에 관한
  법률」에 따른 정보통신망을 통하여 상대하면서 상품을 판매하거나 서비스를 제공하는
  업무에 종사하는 근로자(이하 "고객응대근로자"라 함)에 대하여 고객의 폭언, 폭행, 그
  밖에 적정 범위를 벗어난 신체적·정신적 고통을 유발하는 행위(이하 "폭언 등"이라 함)
  로 인한 건강장해를 예방하기 위하여 고용노동부령으로 정하는 바에 따라 필요한 조치
  를 하여야 한다.
② 사업주는 고객의 폭언 등으로 인하여 고객응대근로자에게 건강장해가 발생하거나 발생
  할 현저한 우려가 있는 경우에는 업무의 일시적 중단 또는 전환 등 대통령령으로 정하
  는 필요한 조치를 하여야 한다.
③ 고객응대근로자는 사업주에게 보호조치를 요구할 수 있고, 사업주는 고객응대근로자의
  요구를 이유로 해고 또는 그 밖의 불리한 처우를 해서는 아니 된다.

(9) 유해위험방지계획서의 작성·제출 등(법 제42조)
① 사업주는 다음 중 하나에 해당하는 경우에는 이 법 또는 이 법에 따른 명령에서 정하
  는 유해·위험 방지에 관한 사항을 적은 계획서(이하 "유해위험방지계획서"라 함)를 작성
  하여 고용노동부령으로 정하는 바에 따라 고용노동부장관에게 제출하고 심사를 받아
  야 한다. 다만, ⓒ에 해당하는 사업주 중 산업재해발생률 등을 고려하여 고용노동부령
  으로 정하는 기준에 해당하는 사업주는 유해위험방지계획서를 스스로 심사하고, 그 심
  사결과서를 작성하여 고용노동부장관에게 제출하여야 한다.
  ㉠ 대통령령으로 정하는 사업의 종류 및 규모에 해당하는 사업으로서 해당 제품의 생
    산공정과 직접적으로 관련된 건설물·기계·기구 및 설비 등 일체를 설치·이전하거나
    그 주요 구조 부분을 변경하려는 경우
  ㉡ 유해하거나 위험한 작업 또는 장소에서 사용하거나 건강장해를 방지하기 위하여 사
    용하는 기계·기구 및 설비로서 대통령령으로 정하는 기계·기구 및 설비를 설치·이
    전하거나 그 주요 구조 부분을 변경하려는 경우
  ㉢ 대통령령으로 정하는 크기, 높이 등에 해당하는 건설공사를 착공하려는 경우

② 건설공사를 착공하려는 사업주는 유해위험방지계획서를 작성할 때 건설안전 분야의 자격 등 고용노동부령으로 정하는 자격을 갖춘 자의 의견을 들어야 한다.

③ 사업주가 공정안전보고서를 고용노동부장관에게 제출한 경우에는 해당 유해·위험설비에 대해서는 유해위험방지계획서를 제출한 것으로 본다.

④ 고용노동부장관은 제출된 유해위험방지계획서를 심사하여 그 결과를 사업주에게 서면으로 알려 주어야 한다. 이 경우 근로자의 안전 및 보건의 유지·증진을 위하여 필요하다고 인정하는 경우에는 해당 작업 또는 건설공사를 중지하거나 유해위험방지계획서를 변경할 것을 명할 수 있다.

⑤ 사업주는 스스로 심사하거나 고용노동부장관이 심사한 유해위험방지계획서와 그 심사결과서를 사업장에 갖추어 두어야 한다.

⑥ 건설공사를 착공하려는 사업주로서 유해위험방지계획서 및 그 심사결과서를 사업장에 갖추어 둔 사업주는 해당 건설공사의 공법의 변경 등으로 인하여 그 유해위험방지계획서를 변경할 필요가 있는 경우에는 이를 변경하여 갖추어 두어야 한다.

(10) 유해위험방지계획서 이행의 확인 등(법 제43조)

① 유해위험방지계획서에 대한 심사를 받은 사업주는 유해위험방지계획서의 이행에 관하여 고용노동부장관의 확인을 받아야 한다.

② 유해위험방지계획서를 스스로 심사한 사업주는 유해위험방지계획서의 이행에 관하여 스스로 확인하여야 한다. 다만, 해당 건설공사 중에 근로자가 사망(교통사고 등 고용노동부령으로 정하는 경우는 제외함)한 경우에는 고용노동부령으로 정하는 바에 따라 유해위험방지계획서의 이행에 관하여 고용노동부장관의 확인을 받아야 한다.

③ 고용노동부장관은 심사확인 결과 유해위험방지계획서대로 유해·위험방지를 위한 조치가 되지 아니하는 경우에는 시설 등의 개선, 사용중지 또는 작업중지 등 필요한 조치를 명할 수 있다.

④ 시설 등의 개선, 사용중지 또는 작업중지 등의 절차 및 방법, 그 밖에 필요한 사항은 고용노동부령으로 정한다.

(11) 공정안전보고서의 작성·제출(법 제44조)

① 사업주는 사업장에 대통령령으로 정하는 유해하거나 위험한 설비가 있는 경우 그 설비로부터의 위험물질 누출, 화재 및 폭발 등으로 인하여 사업장 내의 근로자에게 즉시 피해를 주거나 사업장 인근 지역에 피해를 줄 수 있는 사고로서 대통령령으로 정하는 사고(이하 "중대산업사고"라 함)를 예방하기 위하여 대통령령으로 정하는 바에 따라 공정안전보고서를 작성하고 고용노동부장관에게 제출하여 심사를 받아야 한다. 이 경우 공

정안전보고서의 내용이 중대산업사고를 예방하기 위하여 적합하다고 통보받기 전에는 관련된 유해하거나 위험한 설비를 가동해서는 아니 된다.

② 사업주는 공정안전보고서를 작성할 때 산업안전보건위원회의 심의를 거쳐야 한다. 다만, 산업안전보건위원회가 설치되어 있지 아니한 사업장의 경우에는 근로자대표의 의견을 들어야 한다.

(12) 공정안전보고서의 심사 등(법 제45조)

① 고용노동부장관은 공정안전보고서를 심사하여 그 결과를 사업주에게 서면으로 알려 주어야 한다. 이 경우 근로자의 안전 및 보건의 유지·증진을 위하여 필요하다고 인정하는 경우에는 그 공정안전보고서의 변경을 명할 수 있다.

② 사업주는 심사를 받은 공정안전보고서를 사업장에 갖추어 두어야 한다.

(13) 공정안전보고서의 이행 등(법 제46조)

① 사업주와 근로자는 심사를 받은 공정안전보고서(보완한 공정안전보고서를 포함한다)의 내용을 지켜야 한다.

② 사업주는 심사를 받은 공정안전보고서의 내용을 실제로 이행하고 있는지 여부에 대하여 고용노동부령으로 정하는 바에 따라 고용노동부장관의 확인을 받아야 한다.

③ 사업주는 심사를 받은 공정안전보고서의 내용을 변경하여야 할 사유가 발생한 경우에는 지체 없이 그 내용을 보완하여야 한다.

④ 고용노동부장관은 고용노동부령으로 정하는 바에 따라 공정안전보고서의 이행상태를 정기적으로 평가할 수 있다.

⑤ 고용노동부장관은 이행상태 평가 결과 보완상태가 불량한 사업장의 사업주에게는 공정안전보고서의 변경을 명할 수 있으며, 이에 따르지 아니하는 경우 공정안전보고서를 다시 제출하도록 명할 수 있다.

(14) 안전보건진단(법 제47조)

① 고용노동부장관은 추락·붕괴, 화재·폭발, 유해하거나 위험한 물질의 누출 등 산업재해 발생의 위험이 현저히 높은 사업장의 사업주에게 안전보건진단기관이 실시하는 안전보건진단을 받을 것을 명할 수 있다.

② 사업주는 안전보건진단 명령을 받은 경우 고용노동부령으로 정하는 바에 따라 안전보건진단기관에 안전보건진단을 의뢰하여야 한다.

③ 사업주는 안전보건진단기관이 실시하는 안전보건진단에 적극 협조하여야 하며, 정당한 사유 없이 이를 거부하거나 방해 또는 기피해서는 아니 된다. 이 경우 근로자대표가 요

구할 때에는 해당 안전보건진단에 근로자대표를 참여시켜야 한다.

④ 안전보건진단기관은 안전보건진단을 실시한 경우에는 안전보건진단 결과보고서를 해당 사업장의 사업주 및 고용노동부장관에게 제출하여야 한다.

⑤ 안전보건진단의 종류 및 내용, 안전보건진단 결과보고서에 포함될 사항, 그 밖에 필요한 사항은 대통령령으로 정한다.

(15) 안전보건진단기관(법 제48조)

① 안전보건진단기관이 되려는 자는 대통령령으로 정하는 인력·시설 및 장비 등의 요건을 갖추어 고용노동부장관의 지정을 받아야 한다.

② 고용노동부장관은 안전보건진단기관에 대하여 평가하고 그 결과를 공개할 수 있다. 이 경우 평가의 기준·방법 및 결과의 공개에 필요한 사항은 고용노동부령으로 정한다.

③ 안전보건진단기관의 지정 절차, 그 밖에 필요한 사항은 고용노동부령으로 정한다.

④ 안전보건진단기관에 관하여는 안전관리전문기관 또는 보건관리전문기관의 지정취소 및 재지정 기준을 준용한다. 이 경우 "안전관리전문기관 또는 보건관리전문기관"은 "안전보건진단기관"으로 본다.

(16) 안전보건개선계획의 수립·시행 명령(법 제49조)

① 고용노동부장관은 다음 중 어느 하나에 해당하는 사업장으로서 산업재해예방을 위하여 종합적인 개선조치를 할 필요가 있다고 인정되는 사업장의 사업주에게 고용노동부령으로 정하는 바에 따라 그 사업장, 시설, 그 밖의 사항에 관한 안전 및 보건에 관한 개선계획(이하 "안전보건개선계획"이라 함)을 수립하여 시행할 것을 명할 수 있다. 이 경우 대통령령으로 정하는 사업장의 사업주에게는 안전보건진단을 받아 안전보건개선계획을 수립하여 시행할 것을 명할 수 있다.

ㄱ 산업재해율이 같은 업종의 규모별 평균 산업재해율보다 높은 사업장

ㄴ 사업주가 필요한 안전조치 또는 보건조치를 이행하지 아니하여 중대재해가 발생한 사업장

ㄷ 대통령령으로 정하는 수(연간 2명) 이상의 직업성 질병자가 발생한 사업장

ㄹ 유해인자의 노출기준을 초과한 사업장

② 사업주는 안전보건개선계획을 수립할 때에는 산업안전보건위원회의 심의를 거쳐야 한다. 다만, 산업안전보건위원회가 설치되어 있지 아니한 사업장의 경우에는 근로자대표의 의견을 들어야 한다.

(17) 안전보건개선계획서의 제출 등(법 제50조)

① 안전보건개선계획의 수립·시행 명령을 받은 사업주는 안전보건개선계획서를 작성하여 고용노동부장관에게 제출하여야 한다.

② 고용노동부장관은 제출받은 안전보건개선계획서를 심사하여 그 결과를 사업주에게 서면으로 알려 주어야 한다. 이 경우 고용노동부장관은 근로자의 안전 및 보건의 유지·증진을 위하여 필요하다고 인정하는 경우 해당 안전보건개선계획서의 보완을 명할 수 있다.

③ 사업주와 근로자는 심사를 받은 안전보건개선계획서(보완한 안전보건개선계획서를 포함한다)를 준수하여야 한다.

(18) 사업주의 작업중지(법 제51조)

사업주는 산업재해가 발생할 급박한 위험이 있을 때에는 즉시 작업을 중지시키고 근로자를 작업장소에서 대피시키는 등 안전 및 보건에 관하여 필요한 조치를 하여야 한다.

(19) 근로자의 작업중지(법 제52조)

① 근로자는 산업재해가 발생할 급박한 위험이 있는 경우에는 작업을 중지하고 대피할 수 있다.

② 작업을 중지하고 대피한 근로자는 지체 없이 그 사실을 관리감독자 또는 그 밖에 부서의 장(이하 "관리감독자 등"이라 함)에게 보고하여야 한다.

③ 관리감독자 등은 근로자로부터 작업중지 보고를 받으면 안전 및 보건에 관하여 필요한 조치를 하여야 한다.

④ 사업주는 산업재해가 발생할 급박한 위험이 있다고 근로자가 믿을 만한 합리적인 이유가 있을 때에는 작업을 중지하고 대피한 근로자에 대하여 해고나 그 밖의 불리한 처우를 해서는 아니 된다.

(20) 고용노동부장관의 시정조치 등(법 제53조)

① 고용노동부장관은 사업주가 사업장의 건설물 또는 그 부속건설물 및 기계·기구·설비·원재료(이하 "기계·설비 등"이라 함)에 대하여 안전 및 보건에 관하여 고용노동부령으로 정하는 필요한 조치를 하지 아니하여 근로자에게 현저한 유해·위험이 초래될 우려가 있다고 판단될 때에는 해당 기계·설비 등에 대하여 사용중지·대체·제거 또는 시설의 개선, 그 밖에 안전 및 보건에 관하여 고용노동부령으로 정하는 필요한 시정조치를 명할 수 있다.

② 시정조치 명령을 받은 사업주는 해당 기계·설비 등에 대하여 시정조치를 완료할 때까

지 시정조치 명령 사항을 사업장 내에 근로자가 쉽게 볼 수 있는 장소에 게시하여야 한다.

③ 고용노동부장관은 사업주가 해당 기계·설비 등에 대한 시정조치 명령을 이행하지 아니하여 유해·위험 상태가 해소 또는 개선되지 아니하거나 근로자에 대한 유해·위험이 현저히 높아질 우려가 있는 경우에는 해당 기계·설비 등과 관련된 작업의 전부 또는 일부의 중지를 명할 수 있다.

④ 사용중지 명령 또는 작업중지 명령을 받은 사업주는 그 시정조치를 완료한 경우에는 고용노동부장관에게 사용중지 또는 작업중지의 해제를 요청할 수 있다.

⑤ 고용노동부장관은 해제 요청에 대하여 시정조치가 완료되었다고 판단될 때에는 사용중지 또는 작업중지를 해제하여야 한다.

(21) 중대재해 발생 시 사업주의 조치(법 제54조)

① 사업주는 중대재해가 발생하였을 때에는 즉시 해당 작업을 중지시키고 근로자를 작업장소에서 대피시키는 등 안전 및 보건에 관하여 필요한 조치를 하여야 한다.

② 사업주는 중대재해가 발생한 사실을 알게 된 경우에는 고용노동부령으로 정하는 바에 따라 지체 없이 고용노동부장관에게 보고하여야 한다. 다만, 천재지변 등 부득이한 사유가 발생한 경우에는 그 사유가 소멸되면 지체 없이 보고하여야 한다.

(22) 중대재해 발생 시 고용노동부장관의 작업중지 조치(법 제55조)

① 고용노동부장관은 중대재해가 발생하였을 때 다음 중 어느 하나에 해당하는 작업으로 인하여 해당 사업장에 산업재해가 다시 발생할 급박한 위험이 있다고 판단되는 경우에는 그 작업의 중지를 명할 수 있다.
  ㉠ 중대재해가 발생한 해당 작업
  ㉡ 중대재해가 발생한 작업과 동일한 작업

② 고용노동부장관은 토사·구축물의 붕괴, 화재·폭발, 유해하거나 위험한 물질의 누출 등으로 인하여 중대재해가 발생하여 그 재해가 발생한 장소 주변으로 산업재해가 확산될 수 있다고 판단되는 등 불가피한 경우에는 해당 사업장의 작업을 중지할 수 있다.

③ 고용노동부장관은 사업주가 작업중지의 해제를 요청한 경우에는 작업중지 해제에 관한 전문가 등으로 구성된 심의위원회의 심의를 거쳐 작업중지를 해제하여야 한다.

④ 작업중지 해제의 요청 절차 및 방법, 심의위원회의 구성·운영, 그 밖에 필요한 사항은 고용노동부령으로 정한다.

(23) 중대재해 원인조사 등(법 제56조)
① 고용노동부장관은 중대재해가 발생하였을 때에는 그 원인 규명 또는 산업재해예방대책 수립을 위하여 그 발생 원인을 조사할 수 있다.
② 고용노동부장관은 중대재해가 발생한 사업장의 사업주에게 안전보건개선계획의 수립·시행, 그 밖에 필요한 조치를 명할 수 있다.
③ 누구든지 중대재해 발생 현장을 훼손하거나 고용노동부장관의 원인조사를 방해해서는 아니 된다.
④ 중대재해가 발생한 사업장에 대한 원인조사의 내용 및 절차, 그 밖에 필요한 사항은 고용노동부령으로 정한다.

(24) 산업재해 발생 은폐 금지 및 보고 등(법 제57조)
① 사업주는 산업재해가 발생하였을 때에는 그 발생 사실을 은폐해서는 아니 된다.
② 사업주는 고용노동부령으로 정하는 바에 따라 산업재해의 발생 원인 등을 기록하여 보존하여야 한다.
③ 사업주는 고용노동부령으로 정하는 산업재해에 대해서는 그 발생 개요·원인 및 보고 시기, 재발방지 계획 등을 고용노동부령으로 정하는 바에 따라 고용노동부장관에게 보고하여야한다.

6 도급 시 산업재해예방

(1) 유해한 작업의 도급금지(법 제58조)
① 사업주는 근로자의 안전 및 보건에 유해하거나 위험한 작업으로서 다음 중 어느 하나에 해당하는 작업을 도급하여 자신의 사업장에서 수급인의 근로자가 그 작업을 하도록 해서는 아니 된다.
㉠ 도금작업
㉡ 수은, 납 또는 카드뮴을 제련, 주입, 가공 및 가열하는 작업
㉢ 허가대상물질을 제조하거나 사용하는 작업
② 사업주는 다음 중 어느 하나에 해당하는 경우에는 작업을 도급하여 자신의 사업장에서 수급인의 근로자가 그 작업을 하도록 할 수 있다.
㉠ 일시·간헐적으로 하는 작업을 도급하는 경우
㉡ 수급인이 보유한 기술이 전문적이고 사업주(수급인에게 도급을 한 도급인으로서의 사업주를 말한다)의 사업 운영에 필수 불가결한 경우로서 고용노동부장관의 승인을 받은 경우
③ 사업주는 고용노동부장관의 승인을 받으려는 경우에는 고용노동부령으로 정하는 바에

따라 고용노동부장관이 실시하는 안전 및 보건에 관한 평가를 받아야 한다.

④ 도급승인의 유효기간은 3년의 범위에서 정한다.

⑤ 고용노동부장관은 유효기간이 만료되는 경우에 사업주가 유효기간의 연장을 신청하면 승인의 유효기간이 만료되는 날의 다음 날부터 3년의 범위에서 고용노동부령으로 정하는 바에 따라 그 기간의 연장을 승인할 수 있다. 이 경우 사업주는 안전 및 보건에 관한 평가를 받아야 한다.

⑥ 사업주는 도급승인을 받은 사항 중 고용노동부령으로 정하는 사항을 변경하려는 경우에는 고용노동부령으로 정하는 바에 따라 변경에 대한 승인을 받아야 한다.

⑦ 고용노동부장관은 승인, 연장승인 또는 변경승인을 받은 자가 도급승인기준에 미달하게 된 경우에는 승인, 연장승인 또는 변경승인을 취소하여야 한다.

⑧ 도급승인, 연장승인 또는 변경 승인의 기준·절차 및 방법, 그 밖에 필요한 사항은 고용노동부령으로 정한다.

(2) 도급의 승인(법 제59조)

① 사업주는 자신의 사업장에서 안전 및 보건에 유해하거나 위험한 작업 중 급성 독성, 피부 부식성 등이 있는 물질의 취급 등 대통령령으로 정하는 작업을 도급하려는 경우에는 고용노동부장관의 승인을 받아야 한다. 이 경우 사업주는 고용노동부령으로 정하는 바에 따라 안전 및 보건에 관한 평가를 받아야 한다.

② 도급의 승인에 관하여는 유해한 작업의 도급금지의 규정을 준용한다.

(3) 도급의 승인 시 하도급 금지(법 제60조)

도급의 승인, 연장승인 또는 변경승인 및 승인을 받은 작업을 도급받은 수급인은 그 작업을 하도급할 수 없다.

(4) 적격 수급인 선정 의무(법 제61조)

사업주는 산업재해예방을 위한 조치를 할 수 있는 능력을 갖춘 사업주에게 도급하여야 한다.

(5) 안전보건총괄책임자(법 제62조)

① 도급인은 관계수급인 근로자가 도급인의 사업장에서 작업을 하는 경우에는 그 사업장의 안전보건관리책임자를 도급인의 근로자와 관계수급인 근로자의 산업재해를 예방하기 위한 업무를 총괄하여 관리하는 안전보건총괄책임자로 지정하여야 한다. 이 경우 안전보건관리책임자를 두지 아니하여도 되는 사업장에서는 그 사업장에서 사업을 총괄하여 관리하는 사람을 안전보건총괄책임자로 지정하여야 한다.

② 안전보건총괄책임자를 지정한 경우에는 「건설기술 진흥법」에 따른 안전총괄책임자를 둔 것으로 본다.

③ 안전보건총괄책임자를 지정하여야 하는 사업의 종류와 사업장의 상시근로자 수, 안전보건총괄책임자의 직무·권한, 그 밖에 필요한 사항은 대통령령으로 정한다.

(6) 도급인의 안전조치 및 보건조치(법 제63조)

도급인은 관계수급인 근로자가 도급인의 사업장에서 작업을 하는 경우에 자신의 근로자와 관계수급인 근로자의 산업재해를 예방하기 위하여 안전 및 보건시설의 설치 등 필요한 안전조치 및 보건조치를 하여야 한다. 다만, 보호구 착용의 지시 등 관계수급인 근로자의 작업행동에 관한 직접적인 조치는 제외한다.

(7) 도급에 따른 산업재해예방조치(법 제64조)

① 도급인은 관계수급인 근로자가 도급인의 사업장에서 작업을 하는 경우 다음과 같은 사항을 이행하여야 한다.

㉠ 도급인과 수급인을 구성원으로 하는 안전 및 보건에 관한 협의체의 구성 및 운영

㉡ 작업장 순회점검

㉢ 관계수급인이 근로자에게 하는 안전보건교육을 위한 장소 및 자료의 제공 등 지원

㉣ 관계수급인이 근로자에게 하는 안전보건교육의 실시 확인

㉤ 다음과 같은 경보체계 운영과 대피방법 등 훈련

- 작업장소에서 발파작업을 하는 경우
- 작업장소에서 화재·폭발, 토사·구축물 등의 붕괴 또는 지진 등이 발생한 경우

㉥ 위생시설 등 시설의 설치 등을 위하여 필요한 장소의 제공 또는 도급인이 설치한 위생시설 이용의 협조

② 도급인은 자신의 근로자 및 관계수급인 근로자와 함께 정기적으로 또는 수시로 작업장의 안전 및 보건에 관한 점검을 하여야 한다.

③ 안전 및 보건에 관한 협의체 구성 및 운영, 작업장 순회점검, 안전보건교육 지원, 그 밖에 필요한 사항은 고용노동부령으로 정한다.

(8) 도급인의 안전 및 보건에 관한 정보 제공 등(법 제65조)

① 다음과 같은 작업을 도급하는 자는 그 작업을 수행하는 수급인 근로자의 산업재해를 예방하기 위하여 해당 작업 시작 전에 수급인에게 안전 및 보건에 관한 정보를 문서로 제공하여야 한다.

㉠ 폭발성·발화성·인화성·독성 등의 유해성·위험성이 있는 화학물질 중 고용노동부령

으로 정하는 화학물질 또는 그 화학물질을 함유한 혼합물을 제조·사용·운반 또는 저장하는 반응기·증류탑·배관 또는 저장탱크로서 고용노동부령으로 정하는 설비를 개조·분해·해체 또는 철거하는 작업

ⓛ ㄱ과 같은 설비의 내부에서 이루어지는 작업

ⓒ 질식 또는 붕괴의 위험이 있는 작업으로서 대통령령으로 정하는 작업

② 도급인이 안전 및 보건에 관한 정보를 해당 작업 시작 전까지 제공하지 아니한 경우에는 수급인이 정보 제공을 요청할 수 있다.

③ 도급인은 수급인이 제공받은 안전 및 보건에 관한 정보에 따라 필요한 안전조치 및 보건조치를 하였는지를 확인하여야 한다.

④ 수급인은 도급인이 정보를 제공하지 아니하는 경우에는 해당 도급 작업을 하지 아니할 수 있다. 이 경우 수급인은 계약의 이행 지체에 따른 책임을 지지 아니한다.

(9) 도급인의 관계수급인에 대한 시정조치(법 제66조)

① 도급인은 관계수급인 근로자가 도급인의 사업장에서 작업을 하는 경우에 관계수급인 또는 관계수급인 근로자가 도급받은 작업과 관련하여 이 법 또는 이 법에 따른 명령을 위반하면 관계수급인에게 그 위반행위를 시정하도록 필요한 조치를 할 수 있다. 이 경우 관계수급인은 정당한 사유가 없으면 그 조치에 따라야 한다.

② 도급인은 작업을 도급하는 경우에 수급인 또는 수급인 근로자가 도급받은 작업과 관련하여 이 법 또는 이 법에 따른 명령을 위반하면 수급인에게 그 위반행위를 시정하도록 필요한 조치를 할 수 있다. 이 경우 수급인은 정당한 사유가 없으면 그 조치에 따라야 한다.

(10) 건설공사발주자의 산업재해예방조치(법 제67조)

① 대통령령으로 정하는 건설공사의 건설공사발주자는 산업재해예방을 위하여 건설공사의 계획, 설계 및 시공단계에서 다음과 같은 조치를 하여야 한다.

ⓛ 건설공사 계획단계 : 해당 건설공사에서 중점적으로 관리하여야 할 유해·위험요인과 이의 감소방안을 포함한 기본안전보건대장을 작성할 것

ⓒ 건설공사 설계단계 : 기본안전보건대장을 설계자에게 제공하고, 설계자로 하여금 유해·위험요인의 감소방안을 포함한 설계안전보건대장을 작성하게 하고 이를 확인할 것

ⓒ 건설공사 시공단계 : 건설공사발주자로부터 건설공사를 최초로 도급받은 수급인에게 설계안전보건대장을 제공하고, 그 수급인에게 이를 반영하여 안전한 작업을 위한 공사안전보건대장을 작성하게 하고 그 이행 여부를 확인할 것

② 기본·설계·공사 안전보건대장에 포함되어야 할 구체적인 내용은 고용노동부령으로 정한다.

(11) 안전보건조정자(법 제68조)

① 2개 이상의 건설공사를 도급한 건설공사발주자는 그 2개 이상의 건설공사가 같은 장소에서 행해지는 경우에 작업의 혼재로 인하여 발생할 수 있는 산업재해를 예방하기 위하여 건설공사 현장에 안전보건조정자를 두어야 한다.

② 안전보건조정자를 두어야 하는 건설공사의 금액, 안전보건조정자의 자격·업무, 선임방법, 그 밖에 필요한 사항은 대통령령으로 정한다.

(12) 공사기간 단축 및 공법변경 금지(법 제69조)

① 건설공사발주자 또는 건설공사도급인(건설공사발주자로부터 해당 건설공사를 최초로 도급받은 수급인 또는 건설공사의 시공을 주도하여 총괄·관리하는 자를 말한다)은 설계도서 등에 따라 산정된 공사기간을 단축해서는 아니 된다.

② 건설공사발주자 또는 건설공사도급인은 공사비를 줄이기 위하여 위험성이 있는 공법을 사용하거나 정당한 사유 없이 정해진 공법을 변경해서는 아니 된다.

(13) 건설공사 기간의 연장(법 제70조)

① 건설공사발주자는 다음 중 어느 하나에 해당하는 사유로 건설공사가 지연되어 해당 건설공사도급인이 산업재해예방을 위하여 공사기간의 연장을 요청하는 경우에는 특별한 사유가 없으면 공사기간을 연장하여야 한다.

  ㉠ 태풍·홍수 등 악천후, 전쟁·사변, 지진, 화재, 전염병, 폭동, 그 밖에 계약 당사자가 통제할 수 없는 사태의 발생 등 불가항력의 사유가 있는 경우

  ㉡ 건설공사발주자에게 책임이 있는 사유로 착공이 지연되거나 시공이 중단된 경우

② 건설공사의 관계수급인은 불가항력의 사유 또는 건설공사도급인에게 책임이 있는 사유로 착공이 지연되거나 시공이 중단되어 해당 건설공사가 지연된 경우에 산업재해예방을 위하여 건설공사도급인에게 공사기간의 연장을 요청할 수 있다. 이 경우 건설공사도급인은 특별한 사유가 없으면 공사기간을 연장하거나 건설공사발주자에게 그 기간의 연장을 요청하여야 한다.

③ 건설공사 기간의 연장 요청 절차, 그 밖에 필요한 사항은 고용노동부령으로 정한다.

(14) 설계변경의 요청(법 제71조)

① 건설공사도급인은 해당 건설공사 중에 대통령령으로 정하는 가설구조물의 붕괴 등으로

산업재해가 발생할 위험이 있다고 판단되면 건축·토목 분야의 전문가 등 대통령령으로 정하는 전문가의 의견을 들어 건설공사발주자에게 해당 건설공사의 설계변경을 요청할 수 있다. 다만, 건설공사발주자가 설계를 포함하여 발주한 경우는 그러하지 아니한다.

② 고용노동부장관으로부터 공사중지 또는 유해위험방지계획서의 변경 명령을 받은 건설공사도급인은 설계변경이 필요한 경우 건설공사발주자에게 설계변경을 요청할 수 있다.

③ 건설공사의 관계수급인은 건설공사 중에 가설구조물의 붕괴 등으로 산업재해가 발생할 위험이 있다고 판단되면 전문가의 의견을 들어 건설공사도급인에게 해당 건설공사의 설계변경을 요청할 수 있다. 이 경우 건설공사도급인은 그 요청받은 내용이 기술적으로 적용이 불가능한 명백한 경우가 아니면 이를 반영하여 해당 건설공사의 설계를 변경하거나 건설공사발주자에게 설계변경을 요청하여야 한다.

④ 설계변경 요청을 받은 건설공사발주자는 그 요청받은 내용이 기술적으로 적용이 불가능한 명백한 경우가 아니면 이를 반영하여 설계를 변경하여야 한다.

⑤ 설계변경의 요청 절차·방법, 그 밖에 필요한 사항은 고용노동부령으로 정한다. 이 경우 미리 국토교통부장관과 협의하여야 한다.

(15) 건설공사 등의 산업안전보건관리비 계상 등(법 제72조)

① 건설공사발주자가 도급계약을 체결하거나 건설공사도급인(건설공사발주자로부터 건설공사를 최초로 도급받은 수급인은 제외한다)이 건설공사 사업계획을 수립할 때에는 고용노동부장관이 정하여 고시하는 바에 따라 산업재해예방을 위하여 사용하는 비용(이하 "산업안전보건관리비"라 함)을 도급금액 또는 사업비에 계상(計上)하여야 한다.

② 고용노동부장관은 산업안전보건관리비의 효율적인 사용을 위하여 다음과 같은 사항을 정할 수 있다.
　　㉠ 사업의 규모별·종류별 계상 기준
　　㉡ 건설공사의 진척 정도에 따른 사용비율 등 기준
　　㉢ 그 밖에 산업안전보건관리비의 사용에 필요한 사항

③ 건설공사도급인은 산업안전보건관리비를 사용하고 그 사용명세서를 작성하여 보존하여야 한다.

④ 선박의 건조 또는 수리를 최초로 도급받은 수급인은 사업계획을 수립할 때에는 고용노동부장관이 정하여 고시하는 바에 따라 산업안전보건관리비를 사업비에 계상하여야 한다.

⑤ 건설공사도급인 또는 선박의 건조 또는 수리를 최초로 도급받은 수급인은 산업안전보건관리비를 산업재해예방 외의 목적으로 사용해서는 아니 된다.

(16) 건설공사의 산업재해예방 지도(법 제73조)

① 대통령령으로 정하는 건설공사도급인은 해당 건설공사를 하는 동안에 지정받은 전문기관(이하 "건설재해예방전문지도기관"이라 함)에서 건설산업재해예방을 위한 지도를 받아야 한다.

② 건설재해예방전문지도기관의 지도업무의 내용, 지도대상 분야, 지도의 수행방법, 그 밖에 필요한 사항은 대통령령으로 정한다.

(17) 건설재해예방전문지도기관(법 제74조)

① 건설재해예방전문지도기관이 되려는 자는 대통령령으로 정하는 인력·시설 및 장비 등의 요건을 갖추어 고용노동부장관의 지정을 받아야 한다.

② 건설재해예방전문지도기관의 지정 절차, 그 밖에 필요한 사항은 대통령령으로 정한다.

③ 고용노동부장관은 건설재해예방전문지도기관에 대하여 평가하고 그 결과를 공개할 수 있다. 이 경우 평가의 기준·방법·결과의 공개에 필요한 사항은 고용노동부령으로 정한다.

④ 건설재해예방전문지도기관에 관하여는 안전관리전문기관 또는 보건관리전문기관의 지정취소 및 재지정 기준을 준용한다. 이 경우 "안전관리전문기관 또는 보건관리전문기관"은 "건설재해예방전문지도기관"으로 본다.

(18) 안전 및 보건에 관한 협의체 등의 구성·운영에 관한 특례(법 제75조)

① 대통령령으로 정하는 규모의 건설공사의 건설공사도급인은 해당 건설공사 현장에 근로자위원과 사용자위원이 같은 수로 구성되는 안전 및 보건에 관한 협의체(이하 "노사협의체"라 함)를 대통령령으로 정하는 바에 따라 구성·운영할 수 있다.

② 건설공사도급인이 노사협의체를 구성·운영하는 경우에는 산업안전보건위원회 및 안전 및 보건에 관한 협의체를 각각 구성·운영하는 것으로 본다.

③ 노사협의체를 구성·운영하는 건설공사도급인은 노사협의체의 심의·의결을 거쳐야 한다. 이 경우 노사협의체에서 의결되지 아니한 사항의 처리방법은 대통령령으로 정한다.

④ 노사협의체는 대통령령으로 정하는 바에 따라 회의를 개최하고 그 결과를 회의록으로 작성하여 보존하여야 한다.

⑤ 노사협의체는 산업재해예방 및 산업재해가 발생한 경우의 대피방법 등 고용노동부령으로 정하는 사항에 대하여 협의하여야 한다.

⑥ 노사협의체를 구성·운영하는 건설공사도급인·근로자 및 관계수급인·근로자는 노사협의체가 심의·의결한 사항을 성실하게 이행하여야 한다.

(19) 기계·기구 등에 대한 건설공사도급인의 안전조치(법 제76조)

건설공사도급인은 자신의 사업장에서 타워크레인 등 대통령령으로 정하는 기계·기구 또는 설비 등이 설치되어 있거나 작동하고 있는 경우 또는 이를 설치·해체·조립하는 등의 작업이 이루어지고 있는 경우에는 필요한 안전조치 및 보건조치를 하여야 한다.

(20) 특수형태근로종사자에 대한 안전조치 및 보건조치 등(법 제77조)

① 계약의 형식에 관계없이 근로자와 유사하게 노무를 제공하여 업무상의 재해로부터 보호할 필요가 있음에도 「근로기준법」 등이 적용되지 아니하는 자로서 다음과 같은 요건을 모두 충족하는 사람(이하 "특수형태근로종사자"라 함)의 노무를 제공받는 자는 특수형태근로종사자의 산업재해예방을 위하여 필요한 안전조치 및 보건조치를 하여야 한다.

    ㉠ 대통령령으로 정하는 직종에 종사할 것

    ㉡ 주로 하나의 사업에 노무를 상시적으로 제공하고 보수를 받아 생활할 것

    ㉢ 노무를 제공할 때 타인을 사용하지 아니할 것

② 대통령령으로 정하는 특수형태근로종사자로부터 노무를 제공받는 자는 고용노동부령으로 정하는 바에 따라 안전 및 보건에 관한 교육을 실시하여야 한다.

③ 정부는 특수형태근로종사자의 안전 및 보건의 유지·증진에 사용하는 비용의 일부 또는 전부를 지원할 수 있다.

(21) 배달종사자에 대한 안전조치(법 제78조)

「이동통신단말장치 유통구조 개선에 관한 법률」에 따른 이동통신단말장치로 물건의 수거·배달 등을 중개하는 자는 그 중개를 통하여 「자동차관리법」에 따른 이륜자동차로 물건을 수거·배달 등을 하는 자의 산업재해예방을 위하여 필요한 안전조치 및 보건조치를 하여야 한다.

(22) 가맹본부의 산업재해 예방조치(법 제79조)

① 「가맹사업거래의 공정화에 관한 법률」에 따른 가맹본부 중 대통령령으로 정하는 가맹본부는 가맹점사업자에게 가맹점의 설비나 기계, 원자재 또는 상품 등을 공급하는 경우에 가맹점사업자와 그 소속 근로자의 산업재해예방을 위하여 다음 각 호의 조치를 하여야 한다.

    1. 가맹점의 안전 및 보건에 관한 프로그램의 마련·시행

    2. 가맹본부가 가맹점에 설치하거나 공급하는 설비·기계 및 원자재 또는 상품 등에 대하여 가맹점사업자에게 안전 및 보건에 관한 정보의 제공

② 안전 및 보건에 관한 프로그램의 내용·시행방법, 안전 및 보건에 관한 정보의 제공방법, 그 밖에 필요한 사항은 고용노동부령으로 정한다.

7 유해·위험 기계 등에 대한 조치

(1) 유해하거나 위험한 기계·기구 등의 방호조치(법 제80조)

① 누구든지 유해하거나 위험한 작업을 필요로 하거나 동력(動力)으로 작동하는 기계·기구로서 대통령령으로 정하는 것은 고용노동부령으로 정하는 유해·위험 방지를 위한 방호조치를 하지 아니하고는 양도·대여·설치 또는 사용에 제공하거나, 양도·대여의 목적으로 진열하여서는 아니 된다.

② 누구든지 동력으로 작동하는 기계·기구로서 작동 부분의 돌기 부분, 동력전달 부분이나 속도조절 부분 또는 회전기계의 물림점을 가진 것은 고용노동부령으로 정하는 방호조치를 하지 아니하고는 양도·대여·설치 또는 사용에 제공하거나 양도·대여의 목적으로 진열하여서는 아니 된다.

③ 기계·기구·설비 및 건축물 등으로서 대통령령으로 정하는 것을 타인에게 대여하거나 대여받는 자는 고용노동부령으로 정하는 유해·위험 방지를 위하여 필요한 조치를 하여야 한다.

(2) 안전인증(법 제83조)

① 고용노동부장관은 유해하거나 위험한 기계·기구·설비 및 방호장치·보호구(이하 "유해·위험한 기계·기구·설비 등"이라 함)의 안전성을 평가하기 위하여 그 안전에 관한 성능과 제조자의 기술능력 및 생산체계 등에 관한 안전인증기준(이하 "안전인증기준"이라 함)을 정하여 고시할 수 있다.

② 유해·위험한 기계·기구·설비 등으로서 근로자의 안전·보건에 필요하다고 인정되어 대통령령으로 정하는 것(이하 "안전인증대상 기계·기구 등"이라 함)을 제조(고용노동부령으로 정하는 기계·기구 등을 설치·이전하거나 주요 구조 부분을 변경하는 경우를 포함)하거나 수입하는 자는 안전인증대상 기계·기구 등이 안전인증기준에 맞는지에 대하여 고용노동부장관이 실시하는 안전인증을 받아야 한다.

③ 다음 중 어느 하나에 해당하면 고용노동부령으로 정하는 바에 따라 안전인증의 전부 또는 일부를 면제할 수 있다.

   ⊙ 연구·개발을 목적으로 제조·수입하거나 수출을 목적으로 제조하는 경우

   ⊙ 고용노동부장관이 정하여 고시하는 외국의 안전인증기관에서 인증을 받은 경우

   ⊙ 다른 법령에서 안전성에 관한 검사나 인증을 받은 경우

④ 안전인증대상 기계·기구 등이 아닌 유해·위험한 기계·기구·설비 등의 안전에 관한 성

능 등을 평가받으려면 그 제조자 또는 수입자가 고용노동부장관에게 안전인증을 신청할 수 있다.

⑤ 고용노동부장관은 안전인증을 받은 자가 안전인증기준을 지키고 있는지를 3년 이하의 범위에서 확인하여야 한다. 다만, 안전인증의 일부를 면제받은 경우에는 확인의 전부 또는 일부를 생략할 수 있다.

⑥ 안전인증을 받은 자는 안전인증을 받은 제품에 대하여 제품명·모델·제조수량·판매수량 및 판매처 현황 등의 사항을 기록·보존하여야 한다.

⑦ 고용노동부장관은 근로자의 안전·보건에 필요하다고 인정하는 경우 안전인증대상 기계·기구 등을 제조·수입 또는 판매하는 자에게 해당 안전인증대상 기계·기구 등의 제조·수입·판매에 관한 자료를 공단에 제출하게 할 수 있다.

⑧ 안전인증의 신청·방법 및 절차, 확인의 방법 및 절차에 관하여 필요한 사항은 고용노동부령으로 정한다.

8 유해·위험물질에 대한 조치

(1) 물질안전보건자료의 일부 비공개 승인 등(법 제112조)

① 영업비밀과 관련되어 화학물질의 명칭 및 함유량을 물질안전보건자료에 적지 아니하려는 자는 고용노동부장관에게 신청하여 승인을 받아 해당 화학물질의 명칭 및 함유량을 대체할 수 있는 명칭 및 함유량(이하 "대체자료"라 함)으로 적을 수 있다. 다만, 근로자에게 중대한 건강장해를 초래할 우려가 있는 화학물질로서 「산업재해보상보험법」에 따른 산업재해보상보험 및 예방심의위원회의 심의를 거쳐 고용노동부장관이 고시하는 것은 그러하지 아니한다.

② 고용노동부장관은 물질안전보건자료의 일부 비공개 등 승인 신청을 받은 경우 화학물질의 명칭 및 함유량의 대체 필요성, 대체자료의 적합성 및 물질안전보건자료의 적정성 등을 검토하여 승인 여부를 결정하고 신청인에게 그 결과를 통보하여야 한다.

③ 고용노동부장관은 승인에 관한 기준을 「산업재해보상보험법」에 따른 산업재해보상보험 및 예방심의위원회의 심의를 거쳐 정한다.

④ 승인의 유효기간은 승인을 받은 날부터 5년으로 한다.

⑤ 고용노동부장관은 승인 유효기간이 만료되는 경우에도 계속하여 대체자료로 적으려는 자가 그 유효기간의 연장승인을 신청하면 유효기간이 만료되는 다음 날부터 5년 단위로 그 기간을 계속하여 연장승인할 수 있다.

⑥ 신청인은 승인 또는 연장승인에 관한 결과에 대하여 고용노동부장관에게 이의신청을 할 수 있다.

⑦ 고용노동부장관은 이의신청에 대하여 승인 또는 연장승인 여부를 결정하고 그 결과를

신청인에게 통보하여야 한다.

⑧ 고용노동부장관은 다음 중 어느 하나에 해당하는 경우에는 승인 또는 연장승인을 취소할 수 있다. 다만, ㉠의 경우에는 그 승인 또는 연장승인을 취소하여야 한다.

㉠ 거짓이나 그 밖의 부정한 방법으로 승인 또는 연장승인을 받은 경우

㉡ 승인 또는 연장승인을 받은 화학물질이 근로자에게 중대한 건강장해를 초래할 우려가 있는 화학물질에 해당하게 된 경우

⑨ 연장승인과 승인 또는 연장승인의 취소 절차 및 방법, 그 밖에 필요한 사항은 고용노동부령으로 정한다.

⑩ 다음 중 어느 하나에 해당하는 자는 근로자의 안전 및 보건을 유지하거나 직업성 질환 발생 원인을 규명하기 위하여 근로자에게 중대한 건강장해가 발생하는 등 고용노동부령으로 정하는 경우에는 물질안전보건자료대상물질을 제조하거나 수입한 자에게 대체자료로 적힌 화학물질의 명칭 및 함유량 정보를 제공할 것을 요구할 수 있다. 이 경우 정보 제공을 요구받은 자는 고용노동부장관이 정하여 고시하는 바에 따라 정보를 제공하여야 한다.

㉠ 근로자를 진료하는 「의료법」에 따른 의사

㉡ 보건관리자 및 보건관리전문기관

㉢ 산업보건의

㉣ 근로자대표

㉤ 역학조사(疫學調査) 실시 업무를 위탁받은 기관

㉥ 「산업재해보상보험법」에 따른 업무상질병판정위원회

(2) 물질안전보건자료의 게시 및 교육(법 제114조)

① 물질안전보건자료대상물질을 취급하려는 사업주는 작성하였거나 제공받은 물질안전보건자료를 물질안전보건자료대상물질을 취급하는 작업장 내에 이를 취급하는 근로자가 쉽게 볼 수 있는 장소에 게시하거나 갖추어 두어야 한다.

② 사업주는 물질안전보건자료대상물질을 취급하는 작업공정별로 물질안전보건자료대상물질의 관리 요령을 게시하여야 한다.

③ 사업주는 물질안전보건자료대상물질을 취급하는 근로자의 안전 및 보건을 위하여 해당 근로자를 교육하는 등 적절한 조치를 하여야 한다.

(3) 석면의 해체·제거(법 제122조)

① 기관석면조사 대상인 건축물이나 설비에 대통령령으로 정하는 함유량과 면적 이상의 석면이 함유되어 있는 경우 해당 건축물·설비소유주 등은 석면해체·제거업자로 하여

금 그 석면을 해체·제거하도록 하여야 한다. 다만, 건축물·설비소유주등이 인력·장비 등에서 석면해체·제거업자와 동등한 능력을 갖추고 있는 경우 등 대통령령으로 정하는 사유에 해당할 경우에는 스스로 석면을 해체·제거할 수 있다.

② 석면해체·제거는 해당 건축물이나 설비에 대하여 기관석면조사를 실시한 기관이 해서는 아니 된다.

③ 석면해체·제거업자는 석면해체·제거작업을 하기 전에 고용노동부장관에게 신고하고, 석면해체·제거작업에 관한 서류를 보존하여야 한다.

④ 고용노동부장관은 석면해체, 제거작업 신고를 받은 경우 그 내용을 검토하여 이 법에 적합하면 신고를 수리하여야 한다.

⑤ 석면해체, 제거작업 신고 절차, 그 밖에 필요한 사항은 고용노동부령으로 정한다.

(4) 석면해체·제거 작업기준의 준수(법 제123조)

① 석면이 함유된 건축물이나 설비를 철거하거나 해체하는 자는 고용노동부령으로 정하는 석면해체·제거의 작업기준을 준수하여야 한다.

② 근로자는 석면이 함유된 건축물이나 설비를 철거하거나 해체하는 자가 작업기준에 따라 근로자에게 한 조치로서 고용노동부령으로 정하는 조치사항을 준수하여야 한다.

9 근로자 보건관리

(1) 작업환경측정(법 제125조)

① 사업주는 유해인자로부터 근로자의 건강을 보호하고 쾌적한 작업환경을 조성하기 위하여 인체에 해로운 작업을 하는 작업장으로서 고용노동부령으로 정하는 작업장에 대하여 고용노동부령으로 정하는 자격을 가진 자로 하여금 작업환경측정을 하도록 하여야 한다.

② 도급인의 사업장에서 관계수급인 또는 관계수급인의 근로자가 작업을 하는 경우에는 도급인이 자격을 가진 자로 하여금 작업환경측정을 하도록 하여야 한다.

③ 사업주(도급인을 포함한다)는 작업환경측정을 지정받은 기관(이하 "작업환경측정기관"이라 한다)에 위탁할 수 있다. 이 경우 필요한 때에는 작업환경측정 중 시료의 분석만을 위탁할 수 있다.

④ 사업주는 근로자대표(관계수급인의 근로자대표를 포함한다)가 요구하면 작업환경측정 시 근로자대표를 참석시켜야 한다.

⑤ 사업주는 작업환경측정 결과를 기록하여 보존하고 고용노동부장관에게 보고하여야 한다. 다만, 사업주로부터 작업환경측정을 위탁받은 작업환경측정기관이 작업환경측정을 한 후 그 결과를 고용노동부장관에게 제출한 경우에는 작업환경측정 결과를 보고한 것

으로 본다.

⑥ 사업주는 작업환경측정 결과를 해당 작업장의 근로자(관계수급인 및 관계수급인 근로자를 포함한다)에게 알려야 하며, 그 결과에 따라 근로자의 건강을 보호하기 위하여 해당 시설·설비의 설치·개선 또는 건강진단의 실시 등의 조치를 하여야 한다.

⑦ 사업주는 산업안전보건위원회 또는 근로자대표가 요구하면 작업환경측정 결과에 대한 설명회 등을 개최하여야 한다. 이 경우 작업환경측정을 위탁하여 실시한 경우에는 작업환경측정기관에 작업환경측정 결과에 대하여 설명하도록 할 수 있다.

⑧ 작업환경측정의 방법·횟수, 그 밖에 필요한 사항은 고용노동부령으로 정한다.

10 보 칙

(1) 서류의 보존(법 제164조)

① 사업주는 다음과 같은 서류를 3년(ⓛ의 경우 2년) 동안 보존하여야 한다. 다만, 고용노동부령으로 정하는 바에 따라 보존기간을 연장할 수 있다.

ⓐ 안전보건관리책임자·안전관리자·보건관리자·안전보건관리담당자 및 산업보건의의 선임에 관한 서류

ⓛ 산업안전보건위원회 및 노사협의체 회의록

ⓒ 안전조치 및 보건조치에 관한 사항으로서 고용노동부령으로 정하는 사항을 적은 서류

ⓓ 산업재해의 발생 원인 등 기록

ⓜ 화학물질의 유해성·위험성 조사에 관한 서류

ⓗ 작업환경측정에 관한 서류

ⓢ 건강진단에 관한 서류

② 안전인증 또는 안전검사의 업무를 위탁받은 안전인증기관 또는 안전검사기관은 안전인증·안전검사에 관한 사항으로서 고용노동부령으로 정하는 서류를 3년 동안 보존하여야 하고, 안전인증을 받은 자는 안전인증대상기계 등에 대하여 기록한 서류를 3년 동안 보존하여야 하며, 자율안전확인대상기계 등을 제조하거나 수입하는 자는 자율안전기준에 맞는 것임을 증명하는 서류를 2년 동안 보존하여야 하고, 자율안전검사를 받은 자는 자율검사프로그램에 따라 실시한 검사 결과에 대한 서류를 2년 동안 보존하여야 한다.

③ 일반석면조사를 한 건축물·설비소유주 등은 그 결과에 관한 서류를 그 건축물이나 설비에 대한 해체·제거작업이 종료될 때까지 보존하여야 하고, 기관석면조사를 한 건축물·설비소유주 등과 석면조사기관은 그 결과에 관한 서류를 3년 동안 보존하여야 한다.

④ 작업환경측정기관은 작업환경측정에 관한 사항으로서 고용노동부령으로 정하는 사항을 적은 서류를 3년 동안 보존하여야 한다.

⑤ 지도사는 그 업무에 관한 사항으로서 고용노동부령으로 정하는 사항을 적은 서류를 5년 동안 보존하여야 한다.

⑥ 석면해체·제거업자는 석면해체·제거작업에 관한 서류 중 고용노동부령으로 정하는 서류를 30년 동안 보존하여야 한다.

⑦ 보존하여야 할 서류 중 전산입력자료가 있을 때에는 그 서류를 대신하여 전산입력자료를 보존할 수 있다.

11 벌 칙

(1) 벌칙(법 제167조)

① 법 제38조제1항부터 제3항까지, 제39조제1항 또는 제63조를 위반하여 근로자를 사망에 이르게 한 자는 7년 이하의 징역 또는 1억원 이하의 벌금에 처한다.

② ①의 죄로 형을 선고받고 그 형이 확정된 후 5년 이내에 다시 ①의 죄를 범한 자는 그형의 2분의 1까지 가중한다.

(2) 벌칙(법 제169조)

다음 각 호의 어느 하나에 해당하는 자는 3년 이하의 징역 또는 3천만원 이하의 벌금에 처한다.

① 법 제44조제1항 후단, 제63조, 제76조, 제81조, 제82조제2항, 제84조제1항, 제87조제1항, 제118조제3항, 제123조제1항, 제139조제1항 또는 제140조제1항을 위반한 자

② 법 제45조제1항 후단, 제46조제5항, 제53조제1항, 제87조제2항, 제118조제4항, 제119조제4항 또는 제131조제1항에 따른 명령을 위반한 자

③ 법 제58조제3항 또는 같은 조 제5항 후단(제59조제2항에 따라 준용되는 경우를 포함한다)에 따른 안전 및 보건에 관한 평가 업무를 제165조제2항에 따라 위탁받은 자로서 그 업무를 거짓이나 그 밖의 부정한 방법으로 수행한 자

④ 법 제84조제1항 및 제3항에 따른 안전인증 업무를 제165조제2항에 따라 위탁받은 자로서 그 업무를 거짓이나 그 밖의 부정한 방법으로 수행한 자

⑤ 법 제93조제1항에 따른 안전검사 업무를 제165조제2항에 따라 위탁받은 자로서 그 업무를 거짓이나 그 밖의 부정한 방법으로 수행한 자

⑥ 법 제98조에 따른 자율검사프로그램에 따른 안전검사 업무를 거짓이나 그 밖의 부정한 방법으로 수행한 자

(3) 양벌규정(법 제173조)

법인의 대표자나 법인 또는 개인의 대리인, 사용인, 그 밖의 종업원이 그 법인 또는 개인의

업무에 관하여 법 제167조제1항 또는 법 제168조부터 제172조까지의 어느 하나에 해당하는 위반행위를 하면 그 행위자를 벌하는 외에 그 법인에게 다음 각 호의 구분에 따른 벌금형을, 그 개인에게는 해당 조문의 벌금형을 과(科)한다. 다만, 법인 또는 개인이 그 위반행위를 방지하기 위하여 해당 업무에 관하여 상당한 주의와 감독을 게을리하지 아니한 경우에는 그러하지 아니 한다.

① 법 제167조제1항의 경우 : 10억원 이하의 벌금
② 법 제168조부터 제172조까지의 경우 : 해당 조문의 벌금형

(4) 형벌과 수강명령 등의 병과(법 제174조)

① 법원은 법 제38조제1항부터 제3항까지, 제39조제1항 또는 제63조를 위반하여 근로자를 사망에 이르게 한 사람에게 유죄의 판결(선고유예는 제외한다)을 선고하거나 약식명령을 고지하는 경우에는 200시간의 범위에서 산업재해예방에 필요한 수강명령을 병과(併科)할 수 있다. 다만, 수강명령을 부과할 수 없는 특별한 사정이 있는 경우에는 그러하지 아니한다.

② 수강명령은 형의 집행을 유예할 경우에는 그 집행유예기간 내에, 벌금형을 선고하거나 약식명령을 고지할 경우에는 형 확정일부터 6개월 이내에, 징역형 이상의 실형(實刑)을 선고할 경우에는 형기 내에 각각 집행한다.

③ 수강명령이 벌금형 또는 형의 집행유예와 병과된 경우에는 보호관찰소의 장이 집행하고, 징역형 이상의 실형과 병과된 경우에는 교정시설의 장이 집행한다.

④ 수강명령은 다음 각 호의 내용으로 한다.
  ㉠ 안전 및 보건에 관한 교육
  ㉡ 그 밖에 산업재해예방을 위하여 필요한 사항

⑤ 수강명령에 관하여 법에서 규정한 사항 외의 사항에 대해서는 「보호관찰 등에 관한 법률」을 준용한다.

02 산업안전보건법 시행령

1 정부의 책무 등

(1) 산업안전 및 보건 경영체제 확립 지원(영 제4조)

고용노동부장관은 사업주의 자율적인 산업안전 및 보건 경영체제 확립을 위하여 다음과 관련된 시책을 마련하여야 한다

㉠ 사업의 자율적인 안전 및 보건 경영체제 운영 등의 기법에 관한 연구 및 보급

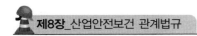

    ○ 사업의 안전관리 및 보건관리 수준의 향상

(2) 산업안전 및 보건 의식을 북돋우기 위한 시책마련(영 제5조)

  고용노동부장관은 산업안전 및 보건에 관한 의식을 북돋우기 위하여 다음과 관련된 시책을 마련하여야 한다.

    ㉠ 산업안전 및 보건교육의 진흥 및 홍보의 활성화

    ㉡ 산업안전 및 보건과 관련된 국민의 건전하고 자주적인 활동의 촉진

    ㉢ 산업안전 및 보건 강조기간의 설정 및 시행

(3) 조사 및 통계의 유지·관리(영 제6조)

  고용노동부장관은 산업재해를 예방하기 위하여 산업재해에 관하여 조사하고 이에 관한 통계를 유지·관리하여 산업재해예방을 위한 정책 수립 및 집행에 적극 반영하여야 한다.

(4) 건강증진사업 등의 추진(영 제7조)

  고용노동부장관은 노무를 제공하는 자의 안전 및 건강의 보호·증진에 관한 사항을 효율적으로 추진하기 위하여 다음과 관련된 시책을 마련하여야 한다.

    ㉠ 노무를 제공하는 자의 안전 및 건강증진을 위한 사업의 보급·확산

    ㉡ 깨끗한 작업환경의 조성

2 공표대상 및 책임자선임

(1) 산업재해 발생건수 등 공표대상 사업장(영 제10조)

  ① 산업재해로 인한 사망자가 연간 2명 이상 발생한 사업장

  ② 사망만인율(연간 상시근로자 1만명당 발생하는 사망재해자 수의 비율)이 규모별 같은 업종의 평균 사망만인율 이상인 사업장

  ③ 중대산업사고가 발생한 사업장

  ④ 산업재해 발생 사실을 은폐한 사업장

  ⑤ 산업재해의 발생에 관한 보고를 최근 3년 이내 2회 이상 하지 않은 사업장

(2) 안전보건관리책임자의 선임 등(영 제14조)

  ① 안전보건관리책임자를 두어야 할 사업의 종류 및 사업장의 상시근로자 수는 시행령 [별표2]와 같다.

  ② 사업주는 안전보건관리책임자에게 업무를 원활하게 수행할 수 있도록 필요한 권한·시설·장비·예산·그 밖에 필요한 지원을 해야 한다.

③ 사업주는 안전보건관리책임자를 선임했을 때에는 그 선임 사실 및 업무의 수행내용을 증명할 수 있는 서류를 갖춰 둬야 한다.

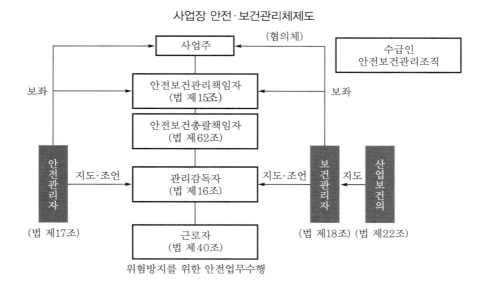

사업장 안전·보건관리체제도

위험방지를 위한 안전업무수행

(3) 관리감독자의 업무 등(영 제15조)

① 사업장 내 관리감독자가 지휘·감독하는 작업과 관련된 기계·기구 또는 설비의 안전·보건 점검 및 이상 유무의 확인

② 관리감독자에게 소속된 근로자의 작업복·보호구 및 방호장치의 점검과 그 착용·사용에 관한 교육·지도

③ 해당 작업에서 발생한 산업재해에 관한 보고 및 이에 대한 응급조치

④ 해당 작업의 작업장 정리·정돈 및 통로 확보에 대한 확인·감독

⑤ 안전관리자, 보건관리자, 산업보건의, 안전보건관리담당자, 안전관리전문기관 또는 보건관리전문기관의 해당 사업장 담당자 중 어느 하나에 해당하는 사람의 지도·조언에 대한 협조

⑥ 위험성평가를 위한 업무에 기인하는 유해·위험요인의 파악에 참여 및 그 결과에 따른 개선조치의 시행에 대한 참여

⑦ 그 밖에 해당 작업의 안전 및 보건에 관한 사항으로서 고용노동부령으로 정하는 사항

(4) 안전관리자의 업무 등(영 제18조)

① 안전관리자가 수행하여야 할 업무

㉠ 산업안전보건위원회 또는 안전 및 보건에 관한 노사협의체에서 심의·의결한 업무와 해당 사업장의 안전보건관리규정 및 취업규칙에서 정한 업무

      © 위험성평가에 관한 보좌 및 지도·조언

      © 안전인증대상 기계·기구 등과 자율안전확인대상기계 등 구입 시 적격품의 선정에 관한 보좌 및 지도·조언

      ② 해당 사업장 안전교육계획의 수립 및 안전교육 실시에 관한 보좌 및 지도·조언

      ⑩ 사업장 순회점검, 지도 및 조치 건의

      ⑭ 산업재해 발생의 원인조사·분석 및 재발방지를 위한 기술적 보좌 및 지도·조언

      ⊗ 산업재해에 관한 통계의 유지·관리·분석을 위한 보좌 및 지도·조언

      ◎ 법 또는 법에 따른 명령으로 정한 안전에 관한 사항의 이행에 관한 보좌 및 지도·조언

      ② 업무 수행 내용의 기록·유지

      ② 그 밖에 안전에 관한 사항으로서 고용노동부장관이 정하는 사항

  ② 사업주가 안전관리자를 배치할 때에는 연장근로, 야간근로 또는 휴일근로 등 해당 사업장의 작업 형태를 고려해야 한다.

  ③ 사업주는 안전관리 업무의 원활한 수행을 위하여 외부전문가의 평가·지도를 받을 수 있다.

  ④ 안전관리자는 업무를 수행할 때에 보건관리자와 협력해야 한다.

(5) 안전보건관리담당자의 업무(영 제25조)

  ① 안전보건교육 실시에 관한 보좌 및 지도·조언

  ② 위험성평가에 관한 보좌 및 지도·조언

  ③ 작업환경측정 및 개선에 관한 보좌 및 지도·조언

  ④ 건강진단에 관한 보좌 및 지도·조언

  ⑤ 산업재해 발생의 원인조사, 산업재해 통계의 기록 및 유지를 위한 보좌 및 지도·조언

  ⑥ 산업안전·보건과 관련된 안전장치 및 보호구 구입 시 적격품 선정에 관한 보좌 및 지도·조언

(6) 안전보건총괄책임자 지정 대상사업(영 제52조)

안전보건총괄책임자를 지정해야하는 사업의 종류 및 사업장의 상시근로자 수는 관계수급인에게 고용된 근로자를 포함한 상시근로자가 100명(선박 및 보트 건조업, 1차 금속 제조업 및 토사석 광업의 경우에는 50명) 이상인 사업이나 관계수급인의 공사금액을 포함한 해당 공사의 총 공사금액이 20억원 이상인 건설업

(7) 안전보건총괄책임자의 직무 등(영 제53조)

  ① 위험성평가의 실시에 관한 사항

② 작업의 중지

③ 도급 시 산업재해예방조치

④ 산업안전보건관리비의 관계수급인 간의 사용에 대한 협의·조정 및 그 집행의 감독

⑤ 안전인증대상 기계·기구 등과 자율안전확인대상기계 등의 사용 여부 확인

3 유해·위험 예방조치

(1) 도급승인 대상 작업(영 제51조)

사업주는 자신의 사업장에서 안전 및 보건에 유해하거나 위험한 작업 중 급성 독성, 피부 부식성 등이 있는 물질의 취급(중량비율 1% 이상의 황산, 불화수소, 질산 또는 염화수소를 취급하는 설비를 개조·분해·해체·철거하는 작업 또는 해당 설비 내부에서 이루어지는 작업)을 도급하려는 경우 고용노동부장관의 승인을 받아야 한다.

(2) 안전인증대상기계 등(영 제74조)

① 다음에 해당하는 기계 또는 설비

㉠ 프레스

㉡ 전단기(剪斷機) 및 절곡기(折曲機)

㉢ 크레인

㉣ 리프트

㉤ 압력용기

㉥ 롤러기

㉦ 사출성형기(射出成形機)

㉧ 고소(高所)작업대

㉨ 곤돌라

② 다음에 해당하는 방호장치

㉠ 프레스 및 전단기 방호장치

㉡ 양중기용(揚重機用) 과부하 방지장치

㉢ 보일러 압력방출용 안전밸브

㉣ 압력용기 압력방출용 안전밸브

㉤ 압력용기 압력방출용 파열판

㉥ 절연용 방호구 및 활선작업용(活線作業用) 기구

㉦ 방폭구조(防爆構造) 전기 기계·기구 및 부품

㉧ 추락·낙하 및 붕괴 등의 위험방지 및 보호에 필요한 가설기자재로서 고용노동부장관이 정하여 고시하는 것

      ⓒ 충돌, 협착 등의 위험방지에 필요한 산업용 로봇 방호장치로서 고용노동부장관이 정하여 고시하는 것

  ③ 다음에 해당하는 보호구

      ㉠ 추락 및 감전 위험방지용 안전모

      ㉡ 안전화

      ㉢ 안전장갑

      ㉣ 방진마스크

      ㉤ 방독마스크

      ㉥ 송기마스크

      ㉦ 전동식 호흡보호구

      ㉧ 보호복

      ㉨ 안전대

      ㉩ 차광(遮光) 및 비산물(飛散物) 위험방지용 보안경

      ㉪ 용접용 보안면

      ㉫ 방음용 귀마개 또는 귀덮개

(3) 자율안전확인대상 기계·기구 등(영 제77조)

  ① 다음의 어느 하나에 해당하는 기계 또는 설비

      ㉠ 연삭기 또는 연마기(휴대형은 제외)

      ㉡ 산업용 로봇

      ㉢ 혼합기

      ㉣ 파쇄기 또는 분쇄기

      ㉤ 식품가공용 기계(파쇄·절단·혼합·제면기만 해당)

      ㉥ 컨베이어

      ㉦ 자동차정비용 리프트

      ㉧ 공작기계(선반, 드릴기, 평삭·형삭기, 밀링만 해당)

      ㉨ 고정형 목재가공용 기계(둥근톱, 대패, 루타기, 띠톱, 모떼기 기계만 해당)

      ㉩ 인쇄기

  ② 다음의 어느 하나에 해당하는 방호장치

      ㉠ 아세틸렌 용접장치용 또는 가스집합 용접장치용 안전기

      ㉡ 교류 아크용접기용 자동전격방지기

      ㉢ 롤러기 급정지장치

      ㉣ 연삭기(研削機) 덮개

　　ⓜ 목재가공용 둥근톱 반발 예방장치와 날 접촉 예방장치

　　ⓗ 동력식 수동대패용 칼날 접촉 방지장치

　　ⓢ 추락·낙하 및 붕괴 등의 위험방지 및 보호에 필요한 가설기자재로서 고용노동부장
　　　관이 정하여 고시하는 것

　③ 다음의 어느 하나에 해당하는 보호구

　　㉠ 안전모

　　㉡ 보안경

　　㉢ 보안면

(4) 안전검사대상기계 등(영 제78조)

　① 프레스

　② 전단기

　③ 크레인(정격 하중이 2톤 미만인 것은 제외)

　④ 리프트

　⑤ 압력용기

　⑥ 곤돌라

　⑦ 국소배기장치(이동식은 제외)

　⑧ 원심기(산업용만 해당)

　⑨ 롤러기(밀폐형 구조는 제외)

　⑩ 사출성형기[형 체결력(型 締結力) 294kN 미만은 제외]

　⑪ 고소작업대(화물자동차 또는 특수자동차에 탑재한 고소작업대로 한정)

　⑫ 컨베이어

　⑬ 산업용 로봇

(5) 제조 등이 금지되는 유해물질(영 제87조)

　제조·수입·양도·제공 또는 사용이 금지되는 유해물질은 다음과 같음.

　① 베타-나프틸아민과 그 염

　② 4-니트로디페닐과 그 염

　③ 백연을 함유한 페인트(함유된 중량의 비율이 2% 이하인 것은 제외)

　④ 벤젠을 함유하는 고무풀(함유된 중량의 비율이 5% 이하인 것은 제외)

　⑤ 석면

　⑥ 폴리클로리네이티드 터페닐(PCT)

　⑦ 황린(黃燐) 성냥

⑧ ①, ②, ⑤, 또는 ⑥에 해당하는 물질을 함유한 혼합물(함유된 중량의 비율이 1% 이하인 것은 제외)

⑨ 「화학물질관리법」에 따른 금지물질

⑩ 그 밖에 보건상 해로운 물질로서 산업재해보상보험 및 예방심의위원회의 심의를 거쳐 고용노동부장관이 정하는 유해물질

(6) 유해·위험작업에 대한 근로시간 제한 등(영 제99조)

① 근로시간이 제한되는 작업은 잠함(潛艦) 또는 잠수작업 등 높은 기압에서 하는 작업을 말한다.

② 잠함·잠수 작업시간, 가압·감압 방법 등 해당 근로자의 안전과 보건을 유지하기 위하여 필요한 사항은 고용노동부령으로 정한다.

③ 사업주는 다음 중 어느 하나에 해당하는 유해·위험작업에서 유해·위험 예방조치 외에 작업과 휴식의 적정한 배분, 그 밖에 근로시간과 관련된 근로조건의 개선을 통하여 근로자의 건강보호를 위한 조치를 하여야 한다.

㉠ 갱(坑) 내에서 하는 작업

㉡ 다량의 고열물체를 취급하는 작업과 현저히 덥고 뜨거운 장소에서 하는 작업

㉢ 다량의 저온물체를 취급하는 작업과 현저히 춥고 차가운 장소에서 하는 작업

㉣ 라듐방사선이나 엑스선, 그 밖의 유해방사선을 취급하는 작업

㉤ 유리·흙·돌·광물의 먼지가 심하게 날리는 장소에서 하는 작업

㉥ 강렬한 소음이 발생하는 장소에서 하는 작업

㉦ 착암기(바위에 구멍을 뚫는 기계) 등에 의하여 신체에 강렬한 진동을 주는 작업

㉧ 인력으로 중량물을 취급하는 작업

㉨ 납·수은·크롬·망간·카드뮴 등의 중금속 또는 이황화탄소·유기용제, 그 밖에 고용노동부령으로 정하는 특정 화학물질의 먼지·증기 또는 가스가 많이 발생하는 장소에서 하는 작업

(7) 유해위험방지계획서 제출대상 사업장(영 제42조)

전기 계약용량이 300kW 이상인 다음의 사업은 유해위험방지계획서를 제출하여야 한다.

① 금속가공제품(기계 및 가구는 제외) 제조업

② 비금속 광물제품 제조업

③ 기타 기계 및 장비 제조업

④ 자동차 및 트레일러 제조업

⑤ 식료품 제조업

⑥ 고무제품 및 플라스틱제품 제조업

⑦ 목재 및 나무제품 제조업

⑧ 기타 제품 제조업

⑨ 1차 금속 제조업

⑩ 가구 제조업

⑪ 화학물질 및 화학제품 제조업

⑫ 반도체 제조업

⑬ 전자부품 제조업

(8) 유해위험방지계획서 제출대상 기계·기구 및 설비(영 제42조)

① 금속이나 그 밖의 광물의 용해로

② 화학설비

③ 건조설비

④ 가스집합 용접장치

⑤ 근로자의 건강에 상당한 장해를 일으킬 우려가 있는 물질로서 고용노동부령으로 정하는 물질의 밀폐·환기·배기를 위한 설비

(9) 공정안전보고서의 제출대상 업종(영 제43조)

① 원유정제 처리업

② 기타 석유정제물 재처리업

③ 석유화학계 기초화학물질 제조업 또는 합성수지 및 기타 플라스틱물질 제조업

④ 질소화합물, 질소·인산 및 칼리질 화학비료 제조업 중 질소질비료 제조

⑤ 복합비료 및 기타 화학비료 제조업 중 복합비료 제조(단순혼합 또는 배합에 의한 경우는 제외)

⑥ 화학 살균·살충제 및 농업용 약제 제조업(농약 원제 제조만 해당)

⑦ 화약 및 불꽃제품 제조업

다음의 설비는 공정안전보고서 대상 유해·위험 설비로 보지 아니한다.

① 원자력 설비

② 군사시설

③ 사업주가 해당 사업장 내에서 직접 사용하기 위한 난방용 연료의 저장설비 및 사용·설비

④ 도매·소매시설

⑤ 차량 등의 운송설비

⑥ 「액화석유가스의 안전관리 및 사업법」에 따른 액화석유가스의 충전·저장시설

⑦ 「도시가스사업법」에 따른 가스공급시설

⑧ 그 밖에 고용노동부장관이 누출·화재·폭발 등의 사고가 있더라도 그에 따른 피해의 정도가 크지 않다고 인정하여 고시하는 설비

4 유해위험방지계획서

1) 제출시기

① 제조업 : 해당 작업 시작 15일 전까지 안전보건공단에 제출

② 건설업 : 해당 공사의 착공 전날까지 안전보건공단에 제출

2) 제출서류

① 건축물 각 층의 평면도

② 기계·설비의 개요를 나타내는 서류

③ 기계·설비의 배치도면

④ 원재료 및 제품의 취급, 제조 등의 작업방법 개요

⑤ 그 밖에 고용노동부장관이 정하는 도면 및 서류

안전보건공단이 실시하는 유해위험방지계획서 관련 교육 20시간 이상을 이수한 사람이 작성한다.

3) 심사 및 확인 사항

①유해위험방지계획서의 내용과 실제 공사 내용이 부합하는지 여부

②유해위험방지계획서 변경내용의 적정성

③추가적인 유해·위험요인의 존재여부

4) 심사절차

① 심사 결과 판정 : 적정, 조건부 적정, 부적정

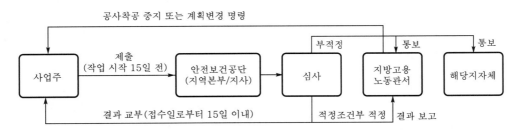

5) 확인절차

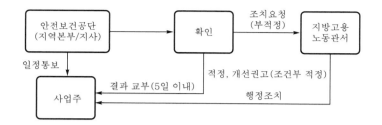

5 공정안전보고서(PSM)

(1) 공정안전보고서의 내용(영 제44조)

① 공정안전자료

② 공정위험성 평가서

③ 안전운전계획

④ 비상조치계획

⑤ 그 밖에 공정상의 안전과 관련하여 고용노동부장관이 필요하다고 인정하여 고시하는 사항

6 안전보건진단

(1) 안전보건진단의 종류 및 내용(영 제46조)

고용노동부장관은 추락, 붕괴, 화재, 폭발, 유해하거나 위험한 물질의 누출 등 산업재해 발생의 위험이 현저히 높은 사업장의 사업주에 대하여 안전보건진단을 받을 것을 명할 수 있다. 이 경우 고용노동부장관은 기계·화공·전기·건설 등 분야별로 한정하여 진단을 받을 것을 명할 수 있다.

03 산업안전보건법 시행규칙

1 총 칙

(1) 중대재해의 범위(규칙 제3조)

산업안전보건법에서 중대재해란 다음의 어느 하나에 해당하는 재해를 말한다.

① 사망자가 1명 이상 발생한 재해

② 3개월 이상의 요양이 필요한 부상자가 동시에 2명 이상 발생한 재해

③ 부상자 또는 직업성 질병자가 동시에 10명 이상 발생한 재해

(2) 산업재해 발생보고(규칙 제67조, 제73조)

① 사업주는 중대재해가 발생한 사실을 알게 된 경우에는 지체 없이 다음의 사항을 관할 지방고용노동관서의 장에게 전화·팩스 또는 그 밖에 적절한 방법으로 보고하여야 한다. 다만, 천재지변 등 부득이한 사유가 발생한 경우에는 그 사유가 소멸된 때부터 지체 없이 보고하여야 한다.

㉠ 발생개요 및 피해상황

㉡ 조치 및 전망

㉢ 그 밖의 중요한 사항

② 사업주는 산업재해로 사망자가 발생하거나 3일 이상의 휴업이 필요한 부상을 입거나 질병에 걸린 사람이 발생한 경우에는 해당 산업재해가 발생한 날부터 1개월 이내에 산업재해조사표를 작성하여 관할 지방고용노동관서의 장에게 제출하여야 한다.

(3) 산업재해 기록 등(규칙 제72조)

사업주는 산업재해가 발생한 때에는 다음의 사항을 기록·보존하여야 한다. 다만, 산업재해조사표 사본을 보존하거나 요양신청서의 사본에 재해 재발방지 계획을 첨부하여 보존한 경우에는 그러하지 아니 한다.

① 사업장의 개요 및 근로자의 인적사항

② 재해 발생의 일시 및 장소

③ 재해 발생의 원인 및 과정

④ 재해 재발방지 계획

2 안전보건관리체제

(1) 안전관리자 등의 선임 등 보고(규칙 제11조)

사업주는 다음의 어느 하나에 해당하는 사람을 선임(選任)하거나 안전관리 업무 및 보건관리 업무를 위탁한 경우에는 선임 등 보고서를 관할 지방노동관서의 장에게 제출해야 한다.

① 안전관리자

② 보건관리자

③ 산업보건의

(2) 안전관리자 등의 증원·교체 임명 명령(규칙 제12조)

지방고용노동관서의 장은 다음의 어느 하나에 해당하는 사유가 발생한 경우에는 사업주에게 안전관리자·보건관리자 또는 안전보건관리담당자를 정수 이상으로 증원하게 하거나 교체하여 임명할 것을 명할 수 있다. 다만, 직업성 질병자 발생 당시 사업장에서 해당 화학적 인자를 사용하지 아니하는 경우에는 그러하지 아니한다.

① 해당 사업장의 연간 재해율이 같은 업종의 평균 재해율의 2배 이상인 경우

② 중대재해가 연간 2건 이상 발생한 경우. 다만, 해당 사업장의 전년도 사망만인율이 같은 업종의 평균 사망만인율 이하인 경우는 제외한다.

③ 관리자가 질병이나 그 밖의 사유로 3개월 이상 직무를 수행할 수 없게 된 경우

④ 화학적 인자로 인한 직업성 질병자가 연간 3건 이상 발생한 경우. 이 경우 직업성 질병자의 발생일은 「산업재해보상보험법 시행규칙」에 따른 요양급여의 결정일로 한다.

3 도급인의 안전조치 및 보건조치

(1) 협의체의 구성 및 운영(규칙 제79조)

① 안전 및 보건에 관한 협의체는 도급인 및 그의 수급인인 전원으로 구성하여야 한다.

② 협의체는 다음 각 호의 사항을 협의한다.

　㉠ 작업의 시작시간

　㉡ 작업 또는 작업장 간의 연락방법

　㉢ 재해 발생 위험이 있는 경우 대피방법

　㉣ 작업장에서의 법 위험성평가의 실시에 관한 사항

　㉤ 사업주와 수급인 또는 수급인 상호 간의 연락방법 및 작업공정의 조정

③ 협의체는 매월 1회 이상 정기적으로 회의를 개최하고 그 결과를 기록·보존하여야 한다.

(2) 도급사업의 작업장의 순회점검(규칙 제80조)

① 다음 사업의 경우 : 2일에 1회 이상

　㉠ 건설업

　㉡ 제조업

ⓒ 토사석 광업

ⓔ 서적, 잡지 및 기타 인쇄물 출판업

ⓜ 음악 및 기타 오디오물 출판업

ⓑ 금속 및 비금속 원료 재생업

② 위의 사업을 제외한 사업의 경우 : 1주일에 1회 이상

(3) 도급사업의 합동 안전보건 점검(규칙 제82조)

① 도급인이 작업장의 안전 및 보건에 관한 점검을 할 때에는 다음과 같은 사람으로 점검 반을 구성한다.

   ⓐ 도급인(같은 사업 내에 지역을 달리하는 사업장이 있는 경우에는 그 사업장의 안전 보건관리책임자)

   ⓑ 관계수급인(같은 사업 내에 지역을 달리하는 사업장이 있는 경우에는 그 사업장의 안전보건관리책임자)

   ⓒ 도급인 및 관계수급인의 근로자 각 1명(관계수급인의 근로자의 경우에는 해당 공정 에만 해당)

② 정기 안전·보건 점검의 실시 횟수

   ⓐ 다음 사업의 경우 : 2개월에 1회 이상

     • 건설업

     • 선박 및 보트 건조업

   ⓑ ⓐ의 사업을 제외한 사업 : 분기에 1회 이상

(4) 노사협의체 협의사항(규칙 제93조)

① 산업재해 예방방법 및 산업재해가 발생한 경우의 대피방법

② 작업의 시작시간, 작업 및 작업장 간의 연락방법

③ 그 밖의 산업재해예방과 관련된 사항

4 근로자 안전보건교육

(1) 교육시간 및 교육내용(규칙 제26조)

① 근로자 안전보건교육

교육과정	교육대상		교육시간
가. 정기교육	사무직 종사 근로자		매반기 6시간 이상
	그 밖의 근로자	판매업무에 직접 종사하는 근로자	매반기 6시간 이상
		판매업무에 직접 종사하는 근로자 외의 근로자	매반기 12시간 이상
나. 채용 시 교육	일용근로자 및 근로계약기간이 1주일 이하인 기간제근로자		1시간 이상
	근로계약기간이 1주일 초과 1개월 이하인 기간제근로자		4시간 이상
	그 밖의 근로자		8시간 이상
다. 작업내용 변경 시 교육	일용근로자 및 근로계약기간이 1주일 이하인 기간제근로자		1시간 이상
	그 밖의 근로자		2시간 이상
라. 특별교육	특별교육 대상(타워크레인 작업 시 신호업무를 하는 작업 제외)에 해당하는 작업에 종사하는 일용근로자 및 근로계약기간이 1주일 이하인 기간제근로자		2시간 이상
	특별교육 대상 중 타워크레인 작업 시 신호업무를 하는 작업에 종사하는 일용근로자 및 근로계약기간이 1주일 이하인 기간제근로자		8시간 이상
	특별교육 대상에 해당하는 작업에 종사하는 일용근로자 및 근로계약기간이 1주일 이하인 기간제근로자를 제외한 근로자		• 16시간 이상(최초 작업에 종사하기 전 4시간 이상 실시하고, 12시간은 3개월 이내에서 분할하여 실시 가능) • 단기간 작업 또는 간헐적 작업인 경우에는 2시간 이상
마. 건설업 기초 안전·보건 교육	건설 일용근로자		4시간 이상

② 안전보건관리책임자 등에 대한 교육

교육대상	교육시간	
	신규교육	보수교육
가. 안전보건관리책임자	6시간 이상	6시간 이상
나. 안전관리자, 안전관리전문기관의 종사자	34시간 이상	24시간 이상
다. 보건관리자, 보건관리전문기관의 종사자	34시간 이상	24시간 이상
라. 건설재해예방전문지도기관의 종사자	34시간 이상	24시간 이상
마. 석면조사기관의 종사자	34시간 이상	24시간 이상
바. 안전보건관리담당자	–	8시간 이상
사. 안전검사기관, 자율안전검사기관의 종사자	34시간 이상	24시간 이상

③ 근로자에 대한 안전·보건에 관한 교육을 사업주가 자체적으로 실시하는 경우에 교육을 실시할 수 있는 사람은 다음과 같다.

　㉠ 안전보건관리책임자

　㉡ 관리감독자

　㉢ 안전관리자(안전관리전문기관에서 안전관리자의 위탁업무를 수행하는 사람을 포함)

　㉣ 보건관리자(보건관리전문기관에서 보건관리자의 위탁업무를 수행하는 사람을 포함)

　㉤ 안전보건관리담당자

　㉥ 산업보건의

　㉦ 공단에서 실시하는 해당 분야의 강사요원 교육과정을 이수한 사람

　㉧ 산업안전지도사 또는 산업보건지도사

　㉨ 산업안전보건에 관하여 학식과 경험이 있는 사람으로서 고용노동부장관이 정하는 기준에 해당하는 사람

5 기계·기구의 방호조치

(1) 방호조치(규칙 제98조)

① 작동 부분의 돌기 부분은 묻힘형으로 하거나 덮개를 부착할 것

② 동력전달 부분 및 속도조절 부분에는 덮개를 부착하거나 방호망을 설치할 것

③ 회전기계의 물림점(롤러나 톱니바퀴 등 반대방향의 두 회전체에 물려 들어가는 위험점)에는 덮개 또는 울을 설치할 것

④ 기계·기구 방호장치

　㉠ 예초기 : 날접촉 예방장치

　㉡ 원심기 : 회전체 접촉 예방장치

　㉢ 공기압축기 : 압력방출장치

　㉣ 금속절단기 : 날접촉 예방장치

　㉤ 지게차 : 헤드 가드, 백레스트(Backrest), 전조등, 후미등, 안전벨트

　㉥ 포장기계 : 구동부 방호 연동장치

(2) 방호조치 해체 등에 필요한 조치(규칙 제99조)

① 방호조치를 해체하려는 경우
　사업주의 허가를 받아 해체할 것

② 방호조치를 해체한 후 그 사유가 소멸된 경우
　지체 없이 원상으로 회복시킬 것

③ 방호조치의 기능이 상실된 것을 발견한 경우

지체 없이 사업주에게 신고할 것

④ 사업주는 신고가 있으면 즉시 수리, 보수 및 작업중지 등 적절한 조치를 하여야 한다.

6 안전인증

(1) 안전인증대상 기계·기구 등(규칙 제107조)

① 설치·이전하는 경우 안전인증을 받아야 하는 기계·기구

ㄱ 크레인

ㄴ 리프트

ㄷ 곤돌라

② 주요 구조 부분을 변경하는 경우 안전인증을 받아야 하는 기계 및 설비

ㄱ 프레스

ㄴ 전단기 및 절곡기(折曲機)

ㄷ 크레인

ㄹ 리프트

ㅁ 압력용기

ㅂ 롤러기

ㅅ 사출성형기(射出成形機)

ㅇ 고소(高所)작업대

ㅈ 곤돌라

7 물질안전보건자료(MSDS)

(1) 작성내용(규칙 제156조)

① 제품명

② 물질안전보건자료대상물질을 구성하는 화학물질 중 분류기준에 해당하는 화학물질의 명칭 및 함유량

③ 안전 및 보건상의 취급 주의사항

④ 기타 고용노동부령이 정하는 사항

ㄱ 물리·화학적 특성

ㄴ 독성에 관한 정보

ㄷ 폭발·화재 시 대처방법

　　　　㉣ 응급조치 요령

(2) 작성 요령 및 방법(규칙 제156조, 제170조)

　　① 물질안전보건자료대상물질을 제조, 수입하려는 자는 물질안전보건자료를 작성 시 인용된 자료 출처 기재 : 신뢰성 확보 목적

　　② 경고표지부착

　　　　㉠ 물질을 담은 용기 및 포장에 부착하거나 인쇄

　　　　㉡ 경고표지에 포함해야 할 사항

명칭	해당 대상화학물질의 제품명
그림문자	화학물질의 분류에 따라 유해·위험의 내용을 나타내는 그림
신호어	유해·위험의 심각성 정도에 따라 표시하는 "위험" 또는 "경고" 문구
유해·위험 문구	화학물질의 분류에 따라 유해·위험을 알리는 문구
예방조치 문구	화학물질에 노출되거나 부적절한 저장·취급 등으로 발생하는 유해·위험을 방지하기 위하여 알리는 주요 유의사항
공급자 정보	대상화학물질의 제조자 또는 공급자의 이름 및 전화번호 등

　　③ 근로자교육 실시 : 물질안전보건자료의 내용 및 기타 필요한 사항

　　④ 화학물질 또는 화학물질을 함유한 제제를 제조하거나 수입하는 자는 물질안전보건자료(MSDS)를 함께 양도 또는 제공

8 유해위험방지계획서의 작성 및 제출

(1) 대상 기계·기구 설비(영 제42조)

　　① 금속이나 그 밖의 광물의 용해로

　　② 화학설비

　　③ 건조설비

　　④ 가스집합 용접장치

　　⑤ 근로자의 건강에 상당한 장해를 일으킬 우려가 있는 물질로서 고용노동부령으로 정하는 물질의 밀폐·환기·배기를 위한 설비

(2) 대상공사(영 제42조)

　　① 지상높이가 31m 이상인 건축물 또는 인공구조물, 연면적 3만m² 이상인 건축물 또는 연면적 5천m² 이상의 문화 및 집회시설(전시장 및 동물원·식물원 제외), 판매시설, 운수시설(고속철도의 역사 및 집배송시설은 제외), 종교시설, 의료시설 중 종합병원, 숙박

시설 중 관광숙박시설, 지하도상가 또는 냉동·냉장 창고시설의 건설·개조 또는 해체

② 연면적 5천m² 이상의 냉동·냉장 창고시설의 설비공사 및 단열공사

③ 최대 지간길이가 50m 이상인 다리의 건설 등 공사

④ 터널의 건설 등 공사

⑤ 다목적댐, 발전용댐 및 저수용량 2천만톤 이상의 용수 전용댐, 지방상수도 전용댐 건설 등의 공사

⑥ 깊이 10m 이상인 굴착공사

(3) 제출서류(규칙 제42조)

① 건축물 각 층의 평면도

② 기계·설비의 개요를 나타내는 서류

③ 기계·설비의 배치도면

④ 원재료 및 제품의 취급, 제조 등의 작업방법의 개요

⑤ 그 밖에 고용노동부장관이 정하는 도면 및 서류

9 공정안전보고서(PSM)

(1) 공정안전보고서 세부내용(규칙 제50조)

	공정안전보고서 내용
안전운전계획	• 안전운전지침서 • 설비 점검·검사 및 보수계획, 유지계획 및 지침서 • 안전작업허가 • 도급업체 안전관리계획 • 근로자 등 교육계획 • 가동 전 점검지침 • 변경요소 관리계획 • 자체감사 및 사고조사계획 • 그 밖에 안전운전에 필요한 사항
비상조치계획	• 비상조치를 위한 장비·인력 보유현황 • 사고 발생 시 각 부서·관련 기관과의 비상연락체계 • 사고 발생 시 비상조치를 위한 조직의 임무 및 수행 절차 • 비상조치계획에 따른 교육계획 • 주민홍보계획 • 그 밖에 비상조치 관련 사항
공정안전자료	• 취급·저장하고 있거나 취급·저장하려는 유해·위험 물질의 종류 및 수량 • 유해·위험 물질에 대한 물질안전보건자료 • 유해·위험 설비의 목록 및 사양 • 유해·위험 설비의 운전방법을 알 수 있는 공정도면 • 각종 건물·설비의 배치도 • 폭발위험장소 구분도 및 전기단선도 • 위험설비의 안전설계·제작 및 설치 관련 지침서
공정위험성 평가서	• 체크리스트(Check list) • 상대위험순위결정(Dow and mond indices) • 작업자실수분석(HEA) • 사고예상질문분석(What-if) • 위험과 운전분석(HAZOP) • 이상위험도분석(FMECA) • 결함수분석(FTA) • 사건수분석(ETA) • 원인결과분석(CCA) • 체크리스트에서 원인결과분석까지의 규정과 같은 수준 이상의 기술적 평가기법

10 산업안전보건법, 시행령, 시행규칙 별표

(1) 안전보건관리규정을 작성하여야 할 사업의 종류 및 상시근로자 수

(시행규칙 제25조제1항 관련) [별표 2]

사업의 종류	규 모
1. 농업 2. 어업 3. 소프트웨어 개발 및 공급업 4. 컴퓨터 프로그래밍, 시스템 통합 및 관리업 5. 정보 서비스업 6. 금융 및 보험업 7. 임대업:부동산 제외 8. 전문, 과학 및 기술 서비스업(연구 개발업은 제외) 9. 사업지원 서비스업 10. 사회복지 서비스업	상시근로자 수 300명 이상
11. 제1호부터 제10호까지의 사업을 제외한 사업	상시근로자 수 100명 이상

(2) 안전보건관리책임자를 두어야 하는 사업의 종류 및 사업장의 상시근로자 수

(시행령 제14조제1항 관련) [별표 2]

사업의 종류	규모
1. 토사석 광업 2. 식료품 제조업, 음료 제조업 3. 목재 및 나무제품 제조업:가구 제외 4. 펄프, 종이 및 종이제품 제조업 5. 코크스, 연탄 및 석유정제품 제조업 6. 화학물질 및 화학제품 제조업:의약품 제외 7. 의료용 물질 및 의약품 제조업 8. 고무 및 플라스틱제품 제조업 9. 비금속 광물제품 제조업 10. 1차 금속 제조업 11. 금속가공제품 제조업:기계 및 가구 제외 12. 전자부품, 컴퓨터, 영상, 음향 및 통신장비 제조업 13. 의료, 정밀, 광학기기 및 시계 제조업 14. 전기장비 제조업 15. 기타 기계 및 장비 제조업 16. 자동차 및 트레일러 제조업 17. 기타 운송장비 제조업 18. 가구 제조업 19. 기타 제품 제조업 20. 서적, 잡지 및 기타 인쇄물 출판업 21. 해체, 선별 및 원료 재생업 22. 자동차 종합 수리업, 자동차 전문 수리업	상시근로자 수 50명 이상

사업의 종류	규모
23. 농업 24. 어업 25. 소프트웨어 개발 및 공급업 26. 컴퓨터 프로그래밍, 시스템 통합 및 관리업 27. 정보 서비스업 28. 금융 및 보험업 29. 임대업 : 부동산 제외 30. 전문, 과학 및 기술 서비스업(연구 개발업은 제외) 31. 사업지원 서비스업 32. 사회복지 서비스업	상시근로자 수 300명 이상
33. 건설업	공사금액 20억원 이상
34. 제1호부터 제33호까지의 사업을 제외한 사업	상시근로자 100명 이상

(3) 안전관리자를 두어야 할 사업의 종류, 사업장의 상시근로자 수, 안전관리자의 수 및 선임방법
(시행령 제16조제1항 관련) [별표 3]

사업의 종류	규모	수	선임방법
1. 토사석 광업 2. 식료품 제조업, 음료 제조업 3. 섬유제품 제조업 ; 의복 제외 4. 목재 및 나무제품 제조업 ; 가구 제외 5. 펄프, 종이 및 종이제품 제조업 6. 코크스, 연탄 및 석유정제품 제조업 7. 화학물질 및 화학제품 제조업 ; 의약품 제외 8. 의료용 물질 및 의약품 제조업 9. 고무 및 플라스틱제품 제조업 10. 비금속 광물제품 제조업 11. 1차 금속 제조업 12. 금속가공제품 제조업 ; 기계 및 가구 제외 13. 전자부품, 컴퓨터, 영상, 음향 및 통신장비 제조업 14. 의료, 정밀, 광학기기 및 시계 제조업 15. 전기장비 제조업 16. 기타 기계 및 장비 제조업 17. 자동차 및 트레일러 제조업 18. 기타 운송장비 제조업 19. 가구 제조업 20. 기타 제품 제조업 21. 산업용 기계 및 장비 수리업 22. 서적, 잡지 및 기타 인쇄물 출판업 23. 폐기물 수집, 운반, 처리 및 원료 재생업	상시근로자 50명 이상 500명 미만	1명 이상	별표 4 각 호의 어느 하나에 해당하는 사람(같은 표 제3호·제7호 및 제9호부터 제12호까지에 해당하는 사람은 제외한다)을 선임해야 한다.
	상시근로자 500명 이상	2명 이상	별표 4 각 호의 어느 하나에 해당하는 사람(같은 표 제7호 및 제9호부터 제12호까지에 해당하는 사람은 제외한다)을 선임하되, 같은 표 제1호·제2호(「국가기술자격법」에 따른 산업안전산업기사의 자격을 취득한 사람은 제외한다) 또는 제4호에 해당하는 사람이 1명 이상 포함되어야 한다.

사업의 종류	규모	수	선임방법
24. 환경 정화 및 복원업 25. 자동차 종합 수리업, 자동차 전문 수리업 26. 발전업 27. 운수 및 창고업			
28. 농업, 임업 및 어업 29. 제2호부터 제21호까지의 사업을 제외한 제조업 30. 전기, 가스, 증기 및 공기조절 공급업(발전업은 제외한다) 31. 수도, 하수 및 폐기물 처리, 원료 재생업(제23호 및 제24호에 해당하는 사업은 제외한다) 32. 도매 및 소매업 33. 숙박 및 음식점업 34. 영상·오디오 기록물 제작 및 배급업 35. 방송업 36. 우편 및 통신업 37. 부동산업 38. 임대업 ; 부동산 제외 39. 연구개발업 40. 사진처리업	상시근로자 50명 이상 1천명 미만. 다만, 제37호의 사업(부동산 관리업은 제외한다)과 제40호의 사업의 경우에는 상시근로자 100명 이상 1천명 미만으로 한다.	1명 이상	별표 4 각 호의 어느 하나에 해당하는 사람(같은 표 제3호 및 제9호부터 제12호까지에 해당하는 사람은 제외한다. 다만, 제28호 및 제30호부터 제46호까지의 사업의 경우 별표 4 제3호에 해당하는 사람에 대해서는 그렇지 않다)을 선임해야 한다.
41. 사업시설 관리 및 조경 서비스업 42. 청소년 수련시설 운영업 43. 보건업 44. 예술, 스포츠 및 여가 관련 서비스업 45. 개인 및 소비용품 수리업(제25호에 해당하는 사업은 제외한다) 46. 기타 개인 서비스업 47. 공공행정(청소, 시설관리, 조리 등 현업업무에 종사하는 사람으로서 고용노동부장관이 정하여 고시하는 사람으로 한정한다) 48. 교육서비스업 중 초등·중등·고등 교육기관, 특수학교·외국인학교 및 대안학교(청소, 시설관리, 조리 등 현업업무에 종사하는 사람으로서 고용노동부장관이 정하여 고시하는 사람으로 한정한다)	상시근로자 1천명 이상	2명 이상	별표 4 각 호의 어느 하나에 해당하는 사람(같은 표 제7호·제11호 및 제12호에 해당하는 사람은 제외한다)을 선임하되, 같은 표 제1호·제2호·제4호 또는 제5호에 해당하는 사람이 1명 이상 포함되어야 한다.

【비 고】

1. 철거공사가 포함된 건설공사의 경우 철거공사만 이루어지는 기간은 전체 공사기간에는 산입되나 전체 공사기간 중 전·후 15에 해당하는 기간에는 산입되지 않는다. 이 경우 전체 공사기간 중 전·후 15에 해당하는 기간은 철거공사만 이루어지는 기간을 제외한 공사기간을 기준으로 산정한다.

2. 철거공사만 이루어지는 기간에는 공사금액별로 선임해야 하는 최소 안전관리자 수 이상으로 안전관리자를 선임해야 한다.

(4) 안전관리자의 자격 (시행령 제17조 관련) [별표 4]

안전관리자는 다음 각 호의 어느 하나에 해당하는 사람으로 한다.

1. 법 제143조제1항에 따른 산업안전지도사 자격을 가진 사람

2. 「국가기술자격법」에 따른 산업안전산업기사 이상의 자격을 취득한 사람

3. 「국가기술자격법」에 따른 건설안전산업기사 이상의 자격을 취득한 사람

4. 「고등교육법」에 따른 4년제 대학 이상의 학교에서 산업안전 관련 학위를 취득한 사람 또는 이와 같은 수준 이상의 학력을 가진 사람

5. 「고등교육법」에 따른 전문대학 또는 이와 같은 수준 이상의 학교에서 산업안전 관련 학위를 취득한 사람

6. 「고등교육법」에 따른 이공계 전문대학 또는 이와 같은 수준 이상의 학교에서 학위를 취득하고, 해당 사업의 관리감독자로서의 업무(건설업의 경우는 시공실무경력)를 3년(4년제 이공계 대학 학위 취득자는 1년) 이상 담당한 후 고용노동부장관이 지정하는 기관이 실시하는 교육(1998년 12월 31일까지의 교육만 해당한다)을 받고 정해진 시험에 합격한 사람. 다만, 관리감독자로 종사한 사업과 같은 업종(한국표준산업분류에 따른 대분류를 기준으로 한다)의 사업장이면서, 건설업의 경우를 제외하고는 상시근로자 300명 미만인 사업장에서만 안전관리자가 될 수 있다.

7. 「초·중등교육법」에 따른 공업계 고등학교 또는 이와 같은 수준 이상의 학교를 졸업하고, 해당 사업의 관리감독자로서의 업무(건설업의 경우는 시공실무경력)를 5년 이상 담당한 후 고용노동부장관이 지정하는 기관이 실시하는 교육(1998년 12월 31일까지의 교육만 해당한다)을 받고 정해진 시험에 합격한 사람. 다만, 관리감독자로 종사한 사업과 같은 종류인 업종(한국표준산업분류에 따른 대분류를 기준으로 한다)의 사업장이면서, 건설업의 경우를 제외하고는 별표 3 제28호 또는 제33호의 사업을 하는 사업장(상시근로자 50명 이상 1천명 미만인 경우만 해당한다)에서만 안전관리자가 될 수 있다.

8. 다음 각 목의 어느 하나에 해당하는 사람. 다만, 해당 법령을 적용받은 사업에서만 선임될 수 있다.

　　가. 「고압가스 안전관리법」 제4조 및 같은 법 시행령 제3조제1항에 따른 허가를 받은 사업자 중 고압가스를 제조·저장 또는 판매하는 사업에서 같은 법 제15조 및 같은 법 시행령 제12조에 따라 선임하는 안전관리책임자

　　나. 「액화석유가스의 안전관리 및 사업법」 제5조 및 같은 법 시행령 제3조에 따른 허가를 받은 사업자 중 액화석유가스 충전사업·액화석유가스 집단공급사업 또는 액화석유가스 판매사업에서 같은 법 제34조 및 같은 법 시행령 제15조에 따라 선임하는 안전관리책임자

　　다. 「도시가스사업법」 제29조 및 같은 법 시행령 제15조에 따라 선임하는 안전관리책임자

라. 「교통안전법」 제53조에 따라 교통안전관리자의 자격을 취득한 후 해당 분야에 채용된 교통안전관리자

마. 「총포·도검·화약류 등의 안전관리에 관한 법률」 제2조제3항에 따른 화약류를 제조·판매 또는 저장하는 사업에서 같은 법 제27조 및 같은 법 시행령 제54조·제55조에 따라 선임하는 화약류제조보안책임자 또는 화약류관리보안책임자

바. 「전기사업법」 제73조에 따라 전기사업자가 선임하는 전기안전관리자

9. 제16조제2항에 따라 전담 안전관리자를 두어야 하는 사업장(건설업은 제외한다)에서 안전 관련 업무를 10년 이상 담당한 사람

10. 「건설산업기본법」 제8조에 따른 종합공사를 시공하는 업종의 건설현장에서 안전보건관리책임자로 10년 이상 재직한 사람

(5) 보건관리자를 두어야 할 사업의 종류, 사업장의 상시근로자 수, 보건관리자의 수 및 선임방법 (시행령 제20조제1항 관련) [별표5]

사업의 종류	규모	수	선임방법
1. 광업(광업 지원 서비스업은 제외한다) 2. 섬유제품 염색, 정리 및 마무리 가공업 3. 모피제품 제조업	상시근로자 50명 이상 500명 미만	1명 이상	별표 6 각 호의 어느 하나에 해당하는 사람을 선임해야 한다.
4. 그 외 기타 의복 액세서리 제조업(모피 액세서리에 한정한다) 5. 모피 및 가죽 제조업(원피가공 및 가죽 제조업은 제외한다)	상시근로자 500명 이상 2천명 미만	2명 이상	별표 6 각 호의 어느 하나에 해당하는 사람을 선임해야 한다.
6. 신발 및 신발부분품 제조업 7. 코크스, 연탄 및 석유정제품 제조업 8. 화학물질 및 화학제품 제조업; 의약품 제외 9. 의료용 물질 및 의약품 제조업 10. 고무 및 플라스틱제품 제조업 11. 비금속 광물제품 제조업 12. 1차 금속 제조업 13. 금속가공제품 제조업; 기계 및 가구 제외 14. 기타 기계 및 장비 제조업 15. 전자부품, 컴퓨터, 영상, 음향 및 통신장비 제조업 16. 전기장비 제조업 17. 자동차 및 트레일러 제조업 18. 기타 운송장비 제조업 19. 가구 제조업 20. 해체, 선별 및 원료 재생업 21. 자동차 종합 수리업, 자동차 전문 수리업	상시근로자 2천명 이상	2명 이상	별표 6 각 호의 어느 하나에 해당하는 사람을 선임하되, 같은 표 제2호 또는 제3호에 해당하는 사람이 1명 이상 포함되어야 한다.

사업의 종류	규 모	수	선 임 방 법
22. 제88조 각 호의 어느 하나에 해당하는 유해물질을 제조하는 사업과 그 유해물질을 사용하는 사업 중 고용노동부장관이 특히 보건관리를 할 필요가 있다고 인정하여 고시하는 사업			
23. 제2호부터 제22호까지의 사업을 제외한 제조업	상시근로자 50명 이상 1천명 미만	1명 이상	별표 6 각 호의 어느 하나에 해당하는 사람을 선임해야 한다.
	상시근로자 1천명 이상 3천명 미만	2명 이상	별표 6 각 호의 어느 하나에 해당하는 사람을 선임해야 한다.
	상시근로자 3천명 이상	2명 이상	별표 6 각 호의 어느 하나에 해당하는 사람을 선임하되, 같은 표 제2호 또는 제3호에 해당하는 사람이 1명 이상 포함되어야 한다.
24. 농업, 임업 및 어업 25. 전기, 가스, 증기 및 공기조절 공급업 26. 수도, 하수 및 폐기물 처리, 원료 재생업(제20호에 해당하는 사업은 제외한다) 27. 운수 및 창고업 28. 도매 및 소매업 29. 숙박 및 음식점업 30. 서적, 잡지 및 기타 인쇄물 출판업 31. 방송업 32. 우편 및 통신업 33. 부동산업 34. 연구 개발업 35. 사진 처리업 36. 사업시설 관리 및 조경 서비스업 37. 공공행정(청소, 시설관리, 조리 등 현업업무에 종사하는 사람으로서 고용노동부장관이 정하여 고시하는 사람으로 한정한다) 38. 교육서비스업 중 초등·중등·고등 교육기관, 특수학교·외국인학교 및 대안학교(청소, 시설관리, 조리 등 현업업무에 종사하는 사람으로서 고용노동부장관이 정하여 고시하는 사람으로 한정한다) 39. 청소년 수련시설 운영업 40. 보건업 41. 골프장 운영업 42. 개인 및 소비용품 수리업(제21호에 해당하는 사업은 제외한다) 43. 세탁업	상시근로자 50명 이상 5천명 미만. 다만, 제35호의 경우에는 상시근로자 100명 이상 5천명 미만으로 한다.	1명 이상	별표 6 각 호의 어느 하나에 해당하는 사람을 선임해야 한다.
	상시근로자 5천명 이상	2명 이상	별표 6 각 호의 어느 하나에 해당하는 사람을 선임하되, 같은 표 제2호 또는 제3호에 해당하는 사람이 1명 이상 포함되어야 한다.

사업의 종류	규 모	수	선 임 방 법
44. 건설업	공사금액 800억원 이상(「건설산업기본법 시행령」 별표 1의 종합공사를 시공하는 업종의 건설업종란 제1호에 따른 토목공사업에 속하는 공사의 경우에는 1천억 이상) 또는 상시근로자 600명 이상	1명 이상[공사금액 800억원(「건설산업기본법 시행령」 별표 1의 종합공사를 시공하는 업종의 건설업종란 제1호에 따른 토목공사업은 1천억원)을 기준으로 1,400억원이 증가할 때마다 또는 상시근로자 600명을 기준으로 600명이 추가될 때마다 1명씩 추가한다]	별표 6 각 호의 어느 하나에 해당하는 사람을 선임해야 한다.

(6) 보건관리자의 자격 (시행령 제21조 관련) [별표 6]

보건관리자는 다음 각 호의 어느 하나에 해당하는 사람으로 한다.

1. 산업보건지도사 자격을 가진 사람
2. 「의료법」에 따른 의사
3. 「의료법」에 따른 간호사
4. 「국가기술자격법」에 따른 산업위생관리산업기사 또는 대기환경산업기사 이상의 자격을 취득한 사람
5. 「국가기술자격법」에 따른 인간공학기사 이상의 자격을 취득한 사람
6. 「고등교육법」에 따른 전문대학 이상의 학교에서 산업보건 또는 산업위생 분야의 학위를 취득한 사람(법령에 따라 이와 같은 수준 이상의 학력이 있다고 인정되는 사람을 포함한다)

안전관리의 개념과 원리를 쉽게 설명한

산업안전관리론

2021. 7. 2. 초 판 1쇄 발행
2024. 3. 13. 개정 1판 1쇄 발행

지은이 | 이준원, 조규선, 문명국
펴낸이 | 이종춘
펴낸곳 | **BM** ㈜도서출판 **성안당**

주소 | 04032 서울시 마포구 양화로 127 첨단빌딩 3층(출판기획 R&D 센터)
      | 10881 경기도 파주시 문발로 112 파주 출판 문화도시(제작 및 물류)
전화 | 02) 3142-0036
      | 031) 950-6300
팩스 | 031) 955-0510
등록 | 1973. 2. 1. 제406-2005-000046호
출판사 홈페이지 | **www.cyber.co.kr**
ISBN | 978-89-315-2988-3(13500)
정가 | **25,000원**

이 책을 만든 사람들
책임 | 최옥현
진행 | 박현수
교정·교열 | 김동환
전산편집 | 김인환
표지 디자인 | 박원석
홍보 | 김계향, 유미나, 정단비, 김주승
국제부 | 이선민, 조혜란
마케팅 | 구본철, 차정욱, 오영일, 나진호, 강호묵
마케팅 지원 | 장상범
제작 | 김유석

www.cyber.co.kr
성안당 Web 사이트

이 책의 어느 부분도 저작권자나 **BM** ㈜도서출판 **성안당** 발행인의 승인 문서 없이 일부 또는 전부를 사진 복사나
디스크 복사 및 기타 정보 재생 시스템을 비롯하여 현재 알려지거나 향후 발명될 어떤 전기적, 기계적 또는
다른 수단을 통해 복사하거나 재생하거나 이용할 수 없음.

※ 잘못된 책은 바꾸어 드립니다.